高等学校智能科学与技术专业系列教材

模式识别基础理论及其计算机视觉应用

Basic Theory of Pattern Recognition & Its Application in Computer Vision

成科扬　王新宇　编著

西安电子科技大学出版社

内 容 简 介

本书系统地介绍了模式识别的基本原理及其在计算机视觉中的具体应用。本书内容包括模式识别与计算机视觉概述、分类器、神经网络分类器、聚类分析、蚁群和粒子群聚类算法、时序模型、图像匹配、图像分类与分割以及视频动作识别等。

本书可作为信息科学、计算机科学、计算机应用、模式识别、人工智能等学科大学本科生或研究生的专业教材，也可供计算机视觉、模式识别技术应用行业的科技工作者自学或参考。

图书在版编目(CIP)数据

模式识别基础理论及其计算机视觉应用/成科扬，王新宇编著. —西安：西安电子科技大学出版社，2020.7(2025.2 重印)
ISBN 978-7-5606-5669-4

Ⅰ. ① 模… Ⅱ. ① 成… ② 王… Ⅲ. ① 模式识别 ② 计算机视觉
Ⅳ. ① O235 ② TP302.7

中国版本图书馆 CIP 数据核字(2020)第 076768 号

策　　划　高　樱
责任编辑　买永莲
出版发行　西安电子科技大学出版社(西安市太白南路 2 号)
电　　话　(029)88202421　88201467　　邮　　编　710071
网　　址　www.xduph.com　　电子邮箱　xdupfxb001@163.com
经　　销　新华书店
印刷单位　广东虎彩云印刷有限公司
版　　次　2020 年 7 月第 1 版　2025 年 2 月第 3 次印刷
开　　本　787 毫米×1092 毫米　1/16　印张　11.5
字　　数　268千字
定　　价　45.00 元
ISBN 978-7-5606-5669-4

XDUP 5971001-3

前　言

近年来，随着计算机视觉技术的飞速发展以及应用领域的日趋广泛，与之相关的企业迅速崛起，业界对于从业者在计算机视觉技术方面的专业能力要求不断提高。对于高等院校相关方向的博士、硕士研究生来说，计算机视觉已成为一门不可或缺的专业课程，很多对此有兴趣的本科生也开始学习这门课程。

诸多计算机视觉的理论基础均来自模式识别技术，这一领域涉及深奥的数学理论，国内外有不少论述模式识别技术的书籍，但大部分相关书籍仅仅罗列模式识别的各种算法，鲜见算法的实际应用效果和各种算法实验结果对比，而这正是学习者和实际工作者最需要了解和掌握的内容。笔者认为学习者目前急需的应该是一本关于模式识别技术在计算机视觉实际应用方面的系统性、实用性的教程。

基于此，笔者构思了本书，书中综合介绍了模式识别与计算机视觉技术，以将模式识别的基本原理和其在计算机视觉中的具体应用呈现给读者。笔者希望通过介绍相关的理论知识和讨论具体应用实践案例的方式帮助初学者快速入门，提高学习者的计算机视觉技术的理论水平和实际应用能力。

本书主要内容分为导论、模式识别理论篇、计算机视觉应用篇。导论部分为第一章，即模式识别与计算机视觉概述，主要介绍模式识别与计算机视觉发展史、应用领域，以及模式识别与计算机视觉的内在关系。模式识别理论篇包括分类器、神经网络分类器、聚类分析、蚁群和粒子群聚类算法、时序模型等5章内容，主要介绍距离和相似性度量、常用的距离分类器以及它们的性能评价，神经网络的基本原理及其分类器设计应用，常见的聚类器算法及其性能，蚁群和粒子群聚类算法原理及其优化方法，隐马尔可夫模型、循环神经网络等时序模型。计算机视觉应用篇包括图像匹配、图像分类与分割、视频动作识别等3章，主要介绍图像匹配的匹配要素、匹配常用方式与算法等，图像分类的概念、理论以及与图像分类技术密切相关的图像分割技术的一般原理与方法，运动目标检测的常用方法。本书各部分之间相互呼应关联：导论总述全书，帮助读者了解全书内容梗概；模式识别理论篇详细介绍了模式识别技术的基础理论，特别是与计算机视觉应用相关联的技术基础；计算机视觉应用篇则针对性地介绍了模式识别理论如何在具体计算机视觉任务中应用，以便读者能够在应用中掌握技术理论。

本书的编撰由成科扬总体负责，王新宇进行补充及校对，李世超、孙爽、孟春运、荣兰、吴彬、何霄兵负责本书资料的收集与整理。本书的编撰参考了国内外同行的研究成果和资料，在此表示衷心的感谢！

若选取本书作为教材，建议教学总时长为60学时，其中第一章4学时，第二章至第四章每章6学时，第五、六章每章8学时，第七章6学时，第八、九章每章8学时。

编著者

2020年3月

前言

目　录

导　论

模式识别理论篇

计算机视觉应用篇

导　　论

第一章 模式识别与计算机视觉概述

计算机视觉是用人工成像系统代替人体视觉器官作为输入途径，由计算机代替大脑完成视觉信息处理和解释的技术。模式识别则是以计算机为工具、采用数学技术方法来研究模式的自动处理和判读的技术。模式识别的诸多理论和方法可被用于解决计算机视觉中的重要问题。

本章首先介绍模式识别和计算机视觉的基本概念和发展史；然后介绍模式识别在各领域的具体应用；最后介绍计算机视觉未来的发展方向。

1.1 概念认知

1.1.1 模式识别

模式，从广义上说，对于存在于时间和空间中可观察的事物，只要我们可以区别它们是否相同或相似，就可称其中含有模式。模式具有三个直观特性：可观察性、可区分性和相似性。模式所指的不是事物本身，而是从事物中获得的信息。因此，模式往往表现为一种具有时间和空间分布的信息。

模式识别技术根据从对象抽取的统计特性或结构信息，把对象分成给定的类别。在计算机视觉中，模式识别技术经常用于对图像中的某些部分(例如分割区域)进行识别和分类。模式识别研究的重点不是人类进行模式识别的神经生理学或生物学原理，而是如何通过一系列数学方法让机器来具有类人的识别能力。

1.1.2 视觉与计算机视觉

视觉是获取环境中物体和事件信息的能力，是从物体发射或反射出来的光中提取信息的过程。

计算机视觉是用人工成像系统代替人体视觉器官作为输入途径，由计算机代替大脑完成视觉信息处理和解释的技术。作为一门科学学科，计算机视觉通过研究相关的理论和技术，试图建立能够从图像或者多维数据中获取“信息”的人工智能系统。由于感知可以看作是从感官信号中提取信息，所以，计算机视觉可以看作是研究如何使人工系统能够从图像或多维数据中进行“感知”的科学。

下面的例子可以帮助我们更直观地了解计算机视觉所包含的范围：

(1) 判断当前图片中车辆的数目、颜色、类型、外观；

（2）根据图片判断当前的零件是否有缺陷；

（3）对图片中的数字和字符进行提取并分类判别；

（4）判断当前图片中是否有人脸；

（5）对当前图片中的人脸与黑名单中的人脸进行比对验证；

（6）跟踪当前视频序列中的车辆；

（7）判断图片中人脸的表情。

上面的例子对于人类来说非常简单，但对于计算机而言却异常复杂。原因在于，人类经过几年甚至十几年的学习、认识和了解，对现实世界中存在的各种事物已经具备了准确完善的分类归纳能力；计算机则因为没有经过一个长久的、完整的学习和理解过程而显得比人类笨拙许多，就如同一个刚出生的婴儿，除了具备吃奶这样一个哺乳动物天生的能力之外，其他一无所有。为了让计算机获得人类所具备的能力，同样需要一个完整的学习过程。如果不对计算机进行训练，那么它就和刚出生的婴儿没什么区别。因此，如果想要让计算机能够像正常成年人一样正确理解所"看见"的事物，就需要大量的样本让计算机进行系统的学习和训练。

图像处理和计算机视觉的区别在于：图像处理侧重于"处理"图像，比如增强、还原、去噪、分割等；而计算机视觉的重点在于使用计算机（也许是可移动式的）来模拟人的视觉，因此模拟视觉才是计算机视觉领域的最终目标。

1.2　模式识别与计算机视觉发展史

1.2.1　模式识别发展史

现代模式识别在20世纪40年代电子计算机发明以后逐渐发展起来，但更早的时候已经有采用光学和机械手段实现模式识别的例子，如1929年Gustav Tauschek在德国获得了光学字符识别的专利。作为统计模式识别基础的多元统计分析和鉴别分析，也是在电子计算机出现之前被提出来的。1957年IBM的C. K. Chow将统计决策方法用于字符识别。然而，直到20世纪60年代以后，"模式识别"一词才被广泛使用并形成一个领域。1966年，IBM在波多黎各召开了第一次以"模式识别"为主题的学术会议。1972年，第一届国际模式识别大会（International Conference on Pattern Recognition，ICPR）的召开标志着模式识别领域的形成。1974年，第二届国际模式识别大会开始筹建国际模式识别协会（International Association for Pattern Recognition，IAPR），并在1978年的第四届大会上正式成立。

统计模式识别的主要方法包括Bayes决策、概率密度估计（参数方法和非参数方法）、特征提取（变换）和选择、聚类分析等，这些方法在20世纪60年代以前就已经成型。由于统计方法不能表示和分析模式的结构，因此在20世纪70年代以后，结构和句法模式识别方法受到重视，尤其是傅京荪（K. S. Fu）提出的句法结构模式识别理论在70～80年代受到了广泛关注。但是，句法模式识别中的基元提取和文法推断(学习)问题直到现在还没有得到很好解决，因而没有太多的实际应用。

20 世纪 80 年代，Back Propagation(BP)算法的重新发现和成功应用，推动了人工神经网络研究和应用的热潮。与统计方法相比，神经网络方法具有不依赖概率模型、参数自学习、泛化性能良好等优点，至今仍被广泛应用于模式识别之中。然而，神经网络的设计和实现依赖于经验，其泛化性能无法确保最优。20 世纪 90 年代提出的支持向量机(Support Vector Machine，SVM)引起了模式识别领域对统计学理论和核方法(Kernel Methods)的极大兴趣。与神经网络相比，支持向量机的优点是通过优化一个泛化误差界限就能自动确定一个最优的分类器结构，从而具有更好的泛化性能。同时，核函数的引入，能够把很多传统的统计方法从线性空间推广到高维非线性空间，提升它们的表示和判别能力。

从 20 世纪 90 年代前期开始，结合多个分类器的方法盛行于模式识别领域，后来受到模式识别和机器学习领域的共同重视。多分类器结合可以克服单个分类器的性能不足，有效提高分类的泛化性能。这个方向研究的主要问题包括两个：如何最佳融合一组给定的分类器以及如何设计具有互补性的分类器组。其中的 Boosting 方法现已得到广泛应用，被认为是性能最好的分类方法。

进入 21 世纪，模式识别研究的趋势可以概括为以下四个方面：① Bayes 理论被越来越多地用于解决具体的模式识别和模型选择问题，产生了优异的分类性能；② 一些传统的问题不断受到新的关注，如概率密度估计、特征选择、聚类等，新的方法(或改进/混合的方法)不断被提出；③ 模式识别领域和机器学习领域之间的相互渗透越来越明显，如特征提取和选择、分类、聚类、半监督学习等问题成为二者共同关注的热点；④ 由于理论、方法和性能的进步，模式识别技术被应用至计算机视觉等领域，相关系统亦被广泛应用于现实生活，如车牌识别、手写字符识别、生物特征识别等。

1.2.2　计算机视觉发展史

计算机视觉是一个相当新且发展十分迅速的研究领域，现已成为计算机科学的重要研究领域之一。计算机视觉始于 20 世纪 50 年代的统计模式识别，当时的工作主要集中于二维图像分析和识别，如光学字符识别，工件表面、显微图片和航空图片的分析和解释等。20 世纪 60 年代，Roberts(1965)通过计算机程序从数字图像中提取出诸如立方体、楔形体、棱柱体等多面体的三维结构，并对物体形状及物体的空间关系进行描述。Roberts 的研究工作开创了以理解三维场景为目的的三维计算机视觉的研究。Roberts 对积木世界的创造性研究给予人们极大的启发，许多人相信，一旦计算机可以理解由白色积木玩具组成的三维世界，就可以理解更复杂的三维场景。于是，人们对积木世界进行了深入的研究，研究的范围从边缘检测、角点提取到线条、平面、曲线等几何要素分析，一直到图像明暗、纹理以及成像几何等，建立了各种数据结构和推理规则。

20 世纪 70 年代中期，麻省理工学院(MIT)人工智能(AI)实验室正式开设“机器视觉”(Machine Vision)课程，由著名学者 B. K. P. Horn 教授主讲。同时，MIT 的 AI 实验室吸引了国际上许多知名学者参与研究计算机视觉的理论、算法和系统设计，David Marr 教授就是其中的一位。他于 1973 年应邀在 MIT 的 AI 实验室领导一个以博士生为主体的研究小组，1977 年提出了不同于“积木世界”分析方法的计算视觉理论，该理论在 20 世纪 80 年代成为计算机视觉研究领域中的一个十分重要的理论框架。

到了 20 世纪 80 年代中期，计算机视觉获得了迅速发展，主动视觉理论框架、基于感知特征群的物体识别理论框架等新概念、新方法、新理论不断涌现。20 世纪 90 年代，计算机视觉开始在工业环境中得到广泛应用，同时基于多视图几何的视觉理论也得到迅速发展。进入 21 世纪，计算机视觉与计算机图形学的相互影响日益加深，基于图像的绘制成为研究热点，高效求解复杂全局优化问题的算法得到了发展。

1.3 模式识别的应用

经过多年的研究和发展，模式识别技术已广泛应用于人工智能、计算机工程、机器学、神经生物学、医学、侦探学以及高能物理、考古学、地质勘探、宇航科学和武器技术等许多重要领域，如语音识别、语音翻译、人脸识别、指纹识别、手写字符的识别、工业故障检测、精确制导等。模式识别技术的快速发展和应用大大促进了国民经济建设和国防科技现代化建设。

1. 文字识别

汉字有数千年的历史，是世界上使用人数最多的文字，对于中华民族的灿烂文化的形成和发展有着不可磨灭的贡献。在信息技术及计算机技术日益普及的今天，如何将文字方便、快速地输入到计算机中已成为影响人机接口效率的一个重要瓶颈。目前，汉字输入主要分为人工键盘输入和机器自动识别输入两种，其中，人工键入速度慢而且劳动强度大。自动输入分为汉字识别输入与语音识别输入。从识别技术的难度来说，汉字识别的手写体识别难度高于印刷体识别；而在手写体识别中，脱机手写体的识别难度又远远超过了联机手写体。到目前为止，除了联机手写体数字的识别已达到实际应用水平外，汉字等文字的脱机手写体识别精度尚待进一步提高。

2. 语音识别

语音识别技术所涉及的领域包括信号处理、模式识别、概率论和信息论、发声机理和听觉机理、人工智能等。近年来，在生物识别技术领域中，声纹识别技术以其独特的便捷性、经济性和准确性等优势受到世人瞩目，并日益成为人们日常生活和工作中重要且普通的安全验证方式。

3. 指纹识别

人的手掌、手指、脚、脚趾内侧等皮肤表面凹凸不平的纹路会形成各种各样的图案，这些图案在断点和交叉点上各不相同，具有唯一性。这种唯一性可以将一个人同其指纹对应起来，通过将其指纹和预先保存的指纹进行比较便可以验证其真实身份。指纹一般分为斗型（Whorl）、弓型（Arch）和箕型（Loop）等几大类别，根据这些类别可以将每个人的指纹分别进行归类和检索。指纹识别的过程可分成预处理、特征选择和模式分类等几个基本步骤。

4. 遥感图像识别

遥感图像识别是模式识别的一个应用领域，已被广泛用于农作物估产、资源勘察、气象预报和军事侦察等领域。遥感图像通过亮度值或像元值的高低差异及空间变化来表示不同地物的差异，这是我们区分不同目标对象的物理依据。遥感图像分类就是利用计算机分析遥感图像中各类地物的光谱信息和空间信息而选择一定的特征，并将特征空间划分为互不重叠的子空间，然后将图像中的各个像元划归到各个子空间中。

遥感图像分类的理论依据：遥感图像中的同类地物在相同的条件下(纹理、地形等)应具有相同或相似的光谱信息特征和空间信息特征，从而表现出同类地物的某种内在的相似性，即同类地物像元的特征向量应集群在同一特征空间，而不同地物的特征向量应集群在不同的特征空间。

5. 计算机辅助医学诊断

计算机辅助诊断(Computer Aided Diagnosis，CAD)或计算机辅助检测(Computer Aided Detection，CAD)是指通过影像学、医学图像处理技术以及其他可能的生理、生化手段，结合计算机的分析计算来发现病灶，提高诊断的准确率。在癌细胞检测、X射线照片分析、血液化验、染色体分析、心电图诊断和脑电图诊断等方面，模式识别已取得了成效。计算机辅助诊断技术又被称为医生的“第三只眼”，有助于提高医生诊断的敏感性和特异性。

1.4 计算机视觉发展方向

计算机视觉问题的解决方案基本遵循“图像预处理→提取特征→建立模型(分类器/回归器)→输出”的流程。计算机视觉本身包括了诸多不同的研究方向，比较基础和热门的方向为目标检测(Object Detection)、图像语义分割(Semantic Segmentation)、运动目标检测与跟踪(Motion & Tracking)、三维重建(3D Reconstruction)、人体动作识别(Action Recognition)等。

1.4.1 目标检测

目标检测，顾名思义，即给定一张输入图片，算法能够自动找出图片中的常见物体，并输出其所属类别及位置。物体检测包括诸如人脸检测(Face Detection)、车辆检测(Vehicle Detection)等细分类的检测任务。

目标检测是计算机视觉领域各项研究中的基础环节，对物体进行准确的检测和识别是计算机视觉中其他任务实现的前提。基于有监督学习的目标检测应主要解决两个问题：

(1) 为减小物体旋转、平移、尺度变化以及遮挡、噪声所带来的影响，应如何选取特征及构造分类器才能达到较好的识别准确率；

(2) 在达到较好识别率的基础上如何提高物体检测的速度。

1.4.2 图像语义分割

图像语义分割是理解图像的基础，在自动驾驶(具体为街景识别与理解)、无人机应用(着陆点判断)以及穿戴式设备应用中举足轻重。图像是由许多像素(Pixel)组成的，而语义分割就是将图像中的像素按照语义含义的不同进行分组(Grouping)与分割(Segmentation)。

图像语义分割将由机器自动分割并识别出图像中的内容。比如图1.1左侧给出了一个人走在路边和牛吃草的照片，机器判断后应当能够生成右侧图，即将照片中的人、车和牛标注为灰色，下方照片中的草地标注为深灰色，效果如图1.1所示。

图1.1 图像语义分割效果图

图像语义分割的一个主要应用是自动驾驶。车载摄像头或者激光雷达将探查到的图像输入到神经网络，后台计算机自动将图像分割归类，从而及时避让行人和车辆等障碍。图1.2是自动驾驶时图像语义分割后的效果。

图1.2 自动驾驶时图像语义分割效果图

1.4.3 运动目标检测与跟踪

运动目标检测与跟踪是计算机视觉领域的一个重要分支，在工业、医疗、航空航天和军工等领域得到了广泛应用与关注，并成为计算机视觉研究的热点。

运动目标检测是指采用图像分割的方法从背景图像中提取出活动目标的运动区域。运动目标检测技术是智能视频分析的基础，因为目标跟踪、行为理解等视频分析算法处理的对象都是活动目标所在区域的像素点，所以，目标检测的结果直接决定着智能视觉监控系统的整体性能。运动目标检测的方法很多，而且根据背景是否复杂、摄像机是否运动等因素的不同，算法之间的差别也很大，其中，最常用的三类方法是光流场法、帧间差分法、背景减法。

目标跟踪是对视频中的移动目标进行定位。实时目标跟踪是许多计算机视觉应用的重要任务，如监控、基于感知的用户界面、增强现实、基于对象的视频压缩以及辅助驾驶等应用都需要进行目标跟踪。实现视频目标跟踪有多种方法，如跟踪视频中移动的手时，基于皮肤颜色的均值漂移方法就是一种好的解决方案。运动目标跟踪在军事制导、视觉导航、机器人、智能交通、公共安全等领域有着广泛的应用。例如，在车辆违章抓拍系统中，车辆的跟踪就是必不可少的。又如在入侵检测中，人、动物、车辆等大型运动目标的跟踪也是整个系统运行的关键所在。

运动目标检测与运动目标跟踪通常被联合使用，是计算机视觉领域中两个相伴相生的基础技术方法。

1.4.4 三维重建

三维重建是指对三维物体建立适合计算机表示和处理的数学模型，并对其进行处理、操作和分析其性质的技术，它也是建立虚拟现实的关键技术。

在计算机视觉中，三维重建是根据单视图或者多视图的图像重建三维信息的过程。由于单视图的信息不完整，因此根据单视图进行三维重建需要利用经验知识；多视图的三维重建(类似人的双目定位)则相对比较容易，其方法是先对摄像机进行标定，即计算出摄像机的图像坐标系与世界坐标系的关系，然后利用多个二维图像中的信息重建出三维信息。三维重建的一般步骤如下：

(1) 图像获取：用摄像机获取三维物体的二维图像。这一过程中，光照条件、相机的特性等因素对后续的处理会有较大的影响。

(2) 摄像机标定：通过摄像机标定建立有效的成像模型，求解出摄像机的内外参数。这样可以结合图像的立体匹配结果得到空间中的三维点的坐标，从而达到进行三维重建的目的。

(3) 特征提取：特征主要包括特征点、特征线和区域。由于后续的立体匹配多以特征点为匹配基元，因此此阶段往往以提取特征点为主。由于特征点提取的形式与采用何种匹配策略紧密联系，因此在提取特征点时需要先确定匹配方法。特征点提取算法可以总结为基于方向导数的方法、基于图像亮度对比关系的方法和基于数学形态学的方法。

(4) 立体匹配：根据所提取的特征建立图像对之间的对应关系，即将同一个物理空间点在不同图像中的成像点对应起来。在进行匹配时要注意场景中一些因素的干扰，比如光照条件、噪声、景物几何形状畸变、表面物理特性以及摄像机特性等诸多变化因素。

(5) 三维重建：结合立体匹配的结果和摄像机标定的内外参数恢复出三维场景信息。由于三维重建精度受匹配精度、摄像机的内外参数误差等因素的影响，因此首先需要做好前面几个步骤的工作，使得各个环节的精度高、误差小，这样才能设计出一个比较精确的立体视觉系统。

1.4.5　人体动作识别

人体动作识别的主要目标是判断一段视频中人的行为类别。人体动作识别主要应用于公共场所、医院、安全等方面。手势识别是人体动作识别的一种，它是一种细粒度人体动作识别。手势识别主要应用于智能家居的控制、教育学习等交互感知方面。最近十几年来，这个方向的研究热度一直不减，取得了不少的研究成果。

传统人体动作识别是对动作的视频或图像进行识别。随着科学技术以及电子行业的发展，出现了利用穿戴传感器设备进行人体动作识别的新技术。目前，随着无线技术的发展和覆盖的扩大，WiFi 信号也被用来进行人体动作识别，并且取得了较好的成果，成为了当前最新的研究方向。

人体动作识别的一般流程是：首先收集数据并进行去噪，接着提取特征，然后对分类器进行训练，最后实现人体动作的识别。这一流程的关键是数据去噪和提取特征向量，这两个环节的改进和发展是提高人体动作识别精度的关键所在。

本章小结

模式识别从 20 世纪 20 年代发展至今，人们的一种普遍看法是不存在对所有模式识别问题都适用的单一模型和解决识别问题的单一技术，人们所要做的是挑选具体的模式识别方法应用至需解决的问题中。计算机视觉是用人工成像系统代替人体视觉器官作为输入途径，由计算机代替大脑完成视觉信息处理和解释的技术。模式识别方法正是这种可代替大脑处理视觉信息的计算机技术。因此，我们要在深入掌握各种模式识别方法的基础上，学会如何将其应用至特定的计算机视觉问题中。

本章首先介绍了模式识别与计算机视觉的概念，随后分别对模式识别与计算机视觉的发展历史进行了介绍，最后介绍了模式识别的具体应用，如文字识别、语音识别、指纹识别等。通过本章的学习，读者可以初步了解模式识别与计算机视觉的基本概念和方法，明确今后学习的主要目标和内容。

习　题

1. 什么是模式？
2. 模式识别的定义是什么？
3. 模式识别系统主要由哪些部分组成？
4. 计算机视觉研究的目的是什么？
5. 计算机视觉有哪些研究方向？

习题答案

模式识别理论篇

第二章　分　类　器

本章将着重介绍模式识别中的分类算法之一——距离分类器。距离分类器可以用于描述样本与类别之间的相似程度。如何使用距离分类器进行样本分类和如何优化距离分类器是本章介绍的重点内容。

分类是数据分析的一种非常重要的方法。分类是指在已有数据的基础上构造一个分类函数或一个分类模型(即我们通常所说的分类器(Classifier))，使该函数或模型能够把数据库中的数据记录映射到某一个给定的类别。在数据分析中，分类器通常是样本分类方法的统称，包含决策树、逻辑回归、朴素贝叶斯、神经网络等算法。下面将详细介绍以 K-近邻分类器为代表的距离分类器和以支持向量机为代表的线性判别分类器。

2.1　距离分类器

能够识别不同对象似乎是人类一种与生俱来的能力，当问一个人为什么认为一个对象属于这个类别而非另一个类别时，最可能得到的回答是目标与这个类别更像。例如，当遇见某个人的时候，我们会在脑海中将之与以前见过的人进行比对，如果发现他(她)与某人长得非常相似，则会认为遇到的是同一个人。

判断对象与某个类别是否相似是人作出判断的一个基本依据，根据这个思路，可以利用相似性来构造用于计算机识别的分类器，这就是本章将要介绍的“距离分类器”。因此，距离分类器的作用就是判断样本与类别或者样本与样本之间的相似程度。

距离分类器对样本 $\boldsymbol{x}$ 进行分类时，如果能够度量 $\boldsymbol{x}$ 与每一个类别的相似程度 $s(\boldsymbol{x}, \omega_i)$，$i=1, 2, \cdots, c$，那么就可以采用如下的方式进行分类：如果 $j=\arg\max s(\boldsymbol{x}, \omega_i)$，$i=1, 2, \cdots, c$，则判别 $\boldsymbol{x}$ 属于 ω_j 类。

这是一种常用的数学表示方式，其含义为：如果 j 是 i 的所有可能取值中使得 $s(\boldsymbol{x}, \omega_i)$ 取最大值者，则判别 $\boldsymbol{x}$ 属于 ω_j 类。距离分类器的分类过程可以用如下算法进行描述：

距离分类器的一般算法
输入：需要识别的样本 $\boldsymbol{x}$；
计算 $\boldsymbol{x}$ 与所有类别的相似度 $s(\boldsymbol{x}, \omega_i)$，$i=1, 2, \cdots, c$；
输出：相似度最大的类别 ω_j。

距离分类器的实现非常简单，需要解决的关键问题是如何度量样本 $\boldsymbol{x}$ 与类别 ω_j 的相似程度，下面介绍一种最常用的度量方式——模板匹配法。

假设每个类别的先验知识是一个能够代表这个类别的样本。对于分类器来说，待识别样本 $\boldsymbol{x}$ 是一个经过特征生成和提取之后形成的矢量(称为特征矢量)，代表第 i 个类别的样本也是一个特征矢量(记为$\boldsymbol{\mu}_i$)。

在每个类别只有一个代表样本的情况下，最自然的方式就是用$\boldsymbol{x}$与$\boldsymbol{\mu}_i$之间的相似程度作为样本与类别相似程度的度量，即$s(\boldsymbol{x}, \omega_i)=s(\boldsymbol{x}, \boldsymbol{\mu}_i)$。如上所述，由于$\boldsymbol{x}$和$\boldsymbol{\mu}_i$均为特征矢量，可以看作$d$维特征空间中的两个点，因此，可以用两者之间的“距离”来度量相似程度：距离越近，相似程度越高；距离越远，则相似程度越低。若将每个类别的代表样本称为“模板”，则相应的分类方法被称为“模板匹配”。

严格意义下的“距离”的概念将在下文讨论，目前暂时将其理解为一般意义的“距离”，即欧氏距离。考虑到距离越大则相似程度越低，因而可以按照如下方式计算样本$\boldsymbol{x}$和$\boldsymbol{\mu}$之间的相似程度：

$$s(\boldsymbol{x}, \boldsymbol{\mu})=-d(\boldsymbol{x}, \boldsymbol{\mu})=-\|\boldsymbol{x}-\boldsymbol{\mu}\|_2=-\sqrt{\sum_{i=1}^{d}(x_i-\mu_i)^2} \tag{2-1}$$

其中，$\|\cdot\|_2$在数学上称作矢量的“l_2范数”，这里可以理解为矢量的长度，差矢量的l_2范数表示两个点之间的欧氏距离。相应的模板匹配过程表示为：若$j=\arg\min d(\boldsymbol{x}, \boldsymbol{\mu}_i)$，则$\boldsymbol{x}$属于$\omega_j$类，计算过程如图2.1所示。

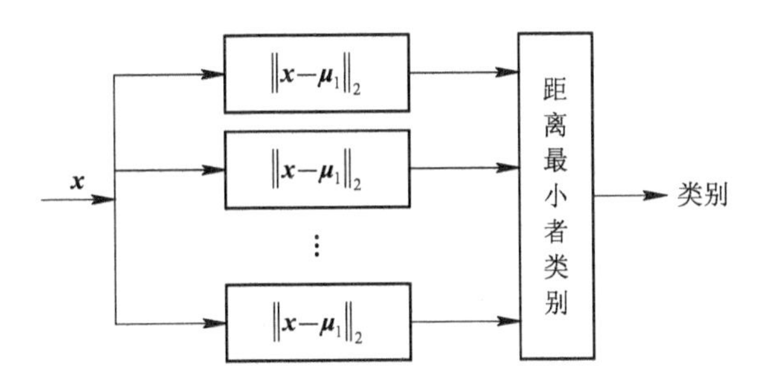

图2.1　模板匹配的过程

上述识别方式实际上是将整个特征空间划分成若干个区域，每个区域中的点应该与该区域中的代表模板距离最近。如图2.2所示，每个区域代表一个类别，如果待识别样本处于某个区域之内，则判别它属于相应的类别。两个区域的交界一般称为“判别界面”，二维特征空间中判别界面是一条直线，该直线垂直平分两个类别代表样本间的连线；三维特征空间中的判别界面是垂直平分两个类别的平面，而高维特征空间中的判别平面则是一个

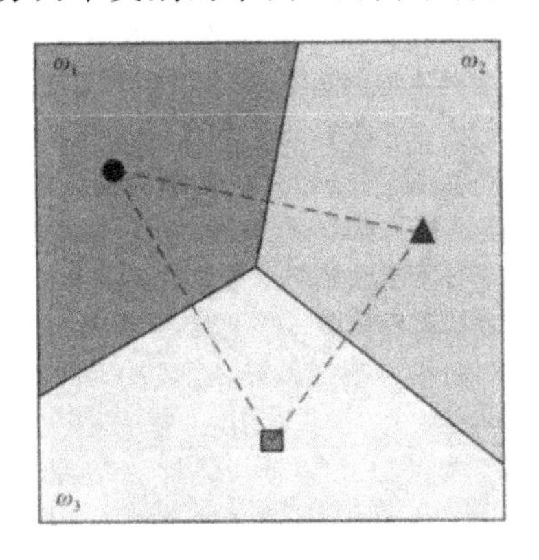

图2.2　模板匹配的判别区域(圆、三角和方块为代表模板)

“超平面”。若超平面可以用线性函数表示，则被称为线性分类界面。

2.1.1 最近邻分类及其加速

1. 最近邻分类

模板匹配是从待识别样本中提取若干特征向量，将之与模板对应的特征向量进行比较，计算样本的特征向量与模板特征向量之间的距离，用最小距离法判定样本的所属类别。在大多数的模式识别问题中，每一个类别可以得到很多训练样本。所谓训练样本，是指分类算法的训练过程用到的数据。例如在桃子和橘子的分类问题中，可以将预先手工分类好的多个水果图像的特征作为训练样本。

每个类别已知的所有训练样本可以表示成一个集合 $D_i=\{\boldsymbol{x}_1^{(i)}, \boldsymbol{x}_2^{(i)}, \cdots, \boldsymbol{x}_{n_i}^{(i)}\}$，$i=1, 2, \cdots, c$；$n_i$ 为第 i 个类别中的训练样本数。在这种情况下，样本 $\boldsymbol{x}$ 与类别 ω_i 之间的相似性可以用 $\boldsymbol{x}$ 与 D_i 中最近样本的距离来度量：

$$s(\boldsymbol{x}, \omega_i) = -\min_{y\in D_i} d(\boldsymbol{x}, \boldsymbol{y}) \tag{2-2}$$

得到样本与类别的相似性之后就可以根据式(2-1)进行分类。综合考虑式(2-2)和式(2-1)，实际上可以采用一种更简单的方法进行分类：计算待分类样本 $\boldsymbol{x}$ 与所有训练样本的距离，寻找与 $\boldsymbol{x}$ 距离最近的训练样本 $\boldsymbol{y}$，以 $\boldsymbol{y}$ 所属的类别作为 $\boldsymbol{x}$ 的类别。这一方法一般被称为“最近邻分类”法。

最近邻分类算法
输入：需要识别的样本 $\boldsymbol{x}$，训练样本集 $D=\{\boldsymbol{x}_1, \boldsymbol{x}_2, \cdots, \boldsymbol{x}_n\}$；
寻找 D 中与 $\boldsymbol{x}$ 距离最近的样本：$\boldsymbol{y}=\arg\min_{\boldsymbol{x}_i\in D} d(\boldsymbol{x}, \boldsymbol{x}_i)$；
输出：$\boldsymbol{y}$ 所属的类别。

这里的训练样本集 D 包含了所有类别的训练样本，n 为全部训练样本的数量：

$$D=\bigcup_{i=1}^{c} D_i,\ n=\sum_{i=1}^{c} n_i \tag{2-3}$$

图 2.3 中圆点和方点分别代表两个类别的训练样本，当采用最近邻的原则进行分类时，如果待识别样本 $\boldsymbol{x}$ 出现在某个单元格中，那么距离 $\boldsymbol{x}$ 最近的样本 $\boldsymbol{y}$ 就是该单元格中的

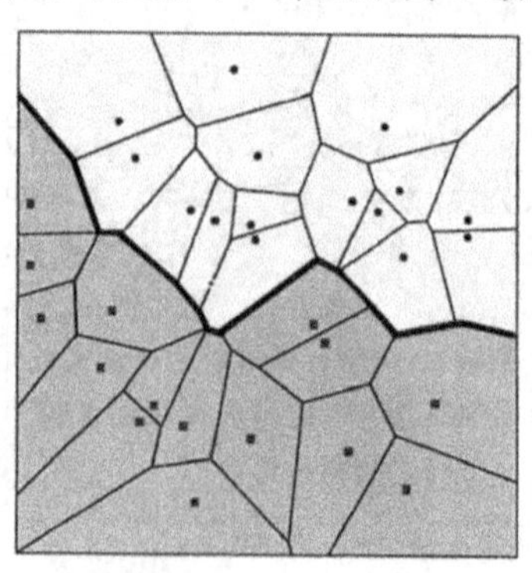

图 2.3 最近邻分类器的分类界面(粗折线)和 Voronoi 网格

训练样本，这样的表示方式称为 Voronoi 网格。最近邻分类算法得到的分类界面可以非常复杂(如图 2.3 中黑白两区域分界面的粗折线)，不再是模板匹配算法中的简单线性分类界面，而是分段线性分类界面。

实践证明，当训练样本数量较多时，最近邻分类器对于很多识别问题都可以取得良好的分类效果。然而最近邻分类器也存在着明显的不足：首先，最近邻算法的计算量较大，每次识别一个样本 $\boldsymbol{x}$ 时，需要计算该样本与所有样本之间的距离，而模板匹配只需要与代表样本进行计算，因此最近邻算法的分类速度一般较慢；其次，最近邻算法需要保存所有的训练样本，占用的存储空间比较大；最后，实际的训练样本可能存在噪声，某些样本的特征可能存在偏差或被标注了错误的类别标签，而最近邻算法对 $\boldsymbol{x}$ 类别的判断完全依赖于与训练样本 $\boldsymbol{y}$ 的距离，当 $\boldsymbol{y}$ 为噪声样本时，对 $\boldsymbol{x}$ 的分类就会发生错误。

2. 最近邻分类器的加速

提高最近邻分类器识别速度的根本方法是减少待识别样本与训练样本之间距离的计算次数。

1) 转化为单模板匹配

减少计算量的最直接的方法是对每个类别的训练样本学习出一个代表模板，然后只需要计算待识别样本与每个类别的代表模板之间的距离，以这个距离来度量待识别样本与类别之间的相似程度。这是一种由训练样本集学习模板，然后进行匹配的方法。

对于第 i 类的训练样本集合 $D_i=\{\boldsymbol{x}_1^{(i)}, \boldsymbol{x}_2^{(i)}, \cdots, \boldsymbol{x}_{n_i}^{(i)}\}$，如何选择代表模板 $\boldsymbol{\mu}_i$ 呢？从图 2.4 可以看出，一个合理的想法是选择距离 D_i 中所有训练样本都比较近的一个样本作为代表模板，这样可以使该类的训练样本以及与训练样本相似的待识别样本被正确识别为该类的可能性较大。根据这样的思路，每个类别的代表模板可以通过求解如下优化问题得到：

$$\boldsymbol{\mu}_i = \underset{\mu\in R^d}{\arg\min}\sum_{k=1}^{n_i} d(\boldsymbol{x}_k^{(i)}, \boldsymbol{\mu}) \tag{2-4}$$

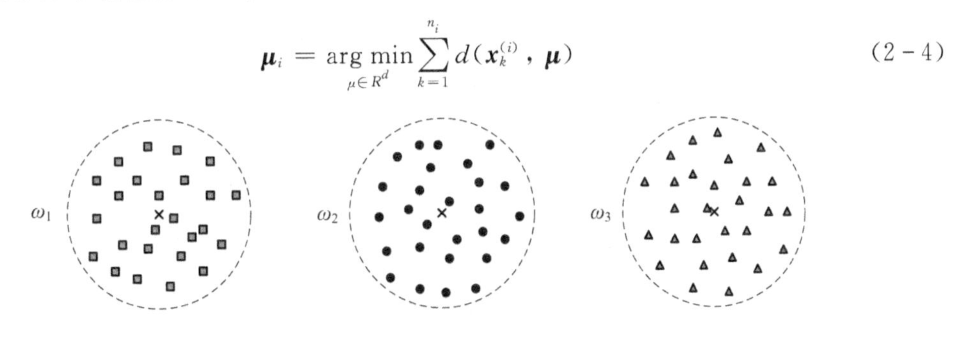

图 2.4　训练样本和代表模板

由于代表模板并不一定是 D_i 中的某一个样本，因此优化问题(2-4)是在整个 d 维欧氏空间中寻找一个最优矢量。距离度量 $d(\boldsymbol{x}_k^{(i)}, \boldsymbol{\mu})$ 可以选择最常用的欧氏距离，为了计算方便，式(2-4)中对距离的求和可以变为对距离平方的求和：

$$J_i(\boldsymbol{\mu}) = \sum_{k=1}^{n_i} \| \boldsymbol{x}_k^{(i)} - \boldsymbol{\mu} \|^2 = \sum_{k=1}^{n_i} (\boldsymbol{x}_k^{(i)} - \boldsymbol{\mu})^{\mathrm{T}}(\boldsymbol{x}_k^{(i)} - \boldsymbol{\mu}) \tag{2-5}$$

$$\boldsymbol{\mu}_i = \underset{\mu\in R^d}{\arg\min} J_i(\boldsymbol{\mu}) \tag{2-6}$$

在式(2-5)中，$J_i(\boldsymbol{\mu})$表示用$\boldsymbol{\mu}$代替D_i中每个训练样本所带来的误差矢量长度平方的总和，一般被称作误差平方和准则函数。对于优化问题(2-6)，可以通过令$J_i(\boldsymbol{\mu})$的梯度等于零求解出极值点，关于矢量导数的公式有如下结果：

$$\nabla J_i(\boldsymbol{\mu})=\frac{\partial J_i(\boldsymbol{\mu})}{\partial \boldsymbol{\mu}}=\sum_{k=1}^{n_i}2(\boldsymbol{x}_k^{(i)}-\boldsymbol{\mu})(-1)=2n_i\boldsymbol{\mu}-2\sum_{k=1}^{n_i}\boldsymbol{x}_k^{(i)}=0 \tag{2-7}$$

因此$J_i(\boldsymbol{\mu})$的极值点为

$$\boldsymbol{\mu}_i=\frac{1}{n_i}\sum_{k=1}^{n_i}\boldsymbol{x}_k^{(i)} \tag{2-8}$$

很明显，优化问题(2-6)的极值点是第i类所有训练样本的均值。根据式(2-5)可以判断此极值点是最小值点，因此，由式(2-8)得到的$\boldsymbol{\mu}_i$可以作为样本集合D_i的代表模板。

单模板匹配的学习过程非常简单，只需要计算每个类别训练样本的均值并将其作为该类别的匹配模板，识别时采用与“模板匹配”同样的过程就可以得到识别结果。

2）转化为多模板匹配

当每个类别样本分布的区域都接近于球形，并且区域的大小相近，不同类别样本之间的距离较远时，用上述单模板匹配的方法可以取得很好的分类效果，如图2.4的情形。但是，若样本的分布不满足这些条件，情况可能会完全不同。例如，假设两个类别的样本分布如图2.5(a)所示，ω_1类的样本分布在两个分离的区域，而ω_2类的样本则分布在一个细长的区域内，如果简单地分别用均值代替两个类别的训练样本进行模板匹配，即使是训练样本也可能会被错误分类。

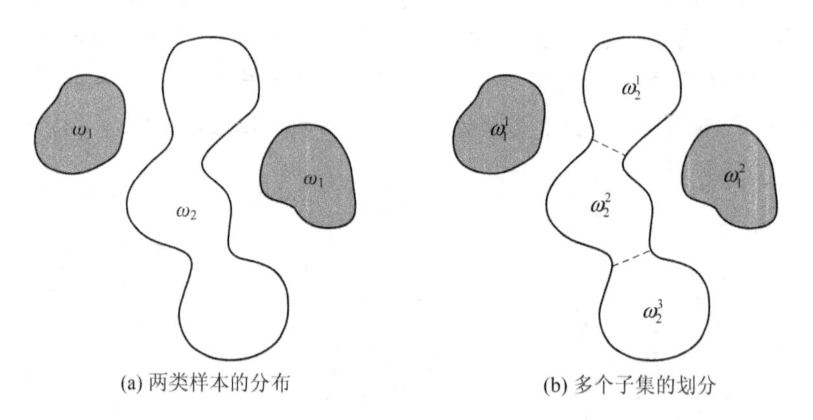

图2.5　多模板匹配

对于这种情况，一个有效的解决办法是将每个类别的训练样本根据距离的远近划分为若干个子集，子集中的样本分别计算均值并将之作为一个模板，即每个类别用多个模板来代表该类的训练样本。如图2.5(b)所示，将ω_1类的样本划分为两个子集ω_1^1和ω_1^2，分别计算均值$\boldsymbol{\mu}_1^1$和$\boldsymbol{\mu}_1^2$作为该类的模板；而ω_2类划分为3个子集，分别得到均值$\boldsymbol{\mu}_2^1$、$\boldsymbol{\mu}_2^2$、$\boldsymbol{\mu}_2^3$作为该类的模板。

对于待识别样本$\boldsymbol{x}$，需要计算其与所有模板之间的距离，在寻找到最相近的模板之后，以该模板所代表的类别作为分类结果。具体来说可以采用如下的方式进行判别：$j=\arg\min\limits_{1\leqslant i\leqslant c}[\min\limits_{1\leqslant k\leqslant m_i}d(\boldsymbol{x},\boldsymbol{\mu}_i^k)]$，则判别$\boldsymbol{x}\in\omega_j$，其中，$m_i$表示第$i$类模板的数目，$c$表示类别

数目。

在多模板匹配过程中，$\boldsymbol{x}$ 与模板之间的距离计算共计 $\sum_{i=1}^{c} m_i$ 次，计算量要多于单模板匹配的 c 次，但要远远小于同所有训练样本进行匹配的最近邻分类算法。多模板匹配可以视为一个在单模板匹配和最近邻算法之间的折中算法，平衡了识别过程的计算效率和识别准确率。

多模板匹配算法需要解决的关键问题是如何合理划分每个类别的训练样本集合，即每个类别应该划分为几个子集，每个子集应该包含哪些训练样本。如果样本的特征数量比较少，如图 2.5 中的样本分布于二维特征空间，那么，通过人的观察就可以找到样本集合的合理划分。然而实际问题中的样本往往处于多维特征空间，很难采用观察的方法得到合理的划分方式，在这种情况下，一种常用的方法是采用第四章将要介绍的“聚类分析”来得到样本集合的有效划分。

3. 剪辑最近邻

使用一个或多个模板代表所有的训练样本虽然能够提高分类器的计算效率，降低计算复杂度，但不能保证识别的准确率。

降低最近邻分类器计算复杂度的另一种方法是在训练阶段对样本集合进行“剪辑”，删除某些“无用”的样本，减少训练样本的数量，这样就可以减少识别过程中距离计算的次数。但是，如何判断训练样本是“无用”的？通过仔细观察图 2.3 中的 Voronoi 网格可以发现，若待识别样本 $\boldsymbol{x}$ 处在某个网格中，它的最近邻必然是这个网格中的训练样本；如果相邻的其他网格中的样本与这个网格中的样本同属一个类别，那么，删除这个网格中的样本虽然会导致网格的结构发生变化，但由于此时 $\boldsymbol{x}$ 的最近邻只可能是相邻网格中的训练样本，因此对 $\boldsymbol{x}$ 的识别结果不会发生改变。根据这样的思路就可以逐步找到并删除训练样本集中“无用”的样本。

最近邻剪辑算法

输入：$D=\{\boldsymbol{x}_1, \boldsymbol{x}_2, \cdots, \boldsymbol{x}_n\}$；

构造 D 的 Voronoi 网格；

for $i=1, 2, \cdots, n$

　　寻找到与 $\boldsymbol{x}_i$ 相邻的所有网格；

　　如果所有相邻的网格与 $\boldsymbol{x}_i$ 都属于同一类别，则标记 $\boldsymbol{x}_i$；

end

删除 D 中被标记的样本，重新构造 Voronoi 网格。

从图 2.6 可以看出，最近邻剪辑保留了两个类别分类界面附近的训练样本，而远离边界的样本被修剪掉了，减少了需要匹配的训练样本数量。尽管剪辑后的 Voronoi 网格发生了变化，但分类界面并没有被改变。因此，最近邻剪辑算法在保证分类准确率的前提下降低了最近邻算法的复杂度。

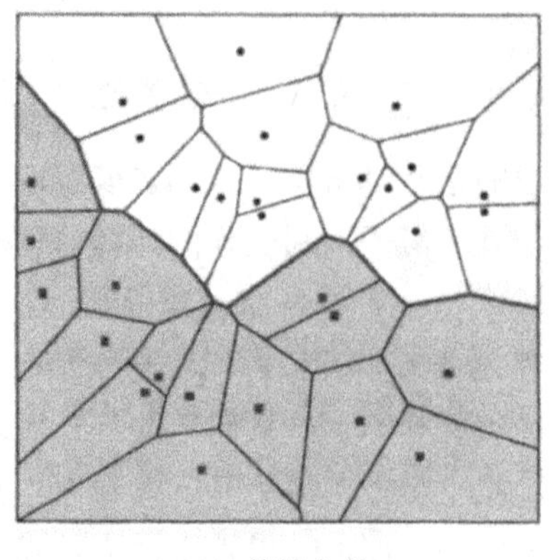
(a) 剪辑之前

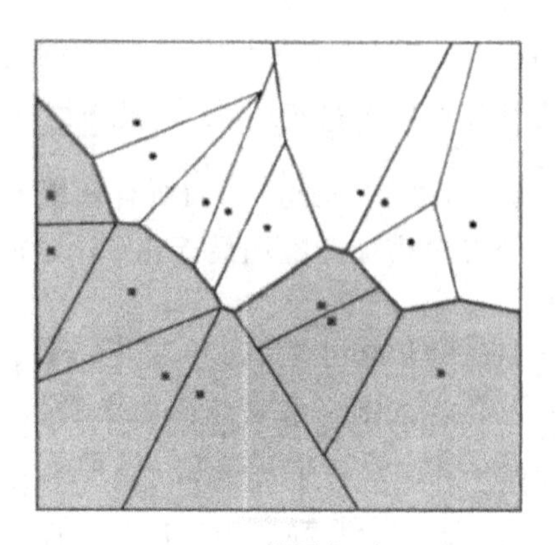
(b) 剪辑之后

图 2.6　Voronoi 网格的最近邻剪辑

2.1.2　K-近邻算法

K-近邻算法

K-近邻算法是对最近邻算法的一个自然推广，该算法对样本类别的判断不再只依赖与其最近的一个样本，而是由距离最近的 K 个样本“投票”决定。K-近邻算法的判别规则可以表示为：如果 $j=\arg\max\limits_{1\leqslant i\leqslant c} k_i$，则判别 $\boldsymbol{x}$ 属于 ω_j 类。其中，k_i 表示距离最近的 K 个样本中属于 ω_i 类的样本数。显然，最近邻算法是 $K=1$ 的 K-近邻算法。

K-近邻算法
输入：需要识别的样本 $\boldsymbol{x}$，训练样本集 $D=\{\boldsymbol{x}_1, \boldsymbol{x}_2, \cdots, \boldsymbol{x}_n\}$，参数 K；
计算 $\boldsymbol{x}$ 与 D 中每个样本的距离；
寻找与距离最近的前 K 个样本，统计其中属于各个类别的样本数 k_i，$i=1, 2, \cdots, c$；
输出：$j=\arg\max\limits_{1\leqslant i\leqslant c} k_i$。

在 K-近邻算法中，参数 K 的选择对识别结果有很大的影响。K 值选择过小，算法的性能接近于最近邻分类；K 值选择过大，距离较远的样本也会对分类结果产生作用，这样会引起分类误差。合适的 K 值需要根据具体问题来确定。

如果训练样本集合中某一类样本的数量很多，而其他类别样本的数量相对较少，则将该集合称为“非平衡样本集”。对非平衡样本集使用 K-近邻算法，在找到的与待识别样本最相近的 K 个近邻中，样本数多的类别总是会占有优势，这样往往会引起分类的错误。

K-近邻算法的计算复杂度与最近邻算法类似，也需要与每一个训练样本计算距离。该算法在样本数量比较大时识别效率不高。

K-D 树是 K-近邻算法的优化算法，能够提高 K-近邻算法(包括最近邻算法)的计算效率。最近邻算法和 K-近邻算法所进行的大量计算都花费在从众多的训练样本中寻找最相近的 1 个或 K 个样本的过程中。如果样本的特征只有 1 维，那么最近邻算法和 K-近邻算法就是在 n 个实数中(训练样本集)寻找到与给定的数(待识别样本的特征)最相近的 1 个或 K 个数。如果这 n 个实数是无序的，那么只能通过逐个比较或排序找出前若干个；但如

果这 n 个数是有序的，那么可以采用折半查找的办法快速找到最相近的数，计算复杂度可以从$O(n)$降低为 $O(\text{lb}n)$。K－D 树依据的就是这样一种思路，该方法首先用一种树形结构使得训练样本有序化，然后在有序的结构中快速查找到与输入最相近的样本，只不过在 d 维识别特征的情况下问题要复杂得多。

K－D 树构建算法

输入：训练样本集 D；

如果 D 为空，输出空 K－D 树；

计算 D 中每一维特征的方差，选择方差最大特征 s；

排序 D 中所有样本的第 s 维特征，选择位于中间的样本作为根节点，并记录 s；

将 D 中所有第 s 维特征小于根节点的样本放入左子集 D_L 中，递归调用建树过程，将得到的 K－D 树作为根节点的左子树；

将 D 中所有第 s 维特征大于根节点的样本放入右子集 D_R 中，递归调用建树过程，将得到的 K－D 树作为根节点的右子树；

输出：根节点的 K－D 树。

训练样本集的有序化是通过构建 K－D 树来实现的。K－D 树是一棵二叉树，它的构建是一个递归的过程：首先从样本集中选择一个样本作为根节点；然后选择一维特征 s，将训练样本集中所有第 s 维特征小于根节点第 s 维特征的样本放入左子集中，大于的放入右子集中；再分别对左子集和右子集递归调用上述建树过程，直到子集中只包含一个样本为止。由建树过程可以看出，每个节点实际上是构建了一个正交于 s 坐标轴的 $d-1$ 维(超)平面，该平面将空间划分为了两部分，(超)平面与 s 轴相交的位置是节点保存样本的第 s 维特征，通过 n 个样本的建树过程可以将整个 d 维特征空间划分为 n 个不相交的区域。利用 K－D 树可以快速地判断待识别样本处于空间中的哪个区域。

理论上可以在样本集中选择任意的样本和任意的特征来构建 K－D 树，但是为了保证寻找最近邻的效率，最好构建一棵均衡的二叉树，即在每一轮递归中，选择样本集中方差最大的一维特征作为 s，然后在所有样本的第 s 维特征中选择中间值对应的样本作为根节点。

K－D 树最近邻搜索算法

输入：K－D 树，识别样本 $\boldsymbol{x}$；

初始化：节点指针 p 指向根节点，最近邻为根节点样本，最小距离为无穷大；

While p≠null：

将 p 压入堆栈；

计算 $\boldsymbol{x}$ 与 p 指向节点样本之间的距离，如果小于最小距离，则替换最小距离，并保存当前节点样本为最近邻；

如果 p 指向的是叶节点，则

p＝null；

否则：

取 p 指向节点的选择特征 s，比较 $\boldsymbol{x}$ 与 p 指向节点样本的第 s 维特征，如果小于，则 p 指向左子树，否则 p 指向右子树；

回溯：

循环直到堆栈为空：

从堆栈中弹出指针 p；

取 p 指向节点的选择特征 s；

如果 $\boldsymbol{x}$ 与 p 指向节点样本在第 s 维特征上的差异(绝对值)小于最小距离，则

- 比较 $\boldsymbol{x}$ 的第 s 维特征，如果小于 p 指向节点的第 s 维特征，则 p 指向右子树，否则 p 指向左子树；
- 将 p 压入堆栈；
- 搜索以 p 为根节点的子树；

计算 $\boldsymbol{x}$ 与 p 指向节点样本之间的距离，如果小于最小距离，则替换最小距离，并保存当前节点样本为最近邻；

输出：最近邻节点样本。

2.1.3　距离和相似性度量

上一小节介绍的算法都是用样本之间的距离来度量它们之间的相似程度，那什么是“距离”？到目前为止，我们都是在一般意义上理解“距离”——特征空间中连接两个样本点之间直线的长度，或者是两点之间最短路径的长度，这个长度都是用欧几里得距离来度量的。

是否总是可以用欧几里得距离来度量空间中任意两点之间最短路径的长度呢？先来看一下图 2.7 和图 2.8 所示的例子，在城市的地图中经常会看到由街道和楼房所构成的街区和网格，如果一辆汽车想要从 A 点移动到 B 点，它不可能穿过建筑物以直线的方式行进，而只能沿着街道运动；同样在国际象棋中，每个棋子的移动都有一定的规则限制，国王可以向左、右或沿 45°方向移动一格，而车(城堡)则只能横向或纵向移动若干格，图 2.8 中国王要从 e1 移动到 g4 至少需要经过 3 个格子，而车从 a1 移动到 c4 则至少要经过 5 个格子。

图 2.7　街市中的距离

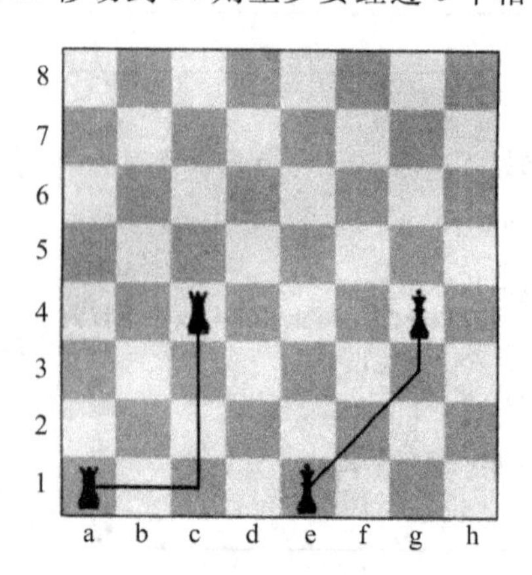

图 2.8　国际象棋中的距离

从这两个例子可以看出，对于一个具体问题，两点之间直线的长度并不总是从一个点移动到另一个点的最短路径的长度。对于一个模式识别问题来说也是一样，两个样本之间的欧氏距离并非在所有情况下都是对相似程度的合理度量。这一节将首先给出数学上对距离的定义，然后介绍几种常用的距离和相似性度量方式。

1. 距离度量

距离度量是数学上的一个基本概念，对于任意一个定义在两个矢量 $\boldsymbol{x}$ 和 $\boldsymbol{y}$ 上的函数 $d(\boldsymbol{x}, \boldsymbol{y})$，只要满足如下 4 个性质就可以被称作一个"距离度量"：

① 非负性：$d(\boldsymbol{x}, \boldsymbol{y}) \geqslant 0$；

② 对称性：$d(\boldsymbol{x}, \boldsymbol{y}) = d(\boldsymbol{y}, \boldsymbol{x})$；

③ 自反性：$d(\boldsymbol{x}, \boldsymbol{y}) = 0$，当且仅当 $\boldsymbol{x} = \boldsymbol{y}$；

④ 三角不等式：$d(\boldsymbol{x}, \boldsymbol{y}) + d(\boldsymbol{y}, \boldsymbol{z}) \geqslant d(\boldsymbol{x}, \boldsymbol{z})$。

1）欧几里得距离

欧几里得距离(Euclidean Distance)也被称为欧氏距离，它是一种最常用的距离度量方式，其定义为

$$d(\boldsymbol{x}, \boldsymbol{y}) = \left[\sum_{i=1}^{d} (\boldsymbol{x}_i - \boldsymbol{y}_i)^2\right]^{\frac{1}{2}} \tag{2-9}$$

对欧氏距离的直观理解就是特征空间中 $\boldsymbol{x}$ 和 $\boldsymbol{y}$ 两个点之间的直线距离。距离度量与矢量的长度密切相关，欧氏距离也可以看作差矢量 $\boldsymbol{x}-\boldsymbol{y}$ 的长度。矢量的长度在数学上也被称为"范数"，欧氏距离对应的是矢量的"l_2 范数"，也可以表示为

$$d(\boldsymbol{x}, \boldsymbol{y}) = \|\boldsymbol{x} - \boldsymbol{y}\|_2 = \sqrt{(\boldsymbol{x} - \boldsymbol{y})^{\mathrm{T}}(\boldsymbol{x} - \boldsymbol{y})} \tag{2-10}$$

2）街市距离

街市距离(City Block Distance)也被称为曼哈顿距离(Manhattan Distance)，其定义为

$$d(\boldsymbol{x}, \boldsymbol{y}) = \sum_{i=1}^{d} |\boldsymbol{x}_i - \boldsymbol{y}_i| \tag{2-11}$$

对街市距离最直观的理解是城市街道上汽车行驶所经过的距离，如在图 2.7 中，从 A 点到 B 点最短路径的长度就是这两点坐标之差的绝对值之和。图 2.8 中，国际象棋棋子车所走过的格数也可以用街市距离来度量。街市距离对应矢量的"l_1 范数"，表示为

$$d(\boldsymbol{x}, \boldsymbol{y}) = \|\boldsymbol{x} - \boldsymbol{y}\|_1 \tag{2-12}$$

3）切比雪夫距离

切比雪夫距离(Chebyshev Distance)的定义为

$$d(\boldsymbol{x}, \boldsymbol{y}) = \max_{1 \leqslant i \leqslant d} |\boldsymbol{x}_i - \boldsymbol{y}_i| \tag{2-13}$$

在国际象棋中，国王和王后所走过的两点之间最少的格数可以用切比雪夫距离度量。例如在图 2.8 中，e1 和 g4 在横轴上相差 2 格，在纵轴上相差 3 格，因此两者之间的切比雪夫距离为 3，恰好是国王能够走的最短路径长度。数学上切比雪夫距离对应于矢量的"l_∞ 范数"，表示为

$$d(\boldsymbol{x}, \boldsymbol{y}) = \|\boldsymbol{x} - \boldsymbol{y}\|_\infty \tag{2-14}$$

4）闵可夫斯基距离

闵可夫斯基距离(Minkowski Distance)的定义为

$$d(\boldsymbol{x},\ \boldsymbol{y})=\left[\sum_{i=1}^{d}|\boldsymbol{x}_i-\boldsymbol{y}_i|^p\right]^{\frac{1}{p}},\ p\geqslant 1 \tag{2-15}$$

闵可夫斯基距离对应于矢量的"l_p 范数"，不同的 p 可以得到不同的距离度量。欧氏距离和街市距离都是闵可夫斯基距离的特例，分别对应于 $p=1$ 和 $p=2$ 的情形。实际上切比雪夫距离也是闵可夫斯基距离的特例，即 $p\to+\infty$的情形。

与坐标原点距离为 1 的点的轨迹在欧氏距离度量下是一个单位圆(图 2.9)，在街市距离度量下则变为了单位圆的内接正方形，而随着闵可夫斯基距离中 p 值的增大，单位"圆"向外扩展，直到 $p\to+\infty$时则演变为一个外接正方形。

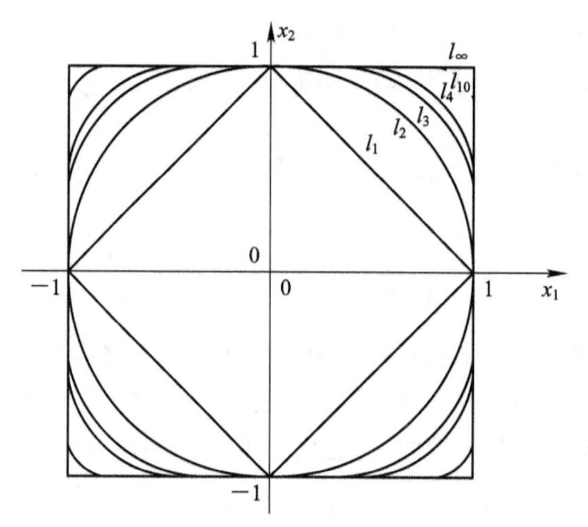

图 2.9　不同距离度量下的单位"圆"

模式识别用一组特征表示待识别对象，每一维特征描述了对象的某一方面的属性，对不同属性的观测或测量需要采用不同的量纲(或称为单位)。这里所介绍的欧几里得距离、切比雪夫距离和闵可夫斯基距离对每一维特征同等对待，没有考虑不同特征采用不同量纲所造成的影响。例如在图 2.10 所示的二维特征中，第 1 维特征描述了待识别对象的长度，第 2 维特征描述了其质量，若它们分别采用毫米和千克作为量纲，则 $d(\boldsymbol{x},\ \boldsymbol{y})<d(\boldsymbol{x},\ \boldsymbol{z})$，而当量纲变为米和克时情况正好相反。

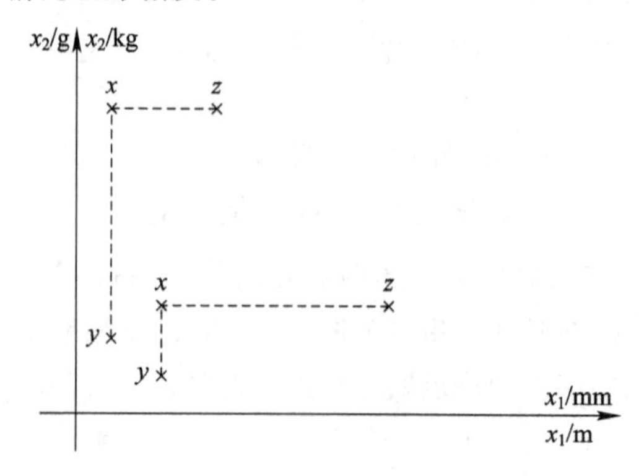

图 2.10　不同量纲对距离的影响

选择哪一种量纲来度量特征是合理的？仅仅依靠参与计算的样本无法回答这个问题，我们需要了解更多有关问题的先验知识，这些先验知识往往来源于训练样本集 $D=\{\boldsymbol{x}_1, \boldsymbol{x}_2, \cdots, \boldsymbol{x}_n\}$。

5）样本规格化

当某个特征选择的量纲较小时，样本集在这一维特征上的分布范围一般较大，这会导致样本之间的差异也比较大；反之，若分布的范围较小，则样本在这一维特征上的差异也较小。样本规格化(Sample Normalization)的目的是使样本的每一维特征都分布在相同或相似的范围之内，这样，每一维特征上的差异在计算距离度量时都会得到相同的体现。

常用的样本规格化方法有两种：一种是将样本集中样本的每一维特征都平移和缩放到[0，1]之内。首先计算 D 中样本每一维特征的最大值和最小值：

$$\boldsymbol{x}_{j_{\min}} = \min_{1\leqslant i\leqslant n} \boldsymbol{x}_{ij}, \ \boldsymbol{x}_{j_{\max}} = \max_{1\leqslant i\leqslant n} x_{ij}, \ j = 1, 2, \cdots, d \tag{2-16}$$

然后平移和缩放样本的每一维特征：

$$\boldsymbol{x}'_{ij} = \frac{\boldsymbol{x}_{ij} - \boldsymbol{x}_{j_{\min}}}{\boldsymbol{x}_{j_{\max}} - \boldsymbol{x}_{j_{\min}}}, \ i = 1, 2, \cdots, n; \ j = 1, 2, \cdots, d \tag{2-17}$$

式中，$\boldsymbol{x}_{ij}$，$\boldsymbol{x}'_{ij}$ 分别表示第 i 个样本在规格化前和规格化后的第 j 维特征。

另外一种常用的样本规格化方法是认为样本的每一维特征都符合高斯分布，则通过平移和缩放使特征都变成均值为 0、方差为 1 的标准高斯分布。首先计算 D 中样本的每一维特征的均值和标准差：

$$\boldsymbol{\mu}_j = \frac{1}{n}\sum_{i=1}^{n} \boldsymbol{x}_{ij}, \ s_j = \sqrt{\frac{1}{n}\sum_{i=1}^{n} (\boldsymbol{x}_{ij} - \boldsymbol{\mu}_j)^2}, \ j = 1, 2, \cdots, d \tag{2-18}$$

然后规格化每一维特征：

$$\boldsymbol{x}'_{ij} = \frac{\boldsymbol{x}_{ij} - \boldsymbol{\mu}_j}{s_j}, \ i = 1, 2, \cdots, n; \ j = 1, 2, \cdots, d \tag{2-19}$$

可以证明，经过式(2-19)规格化之后，样本集 D 的每一维特征均符合标准高斯分布。

6）加权距离

除了样本规格化之外，在计算距离度量时，还可以采用为不同特征引入不同权重的方式消除量纲的影响。这里以最常用的加权欧氏距离为例来说明：

$$d(\boldsymbol{x}, \boldsymbol{y}) = \left[\sum_{j=1}^{d} \omega_j (\boldsymbol{x}_j - \boldsymbol{y}_j)^2\right]^{\frac{1}{2}} \tag{2-20}$$

其中，ω_j 是第 j 维特征的权重，$\omega_j \geqslant 0$。通过仔细观察式(2-17)、式(2-19)和式(2-20)会发现，由于闵可夫斯基距离的计算具有平移不变性，因此，如果使用式(2-17)或式(2-19)对样本规格化之后再计算欧氏距离，等价于分别设置权重之后的加权欧氏距离。使用加权距离(Weighted Distance)需要解决的最重要问题是如何确定每一维特征的权重。权重与特征的分布无关，而是体现了不同特征对于分类的重要程度。因此，对于重要的特征往往赋予比较大的权重，不重要的特征则赋予比较小的权重。若某一维特征的权重被置为 0，则这一维特征上的差异在距离计算中不会起到任何作用。特征的重要程度通常需要根据具体问题由分类器的设计者来确定。

$$\omega_j = \frac{1}{(\boldsymbol{x}_{j_{\max}} - \boldsymbol{x}_{j_{\min}})^2} \ \text{和} \ \omega_j = \frac{1}{s_j^2} \tag{2-21}$$

7）汉明距离

前面介绍的几种距离度量的都是 d 维实数空间中矢量的相似程度，对于每个元素只能取 0 或 1 的二值矢量 $\boldsymbol{x}$，$\boldsymbol{y}\in\{0, 1\}^d$ 可以用汉明距离(Hamming Distance)来度量其相似性：

$$d(\boldsymbol{x}, \boldsymbol{y}) = \sum_{j=1}^{d}(\boldsymbol{x}_j - \boldsymbol{y}_j)^2 \tag{2-22}$$

由于 $\boldsymbol{x}$，$\boldsymbol{y}$ 为二值矢量，因此式(2-22)计算的实际是它们在对应位置上元素取值不同的数量，例如 $\boldsymbol{x}=(1, 1, 0, 0, 1, 1, 1)^{\mathrm{T}}$，$y=(1, 0, 0, 0, 0, 0, 1)^{\mathrm{T}}$，则两者的汉明距离为 3。

2. 相似性度量

到目前为止都是在用距离度量样本之间的相似程度，实际上在某些情况下可以采用更直接的方式度量样本之间的相似性。

1）角度相似性

如果认为两个样本之间的相似程度只与它们之间的夹角有关，而与矢量的长度无关，那么就可以使用矢量夹角的余弦来度量相似性。根据矢量内积的定义可以得到

$$s(\boldsymbol{x}, \boldsymbol{y}) = \cos\theta_{xy} = \frac{\boldsymbol{x}^{\mathrm{T}}\boldsymbol{y}}{\|\boldsymbol{x}\| \cdot \|\boldsymbol{y}\|} = \frac{\sum_{i=1}^{d}\boldsymbol{x}_i\boldsymbol{y}_i}{\sqrt{\sum_{i=1}^{d}\boldsymbol{x}_i^2} \cdot \sqrt{\sum_{i=1}^{d}\boldsymbol{y}_i^2}} \tag{2-23}$$

显然当 $\boldsymbol{x}$ 和 $\boldsymbol{y}$ 重合时，夹角 $\theta_{xy}=0$，此时相似度最大，即 $s(\boldsymbol{x}, \boldsymbol{y})=1$；而当 $\boldsymbol{x}$ 和 $\boldsymbol{y}$ 方向相反时，夹角 $\theta_{xy}=\pi$，此时相似度最小，即 $s(\boldsymbol{x}, \boldsymbol{y})=-1$。

2）相关系数

类似于角度相似性，样本之间的相关系数是用数据中心化之后矢量夹角的余弦来度量样本之间的相似程度。矢量数据的中心化有两种方式，一种方式是认为矢量 $\boldsymbol{x}$ 和 $\boldsymbol{y}$ 分别来自于两个样本集，假设这两个样本集的均值分别为 $\boldsymbol{\mu}_x$ 和 $\boldsymbol{\mu}_y$，则 $\boldsymbol{x}$ 和 $\boldsymbol{y}$ 之间的相关系数定义为

$$s(\boldsymbol{x}, \boldsymbol{y}) = \frac{(\boldsymbol{x}-\boldsymbol{\mu}_x)^{\mathrm{T}}(\boldsymbol{y}-\boldsymbol{\mu}_y\boldsymbol{e})}{\|\boldsymbol{x}-\boldsymbol{\mu}_x\boldsymbol{e}\| \cdot \|\boldsymbol{y}-\boldsymbol{\mu}_y\boldsymbol{e}\|} = \frac{\sum_{i=1}^{d}(\boldsymbol{x}_i-\boldsymbol{\mu}_x)(\boldsymbol{y}_i-\boldsymbol{\mu}_y)}{\sqrt{\sum_{i=1}^{d}(\boldsymbol{x}_i-\boldsymbol{\mu}_x)^2} \cdot \sqrt{\sum_{i=1}^{d}(\boldsymbol{y}_i-\boldsymbol{\mu}_y)^2}} \tag{2-24}$$

另外一种方式是将 $\boldsymbol{x}$ 和 $\boldsymbol{y}$ 视为一维信号，则数据的中心化是相对于每个矢量特征均值进行的：

$$\boldsymbol{\mu}_x = \frac{1}{d}\sum_{i=1}^{d}x_i, \ \boldsymbol{\mu}_y = \frac{1}{d}\sum_{i=1}^{d}\boldsymbol{y}_i \tag{2-25}$$

$$s(\boldsymbol{x}, \boldsymbol{y}) = \frac{(\boldsymbol{x}-\boldsymbol{\mu}_x\boldsymbol{e})^2(\boldsymbol{y}-\boldsymbol{\mu}_y\boldsymbol{e})}{\|\boldsymbol{x}-\boldsymbol{\mu}_x\boldsymbol{e}\| \cdot \|\boldsymbol{y}-\boldsymbol{\mu}_y\boldsymbol{e}\|} = \frac{\sum_{i=1}^{d}(\boldsymbol{x}_i-\boldsymbol{\mu}_x)(\boldsymbol{y}-\boldsymbol{\mu}_y)}{\sqrt{\sum_{i=1}^{d}(\boldsymbol{x}_i-\boldsymbol{\mu}_x)^2} \cdot \sqrt{\sum_{i=1}^{d}(\boldsymbol{y}_i-\boldsymbol{\mu}_y)^2}} \tag{2-26}$$

其中，$\boldsymbol{e}$ 是所有元素均为 1 的 d 维矢量。

相似性随着样本之间相似程度的增加而增大，而距离则是随着相似程度的增加而减小，为了保持一致性，可以将角度相似性和相关系数转化为距离：

$$d(\boldsymbol{x}, \boldsymbol{y}) = 1 - s(\boldsymbol{x}, \boldsymbol{y}) \tag{2-27}$$

2.2 支持向量机

支持向量机(Support Vector Machine，SVM)从本质上说是一种采用线性判别函数的分类方法，但通过引入“核函数”可以很容易地实现非线性的SVM，因此一般都是将支持向量机作为非线性判别函数分类器来使用。

2.2.1 最优线性判别函数分类器

从训练样本集的角度看，所有能够将两类训练样本分开的线性判别函数是等价的，它们都可以正确识别所有的训练样本。然而，分类器的目的不是用于识别训练样本，而是用于识别未见过的其他样本。对测试样本的识别准确率是评价一个分类器好坏的最主要指标，如何提高分类器对测试样本的分类能力是近年来机器学习研究的一个重要内容。

什么样的线性分类界面是泛化能力最强的“最优分类器”？在图2.11中，分类界面H_1和H_2都可以完美地区分所有的训练样本，在此意义下它们是等价的。但当考察一个采样自“×”类别的测试样本时(即图2.11中位于H_2分类界面左侧的粗黑色叉点)，它可能与某个训练样本是同一个对象，只是在采样过程中由于某种误差导致了一定的偏移。由于H_2距离“×”类别的距离很近，因此会对这个测试样本产生误识；而H_1距离训练样本较远，仍然能够正确识别测试样本。从这样一个简单的例子可以得到这样的“猜想”：距离训练样本较远的线性分类界面错误分类测试样本的可能性比较小。实际上可以证明，在所有能够正确分类线性可分样本集的超平面中，距离训练样本最远的超平面具有最强的泛化能力，是在此意义下的“最优线性分类器”。

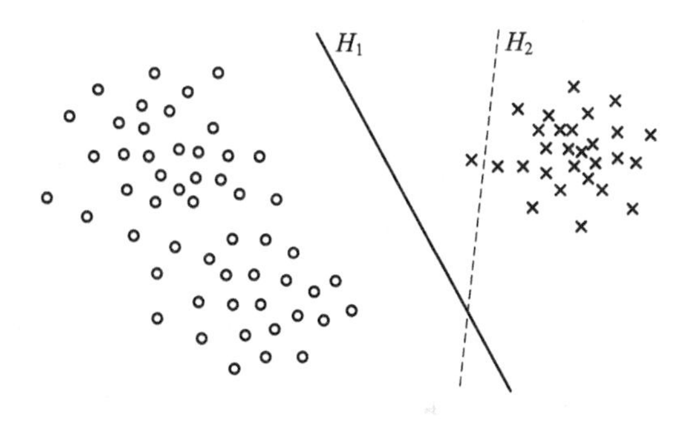

图2.11　线性分类器的泛化能力

下面讨论最优线性分类器的数学描述，并导出分类器学习的优化准则函数。令分类界面对应的线性判别函数为$g(x)=\boldsymbol{w}^{\mathrm{T}}\boldsymbol{x}+\omega_0$，首先定义样本点$\boldsymbol{x}_i$到线性分类界面的两种“间隔”：

函数间隔：$b_i=|g(x)|=|\boldsymbol{w}^{\mathrm{T}}\boldsymbol{x}_i+\omega_0|$；

几何间隔：$\gamma_i=\dfrac{b_i}{\|\boldsymbol{w}\|}$。

$\boldsymbol{x}_i$ 和分类界面之间的实际距离是几何间隔 γ_i，如果在权值矢量 $\boldsymbol{w}$ 和偏置 ω_0 上同时乘一个正数 $a(>0)$，函数间隔 b_i 会被放大 a 倍，而线性分类界面和几何间隔 γ_i 则不会发生变化。

分类界面与样本集之间的间隔 γ 定义为所有样本与分类界面之间几何间隔的最小值，也就是说 γ 决定于两个类别的训练样本中距离分类界面最近的样本。对于给定的线性可分样本集来说，最优分类界面是能够将样本分开的最大间隔超平面，如图 2.12 所示，最优超平面是所有能够正确区分所有训练样本的超平面中距离训练样本最远的那个超平面。

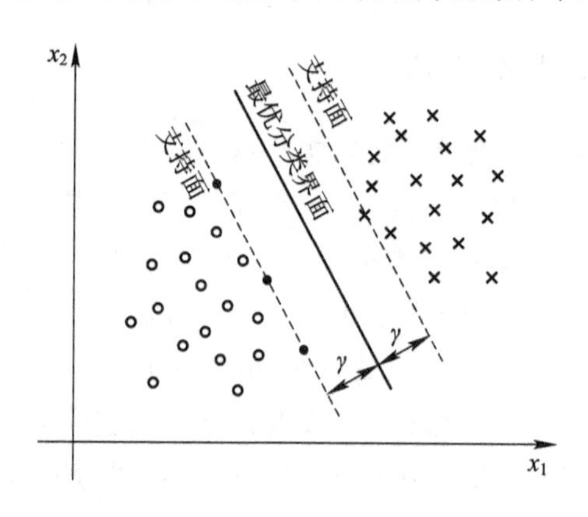

图 2.12　最优分类超平面和支持面

如果在最优分类界面两侧分别画出一个与之平行的超平面(称为支持面)，该支持面要求包含距离分类界面最近的样本，此时会发现这两个支持面到最优分类界面的距离是相等的。因为，如果距离不相等，则最优分类界面可以向距离较远的支持面一侧移动，使分类界面与样本集之间的间隔 γ 增大。处于支持面之上的训练样本一般称为“支持向量”。

2.2.2　支持向量机的学习

1. 线性可分的情况

支持向量机

首先讨论样本集 D 是线性可分的情况。作为一个最优分类超平面，需要能够对样本集 D 正确分类，亦即需要满足：

$$z_i(\boldsymbol{w}^{\mathrm{T}}\boldsymbol{x}_i+\omega_0)>0,\ \forall i=1,2,\cdots,n \tag{2-28}$$

由于 $z_i(\boldsymbol{w}^{\mathrm{T}}\boldsymbol{x}_i+\omega_0)\geqslant\min\limits_{1\leqslant j\leqslant n}[z_j(\boldsymbol{w}^{\mathrm{T}}\boldsymbol{x}_i+\omega_0)]=b_{\min}>0$，$b_{\min}$是训练样本集中距离分类超平面最近的样本的函数间隔，且当权值矢量 $\boldsymbol{w}$ 和偏置 ω_0 同时乘上一个正数 $1/b_{\min}$时，对应超平面的位置不会发生变化，因此式(2-28)的条件可以改写为

$$z_i(\boldsymbol{w}^{\mathrm{T}}\boldsymbol{x}_i+\omega_0)\geqslant 1,\ \forall i=1,2,\cdots,n \tag{2-29}$$

即通过适当调整权值矢量和偏置，使得最优超平面到样本集的函数间隔 b 变为了 1，亦即支持面与分类界面之间的函数间隔为 1。

最优分类超平面的第 2 个条件是要使超平面与样本集之间的几何间隔 γ 最大。由于在函数间隔为 1 的条件下，$\gamma=\frac{1}{\|\boldsymbol{w}\|}$，这样就可以得到在训练样本集线性可分的条件下，学习最优分类超平面的优化准则和约束条件。

原始优化问题：

$$\min_{\boldsymbol{w},\ \omega_0} J_{\text{SVM}}(\boldsymbol{w},\ \omega_0)=\frac{1}{2}\|\boldsymbol{w}\|^2 \tag{2-30}$$

约束：

$$z_i(\boldsymbol{w}^{\text{T}}\boldsymbol{x}_i+\omega_0)\geqslant 1,\ i=1,\ 2,\ \cdots,\ n$$

这是一个典型的线性不等式约束条件下的二次优化问题。在支持向量机的学习算法中，一般不是直接求解这个原始问题，而是转而求解与其等价的对偶问题。下面从另外一个角度来分析约束优化的对偶问题。

在说明对偶问题之前，首先看定义在矢量 $\boldsymbol{u}$ 和 $\boldsymbol{v}$ 上的函数 $f(u,\ v)$ 的 min-max 和 max-min问题。

min-max 问题：

$$f*(\boldsymbol{u})=\max_{\boldsymbol{v}} f(\boldsymbol{u},\ \boldsymbol{v}),\ \min_{\boldsymbol{u}} f*(\boldsymbol{u})=\min_{\boldsymbol{u}}\max_{\boldsymbol{v}} f(\boldsymbol{u},\ \boldsymbol{v})$$

max-min 问题：

$$f*(\boldsymbol{v})=\min_{\boldsymbol{u}} f(\boldsymbol{u},\ \boldsymbol{v}),\ \max_{\boldsymbol{v}} f*(\boldsymbol{v})=\max_{\boldsymbol{v}}\min_{\boldsymbol{u}} f(\boldsymbol{u},\ \boldsymbol{v})$$

可以证明，上述两个问题如果有解存在，那么必在同一点处取得最优解，亦即

$$\min_{\boldsymbol{u}}\max_{\boldsymbol{v}} f(\boldsymbol{u},\ \boldsymbol{v})=\max_{\boldsymbol{v}}\min_{\boldsymbol{u}} f(\boldsymbol{u},\ \boldsymbol{v})=f(\boldsymbol{u}*,\ \boldsymbol{v}*) \tag{2-31}$$

也就是说函数 $f(\boldsymbol{u},\ \boldsymbol{v})$先对 $\boldsymbol{u}$ 取最小值，再对 $\boldsymbol{v}$ 取最大值，还是先对 $\boldsymbol{v}$ 取最大值，再对 $\boldsymbol{u}$ 取最小值的结果是一样的，即两个优化问题的求解顺序可以交换。

下面根据式(2-30)的原始优化问题构造 Lagrange 函数：

$$L(\boldsymbol{w},\ \omega_0,\ \boldsymbol{\alpha})=\frac{1}{2}\|\boldsymbol{w}\|^2-\sum_{i=1}^{n}\alpha_i[z_i(\boldsymbol{w}^{\text{T}}\boldsymbol{x}_i+\omega_0)-1] \tag{2-32}$$

其中 $\boldsymbol{\alpha}=(\alpha_1,\ \alpha_2,\ \cdots,\ \alpha_n)^{\text{T}}$，$\alpha_i\geqslant 0$ 是对式（2-30）优化问题中每个约束不等式引入的 Lagrange 系数。

考虑 Lagrange 函数关于矢量 $\boldsymbol{\alpha}$ 的最大化问题：$\max\limits_{\boldsymbol{\alpha}\geqslant 0} L(\boldsymbol{w},\ \omega_0,\ \boldsymbol{\alpha})$。当 $z_i(\boldsymbol{w}^{\text{T}}\boldsymbol{x}_i+\omega_0)>1$ 时，Lagrange 函数在 $\alpha_i=0$ 处取得最大值；而当 $z_i(\boldsymbol{w}^{\text{T}}\boldsymbol{x}_i+\omega_0)=1$ 时，α_i 可以大于 0。总之，当 Lagrange 函数取得最大值时，式(2-32)中的两个乘积项 α_i 和 $z_i(\boldsymbol{w}^{\text{T}}\boldsymbol{x}_i+\omega_0)-1$ 必有一项为 0，因此

$$\max_{\boldsymbol{\alpha}} L(\boldsymbol{w},\ \omega_0,\ \boldsymbol{\alpha})=J_{\text{SVM}}(\boldsymbol{w},\ \omega_0)=\frac{1}{2}\|\boldsymbol{w}\|^2$$

这样，式(2-30)的原始优化问题就等价于一个 min-max 问题。考虑到式(2-31)，这个问题也等价于一个 max-min 问题：

$$\min_{\boldsymbol{w},\ \omega_0} J_{\text{SVM}}(\boldsymbol{w},\ \omega_0)=\min_{\boldsymbol{w},\ \omega_0}\max_{\boldsymbol{\alpha}} L(\boldsymbol{w},\ \omega_0,\ \boldsymbol{\alpha})=\max_{\boldsymbol{\alpha}}\min_{\boldsymbol{w},\ \omega_0} L(\boldsymbol{w},\ \omega_0,\ \boldsymbol{\alpha})$$

首先来看 Lagrange 函数针对 $\boldsymbol{w}$ 和 ω_0 的最小化问题：

$$\frac{\partial L(\boldsymbol{w}, \omega_0, \boldsymbol{\alpha})}{\partial \boldsymbol{w}} = \boldsymbol{w} - \sum_{i=1}^{n} \alpha_i z_i \boldsymbol{x}_i = 0 \rightarrow \boldsymbol{w} = \sum_{i=1}^{n} \alpha_i z_i \boldsymbol{x}_i \tag{2-33}$$

$$\frac{\partial L(\boldsymbol{w}, \omega_0, \boldsymbol{\alpha})}{\partial \omega_0} = -\sum_{i=1}^{n} \alpha_i z_i = 0 \rightarrow \sum_{i=1}^{n} \alpha_i z_i = 0 \tag{2-34}$$

将式(2-33)和式(2-34)重新代入 Lagrange 函数：

$$\begin{aligned}
L(\boldsymbol{w}, \omega_0, \boldsymbol{\alpha}) &= \frac{1}{2}\|\boldsymbol{w}\|^2 - \sum_{i=1}^{n} \alpha_i [z_i(\boldsymbol{w}^{\mathrm{T}} \boldsymbol{x}_i + \omega_0) - 1] \\
&= \frac{1}{2}\left(\sum_{i=1}^{n} \alpha_i z_i \boldsymbol{x}_i\right)^{\mathrm{T}}\left(\sum_{i=1}^{n} \alpha_i z_i \boldsymbol{x}_i\right) - \sum_{i=1}^{n}\left[\alpha_i z_i \left(\sum_{j=1}^{n} \alpha_j z_j \boldsymbol{x}_j\right)^{\mathrm{T}} \boldsymbol{x}_i + \alpha_i z_i \omega_0 - \alpha_i\right] \\
&= \frac{1}{2}\sum_{i=1}^{n}\sum_{j=1}^{n} \alpha_i \alpha_j z_i z_j \boldsymbol{x}_i^{\mathrm{T}} \boldsymbol{x}_j - \sum_{i=1}^{n}\sum_{j=1}^{n} \alpha_i \alpha_j z_i z_j \boldsymbol{x}_i^{\mathrm{T}} \boldsymbol{x}_j - \omega_0 \sum_{i=1}^{n} \alpha_i z_i + \sum_{i=1}^{n} \alpha_i \\
&= \sum_{i=1}^{n} \alpha_i - \frac{1}{2}\sum_{i=1}^{n}\sum_{j=1}^{n} \alpha_i \alpha_j z_i z_j \boldsymbol{x}_i^{\mathrm{T}} \boldsymbol{x}_j
\end{aligned}$$

此时，Lagrange 函数只与优化矢量 $\boldsymbol{\alpha}$ 有关，而与 $\boldsymbol{w}$、ω_0 无关。因此，可以由 Lagrange 函数针对 $\boldsymbol{\alpha}$ 的最大化，同时考虑式(2-34)的约束，得到原始问题的对偶优化问题。

对偶优化问题：

$$\max_{\boldsymbol{\alpha}} L(\boldsymbol{\alpha}) = \sum_{i=1}^{n} \alpha_i - \frac{1}{2}\sum_{i=1}^{n}\sum_{j=1}^{n} \alpha_i \alpha_j z_i z_j \boldsymbol{x}_i^{\mathrm{T}} \boldsymbol{x}_j \tag{2-35}$$

约束：

$$\alpha_i \geqslant 0,\ i = 1, 2, \cdots, n$$

$$\sum_{i=1}^{n} \alpha_i z_i = 0$$

原始优化和对偶优化都是典型的线性不等式约束条件下的二次优化问题，求解两者中的任何一个都是等价的。但 SVM 算法一般求解对偶优化，因为它有如下两个特点：

(1) 对偶问题不直接优化权值矢量 $\boldsymbol{w}$，因此与样本的特征维数 d 无关，只与样本的数量 n 有关，使得在样本的特征维数很高时，对偶问题更容易求解；

(2) 在对偶优化问题中，训练样本只以矢量内积的形式出现，不需要知道样本的每一维特征，只要能够计算矢量内积就可以进行优化求解。

另外，以上特点有利于在算法中引入“核函数”，从而实现非线性的 SVM 分类。

2. 线性不可分的情况

接下来进一步分析样本集 D 线性不可分的情况。重新考察式(2-30)的优化问题，当样本集线性不可分时，不存在任何一个权值矢量 $\boldsymbol{w}$ 和偏置 ω_0 能够满足作为约束的 n 个不等式。通过在每个不等式上引入一个非负的“松弛变量”ξ_i，使得不等式变为

$$z_i(\boldsymbol{w}^{\mathrm{T}} \boldsymbol{x}_i + \omega_0) \geqslant 1 - \xi_i,\ \xi_i \geqslant 0$$

通过选择一系列适合的松弛变量，不等式约束条件总是可以得到满足。然而，即使训练样本集线性不可分，我们同样希望学习得到的分类器能够正确识别尽量多的训练样本，

即希望尽量多的松弛变量 $\xi_i=0$。因此，目标函数需要同时考虑两方面因素的优化：与分类界面和样本集之间的几何间隔相关的 $\|w\|^2$，以及不为 0 的松弛变量的数量。

直接优化松弛变量的数量有一定的难度，一般是转而优化一个相关的目标—— $\sum_{i=1}^{n}\xi_i$。由于在一个优化问题中无法同时优化两个目标，所以需要引入一个大于 0 的常数 C 来协调两个优化目标的关注程度。C 值越大表示希望更少的训练样本被错误识别，C 值越小表示希望分类界面与训练样本集的间隔更大。这样就得到了在样本集线性不可分情况下的原始优化问题。

原始优化问题：

$$\min_{w,\omega_0} J_{\mathrm{SVM}}(w,\omega_0)=\frac{1}{2}\|w\|^2+C\sum_{i=1}^{n}\xi_i \tag{2-36}$$

约束：

$$z_i(w^{\mathrm{T}}x_i+\omega_0)\geqslant 1-\xi_i,\ i=1,2,\cdots,n$$
$$\xi_i\geqslant 0,\ i=1,2,\cdots,n$$

类似于线性可分情况，针对两组不等式约束分别引入 Lagrange 系数 α 和 β 建立 Lagrange 函数：

$$L(w,\omega_0,\xi,\alpha,\beta)=\frac{1}{2}\|w\|^2+C\sum_{i=1}^{n}\xi_i-\sum_{i=1}^{n}\alpha_i[z_i(w^{\mathrm{T}}x_i+\omega_0)-1+\xi_i]-\sum_{i=1}^{n}\beta_i\xi_i$$

同样的，原始问题的优化等价于 Lagrange 函数首先对 w、ω_0 和 ξ 进行最小值优化，然后对 α、β 在非负的约束下进行最大值优化：

$$\frac{\partial L(w,\omega_0,\xi,\alpha,\beta)}{\partial w}=w-\sum_{i=1}^{n}\alpha_i z_i x_i=0\rightarrow w=\sum_{i=1}^{n}\alpha_i z_i x_i \tag{2-37a}$$

$$\frac{\partial L(w,\omega_0,\xi,\alpha,\beta)}{\partial \omega_0}=-\sum_{i=1}^{n}\alpha_i z_i=0\rightarrow \sum_{i=1}^{n}\alpha_i z_i=0 \tag{2-37b}$$

$$\frac{\partial L(w,\omega_0,\xi,\alpha,\beta)}{\partial \xi_i}=C-\alpha_i-\beta_i=0 \tag{2-37c}$$

将上述三式重新代入 Lagrange 函数：

$$\begin{aligned}
L(w,\omega_0,\xi,\alpha,\beta)&=\frac{1}{2}\|w\|^2+C\sum_{i=1}^{n}\xi_i-\sum_{i=1}^{n}\alpha_i[z_i(w^{\mathrm{T}}x_i+\omega_0)-1+\xi_i]-\sum_{i=1}^{n}\beta_i\xi_i\\
&=\frac{1}{2}\Big(\sum_{i=1}^{n}\alpha_i z_i x_i\Big)^{\mathrm{T}}\Big(\sum_{i=1}^{n}\alpha_i z_i x_i\Big)+C\sum_{i=1}^{n}\xi_i-\\
&\quad\sum_{i=1}^{n}\Big[\alpha_i z_i\Big(\sum_{j=1}^{n}\alpha_j z_j x_j\Big)^{\mathrm{T}}x_i+\alpha_i z_i\omega_0-\alpha_i+\alpha_i\xi_i\Big]-\sum_{i=1}^{n}\beta_i\xi_i\\
&=\frac{1}{2}\sum_{i=1}^{n}\sum_{j=1}^{n}\alpha_i\alpha_j z_i z_j x_i^{\mathrm{T}}x_j-\sum_{i=1}^{n}\sum_{j=1}^{n}\alpha_i\alpha_j z_i z_j x_i^{\mathrm{T}}x_j-\omega_0\sum_{i=1}^{n}\alpha_i z_i\\
&\quad+\sum_{i=1}^{n}\alpha_i+\sum_{i=1}^{n}(C-\alpha_i-\beta_i)\xi_i\\
&=\sum_{i=1}^{n}\alpha_i-\frac{1}{2}\sum_{i=1}^{n}\sum_{j=1}^{n}\alpha_i\alpha_j z_i z_j x_i^{\mathrm{T}}x_j
\end{aligned}$$

可以看出，重写的 Lagrange 函数与线性可分情况完全相同，既与 $\boldsymbol{w}$、ω_0 松弛矢量 $\boldsymbol{\xi}$ 无关，也与引入的 Lagrange 系数 $\boldsymbol{\beta}$ 无关。与线性可分情况的唯一不同点是由式(2-37c)引入的 $\alpha_i=C-\beta_i$，考虑到 $\beta_i \geqslant 0$，因此需要增加约束 $\alpha_i \leqslant C$。

对偶优化问题：

$$\max_{\alpha} L(\boldsymbol{\alpha}) = \sum_{i=1}^{n}\alpha_i - \frac{1}{2}\sum_{i=1}^{n}\sum_{j=1}^{n}\alpha_i\alpha_j z_i z_j \boldsymbol{x}_i^{\mathrm{T}}\boldsymbol{x}_j \tag{2-38}$$

约束：

$$C \geqslant \alpha_i \geqslant 0,\ i=1,2,\cdots,n$$

$$\sum_{i=1}^{n}\alpha_i z_i = 0$$

在线性不可分的情况下，对偶问题比原始优化问题更简单。线性 SVM 分类器的学习就是采用二次规划算法对式(2-38)优化问题的求解。最优化方法的研究已经证明此类问题属于凸规划问题，存在唯一的最优解，可以由相关算法计算求解。常用的二次规划算法包括内点法、有效集法、椭球算法等，而且已经找到了专门针对 SVM 学习的有效算法——序列最小化算法(Sequential Minimal Optimization，SMO)。

通过对偶问题的优化，可以得到与每个训练样本相关的一组最优 Lagrange 系数 $\boldsymbol{\alpha}$。构造线性判别函数需要的是权值矢量 $\boldsymbol{w}$ 和偏置 ω_0，因此需要考虑如何由系数 $\boldsymbol{\alpha}$ 计算 $\boldsymbol{w}$ 和 ω_0。在此之前首先来看一下 $\boldsymbol{\alpha}$ 中元素的含义。

从前面针对 $\boldsymbol{\alpha}$ 优化的分析中可以看到，α_i 是与式(2-30)中第 i 个约束 $z_i(\boldsymbol{w}^{\mathrm{T}}\boldsymbol{x}_i+\omega_0)\geqslant 1$ 相关的 Lagrange 系数。当约束以大于 1 的方式得到满足时，相应的 Lagrange 系数 $\alpha_i=0$；而当约束以等于 1 的方式得到满足时，系数 α_i 可以大于 0。同样道理，在优化问题(2-36)中，由于 $\alpha_i=C-\beta_i$，因此，当 $\xi_i>0$ 时，Lagrange 系数 $\beta_i=0$，$\alpha_i=C$；当 $\boldsymbol{\xi}_i=0$ 时，β_i 可以大于 0，α_i 则可以小于 C。

更严格地，依据最优化方法中的 Kuhn-Tucker 定理可以证明如下关系存在：

$$\begin{cases} z_i(\boldsymbol{w}^{\mathrm{T}}\boldsymbol{x}_i+\omega_0) > 1,\ \alpha_i = 0 \\ z_i(\boldsymbol{w}^{\mathrm{T}}\boldsymbol{x}_i+\omega_0) = 1,\ C > \alpha_i > 0 \\ z_i(\boldsymbol{w}^{\mathrm{T}}\boldsymbol{x}_i+\omega_0) < 1,\ \alpha_i = C \end{cases} \tag{2-39}$$

在建立学习优化问题的过程中，通过适当调整 $\boldsymbol{w}$、ω_0，使得距离最优分类界面最近的样本到分类超平面的函数间隔变为了 1，亦即两个类别的支持面与分类超平面之间的函数间隔为 1。因此，由图 2.13 可以看出，依据对偶优化问题的解，完全可以确定每个训练样本相对于最优分类超平面以及两个支持面之间的位置关系。$\alpha_i=0$ 对应的训练样本处于各自类别支持面之外；$C>\alpha_i>0$ 对应的训练样本处于支持面之上；$\alpha_i=C$ 对应的训练样本则处于各自类别支持面与分类超平面之间，甚至是分类界面的反方向区域。所有对应 $\alpha_i>0$ 的训练样本称为支持向量。

借助于式(2-37a)，可以将判别函数的权值 $\boldsymbol{w}$ 表示如下：

$$\boldsymbol{w} = \sum_{i=1}^{n}\alpha_i z_i \boldsymbol{x}_i \tag{2-40}$$

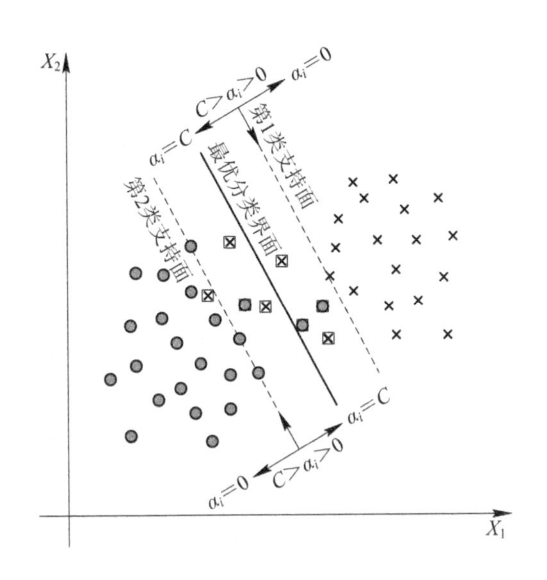

图 2.13 支持向量与 Lagrange 系数

因此，根据对偶优化问题的解可以直接得到判别函数的权值矢量。这里需要注意的是，实际上只有支持向量参与了求和的计算，因为非支持向量的系数 α_i 为 0，对 $\boldsymbol{w}$ 的计算没有贡献。

由于任意一个处于支持面上的支持向量与分类界面之间的函数间隔为 1，因此对于偏置 ω_0，可以利用任意一个对应于 $C>\alpha_i>0$ 的支持向量 $\boldsymbol{x}_i$ 由下述方程求得

$$z_i(\boldsymbol{w}^{\mathrm{T}}\boldsymbol{x}_i+\omega_0)=1\rightarrow\omega_0=z_i-\boldsymbol{w}^{\mathrm{T}}\boldsymbol{x}_i \tag{2-41}$$

这样，通过求解对偶优化问题得到一组 Lagrange 系数 $\boldsymbol{\alpha}$，进而根据式(2-40)和式(2-41)计算线性判别函数的权值矢量 $\boldsymbol{w}$ 和偏置 ω_0，从而得到最优的线性判别函数。

2.2.3 核函数与非线性支持向量机

通过定义一个 R^d 空间到 R^r 空间的映射，将原来的 d 维特征矢量映射为更高的 r 维矢量，然后在 R^r 空间中学习一个线性判别函数，就可以得到对应于 R^d 空间的非线性判别函数。支持向量机采用同样的思路来实现非线性判别，只不过利用了一种更巧妙的方法——核函数(Kernel Function)，避免了直接在 r 维空间中的计算，使得即使 r 的维数很高(甚至是无穷维空间)也可以有效地学习和实现非线性判别。

如果定义 $K(\boldsymbol{x}_i, \boldsymbol{x}_j)=(\boldsymbol{x}_i^{\mathrm{T}}, \boldsymbol{x}_j)^2$，那么可以直接根据 $\boldsymbol{y}_i^{\mathrm{T}}\boldsymbol{y}_j=K(\boldsymbol{x}_i, \boldsymbol{x}_j)$在二维空间中计算经过映射之后的 $\boldsymbol{x}_i$ 和 $\boldsymbol{x}_j$ 在三维空间中的内积。

从图 2.14 可以看出，在二维空间中分布于单位圆内外的两个类别是线性不可分的，而在通过 Φ 映射之后的三维空间中则是线性可分的。其中，x、y、z 轴表示不同的空间位度。

依据同样的道理，如果能够通过定义在 R^d 空间(称为输入空间)的函数 $K(\boldsymbol{x}_i, \boldsymbol{x}_j)$(即核函数)等价地计算映射于 R^r 空间(称为特征空间)中的矢量 $\boldsymbol{\Phi}(\boldsymbol{x}_i)$和 $\boldsymbol{\Phi}(\boldsymbol{x}_j)$的内积，那么就可以不必真正去定义非线性映射 Φ。同时，即使 $r\rightarrow+\infty$也不会存在任何的计算难题，这就是核函数的方法。

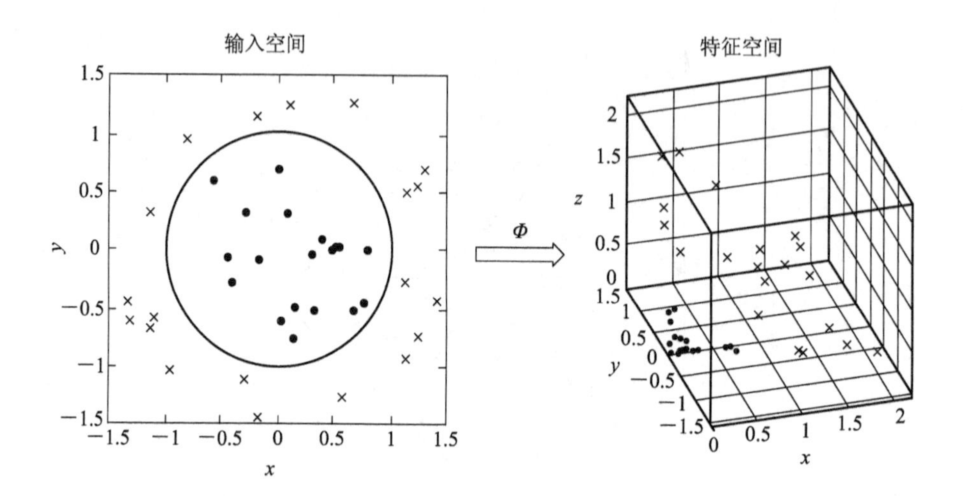

图 2.14 输入空间到特征空间的映射

将核函数的方法应用于某个线性算法，将其转化为非线性算法，需要满足两个条件：

(1) 核函数 K 必须与映射后空间中的矢量内积等价；

(2) 线性算法只需要计算两个矢量的内积。

什么样的函数 K 可以作为核函数？这个问题在 Mercer 定理中得到了解答。

Mercer 定理：令 $x, z\in R^d$，如果一个对称函数 $K(x, z)$ 针对任意的平方可积函数 $g(x)$ 都满足半正定条件，即

$$\begin{cases}\iint K(x, z)g(x)g(z)\mathrm{d}x\mathrm{d}z\geqslant 0\\ \int g(x)^2\mathrm{d}x<+\infty\end{cases}\tag{2-42}$$

则存在一个由 R^d 空间到 Hilbert 空间 H 的映射 Φ：$x\rightarrow\Phi(x)\in H$，使得 $K(x, z)$ 等于 $\Phi(x)$ 和 $\Phi(z)$ 在空间 H 中的内积。

式(2-42)称为 Mercer 条件。从 Mercer 定理可知，只要定义的函数 $K(x, z)$ 满足 Mercer 条件就可以作为核函数。下面列出了一些在模式识别中常用的核函数：

Gaussian RBF：

$$K(x, z)=\exp\left(-\frac{\|x-z\|^2}{\sigma}\right)$$

Polynomial：

$$K(x, z)=((x^{\mathrm{T}}z)+1)^d$$

Inv. Multiquardric：

$$K(x, z)=\frac{1}{\sqrt{\|x-z\|^2+c^2}}$$

其中 σ 是一个自由参数，c 为类别数。

接下去分析如何应用核函数将支持向量机转化为非线性分类器。支持向量机的学习过程主要是求解式(2-38)代表的优化问题的过程，由于其中只涉及任意两个训练样本的内积

计算，因此可以引入核函数 K 将之转化为式(2-43)进行优化，即将每个训练样本根据某个非线性映射 Φ 映射到特征空间，然后在特征空间中求解最大间隔超平面，从而得到输入空间中对应的非线性分类界面。

非线性 SVM 的优化问题：

$$\max_{\boldsymbol{\alpha}} L(\boldsymbol{\alpha}) = \sum_{i=1}^{n} \alpha_i - \frac{1}{2}\sum_{i=1}^{n}\sum_{j=1}^{n} \alpha_i \alpha_j z_i z_j \boldsymbol{x}_i^{\mathrm{T}} \boldsymbol{x}_j \tag{2-43}$$

约束：

$$\sum_{i=1}^{n} \alpha_i z_i = 0$$

$$C \geqslant \alpha_i \geqslant 0, \quad i = 1, 2, \cdots, n$$

通过求解式(2-43)可以得到每个训练样本对应的 Lagrange 系数 $\boldsymbol{\alpha}$，还需要进一步计算权值矢量 $\boldsymbol{w}$ 和偏置 ω_0 才能构造判别函数。由于经过 Φ 映射之后的权值矢量 $\boldsymbol{w}$ 是特征空间中的一个矢量，因此可以根据式(2-40)来计算，只不过每个训练样本需要用映射之后的矢量 $\boldsymbol{\Phi}(\boldsymbol{x}_i)$来代替：

$$\boldsymbol{w} = \sum_{i=1}^{n} \alpha_i z_i \boldsymbol{\Phi}(\boldsymbol{x}_i) \tag{2-44}$$

核方法没有直接定义映射 Φ，而是通过引入核函数 K 来间接达到非线性映射的目的，因此无法计算每个 $\boldsymbol{\Phi}(\boldsymbol{x}_i)$。但如果将式(2-44)代入特征空间中的线性判别函数：

$$\boldsymbol{w}^{\mathrm{T}}\boldsymbol{\Phi}(\boldsymbol{x}) + \omega_0 = \left[\sum_{i=1}^{n} \alpha_i z_i \boldsymbol{\Phi}(\boldsymbol{x}_i)\right]^{\mathrm{T}} \Phi(\boldsymbol{x}) + \omega_0 = \sum_{i=1}^{n} \alpha_i z_i K(\boldsymbol{x}, \boldsymbol{x}_i) + \omega_0$$

从上式可以发现，输入空间中的非线性 SVM 判别函数只需要利用核函数计算测试样本 $\boldsymbol{x}$ 和训练样本 $\boldsymbol{x}_i$ 在特征空间中的内积 $K(\boldsymbol{x}, \boldsymbol{x}_i)$即可：

$$g(\boldsymbol{x}) = \sum_{i=1}^{n} \alpha_i z_i K(\boldsymbol{x}, \boldsymbol{x}_i) + \omega_0 \tag{2-45}$$

偏置 ω_0 同样可以由某个满足 $C>\alpha_i>0$ 的支持向量 $\boldsymbol{x}_j$ 来计算：

$$\omega_0 = z_j - \sum_{i=1}^{n} \alpha_i z_i K(\boldsymbol{x}_j, \boldsymbol{x}_i)$$

这样，通过引入核函数就可以实现非线性的支持向量机分类。所付出的代价是无法像线性 SVM 一样直接计算权值矢量 $\boldsymbol{w}$，而是需要在识别的时候，利用核函数采用式(2-45)计算测试样本与训练样本在特征空间中的内积，从而得到判别函数的输出。由于非支持向量的 Lagrange 系数 $\boldsymbol{\alpha}$ 为 0，因此算法只需要保存和计算所有的支持向量即可。

2.3　分类器性能评价

通过前面的学习，我们已经能够设计一些简单的分类器，下面需要考虑的是这些分类器能不能解决实际应用中的具体问题，是否能达到设计指标。解决同一个问题可以有多种分类器设计方案，比如说可以采用 K-近邻算法，也可以采用一个或多个模板匹配的方法，如何判断哪一种方案更适合解决我们所面临的具体问题？在具体的分类器设计过程中往往还需要确定一些参数，如 K-近邻算法中的 K，那么如何确定最优的参数？

为了解决这些问题，必须要对分类器的性能进行评价，才能判断这个分类器是否达到要求。如果不能达到要求，则需要重新设计分类器特征生成的方法，或者重新设计和学习分类器。在选择分类器设计方案和确定参数取值的过程中也需要对多个分类器的性能进行评价，找出最优的方案和分类器参数。

下面介绍一些分类器性能评价的指标和方法，这些方法不仅适用于本章所涉及的分类器，也可用于评价后续章节将要介绍的其他类型的分类器。

2.3.1　评价指标

分类器的目的是对输入的未知类别样本进行判别，但是任何分类器都不能保证每次的识别结果一定是正确的，都存在可能做出错误判别的可能性，因此，分类器的每一次识别过程都可以视为一个随机事件。

1. 识别错误率

描述识别结果这一随机事件的最基本指标是错误判别(或正确判别)的概率，称为识别错误率(或正确率)。一般来说，我们无法得到准确的分类器识别错误率 P_e(除非能够对所有可能的输入样本都进行测试，或者知道样本的真实分布)，但是可以对它做出一定的估计。常用的方法是将 m 个已知类别的样本输入分类器，如果其中有 m_e 个样本被分类错误，则

$$P_e \approx \frac{m_e}{m} \tag{2-46}$$

这是一种最简单的计数统计指标。

2. 拒识率

对于某些应用，分类器判别错误会带来非常严重的后果。例如，医生在根据检查结果对病人诊断时如果发生误诊，一方面有可能耽误疾病的治疗，另一方面也有可能进行了错误的治疗，而这两种结果都是难以接受的。为了提高分类器识别的准确率，降低错误率，可以只对非常有把握的样本判别其类别属性，而拒绝识别没有把握的样本。在上个例子中，可以在所有的检查结果都明确表明病人患有疾病或没有疾病时，医生才做出诊断，否则可以暂时不进行判断，而是要求病人再进行其他的检查来帮助进行进一步的判断。

当分类器可以拒绝给出识别结果时，评价分类器性能的指标除了识别错误率 P_e 之外，还要考虑拒绝识别的概率 P_r，一般称为拒识率。如果将 m 个样本提供给分类器，其中有 m_r 个样本被拒绝识别，而在$(m-m_r)$个做出判别的样本中有 m_e 个被分类错误，那么可以对分类器的错误率和拒识率按照如下的方式进行估计：

$$P_e \approx \frac{m_e}{m-m_r},\ P_r \approx \frac{m_r}{m} \tag{2-47}$$

由于有 m_r 个没有把握的样本被拒绝识别，因此，式(2-46)得到的识别错误率 P_e 一般都会低于没有拒识分类器的错误率。

3. 敏感性、特异性和 ROC 曲线

医学领域经常使用敏感性和特异性来评价一种诊断方法的有效性。对疾病的诊断可以

看作一个二分类问题：患病(一般称为正例)和正常(一般称为反例)。如果将 m 个病例的检查结果作为样本输入分类器，假设其中的正例有 a 个被正确分类为正例，b 个被错误分类为反例，而反例有 d 个被正确分类，c 个被错误分类为正例，分类结果如表 2.1 所示。

表 2.1 二分类问题的混合矩阵

混合矩阵		分类结果	
		正例	反例
实际类别	正例	a	b
	反例	c	d

利用这些数据可以对敏感性 P_s 和特异性 P_n 做出如下估计：

$$P_s \approx \frac{a}{a+b}, P_n = \frac{d}{c+d} \tag{2-48}$$

敏感性表示在所有患病样本(正例)中被分类器诊断为正例的比率，一般称为"真阳率"；特异性是所有正常样本(反例)被分类器诊断为正常的比率，显然 $1-P_n$ 为正常样本被误诊为患病的比率，一般称为"假阳率"。对于一种诊断方法，人们自然希望真阳率越大越好，假阳率越小越好。在分类器的设计过程中，可以通过调整某些参数来提高敏感性 P_s，但是，敏感性的提高常常伴随着假阳率的增大。例如，在极端情况下，如果分类器将所有样本都判别为正例，那么，所有的正例都会被正确分类，即 $P_s=100\%$，但所有的反例也会被判别为正例，即 $1-P_n=100\%$；反之，如果分类器将所有的样本判别为反例，两者都会变为 0。

不同分类器参数下的敏感性和假阳率之间的变化关系可以采用 ROC 曲线来描述。ROC 曲线的横轴表示假阳率 $1-P_n$，纵轴为敏感性 P_s，通过实验测试分类器在不同参数下对同一个样本集的敏感性和特异性，用这些数据就可以绘制出 ROC 曲线。例如，假设诊断某种疾病需要依据 10 项检查指标，每项指标只有阳性和阴性两种结果，患病的人大部分指标都会是阳性，而正常人大部分指标是阴性；现在建立一个分类器，根据 10 项指标中阳性的数量 s 是否大于阈值 θ_s 来判断病人是否患有疾病。在 $s=0, 1, \cdots, 10$ 的情况下，分别测试不同病例的诊断结果，计算出敏感性 P_s 和假阳率 $1-P_n$，具体数据见表 2.2。

表 2.2 不同参数下的敏感性和假阳率

θ_s	10	9	8	7	6	5	4	3	2	1	0
$P_s/(\%)$	0	23.1	43.8	62.2	72.3	89.6	96.1	98	98.9	99.5	100
$(1-P_n)/(\%)$	0	4.3	8.6	17.1	25.9	40.4	63.5	80.2	92.3	96.5	100

根据表 2.2 的数据可以画出如图 2.15 所示的 ROC 曲线。当一个分类器的 ROC 曲线处于 45°虚线的上方时，该分类器能够被称为一个"好"的分类器。这是因为，如果构造一系列的随机分类器，这些分类器分别以概率 10%、20%、…将任意的输入样本判别为正例，那么，此时分类器的敏感性和假阳率都将等于所选择的概率，这样一种随机分类器的 ROC 曲线刚好就是图中的 45°虚线。因此，只有在其上方的 ROC 曲线对应的分类器性能才会好于随机分类器。不同分类方法的优劣也可以用 ROC 曲线下方的面积来评价，面积越大则性

能越好。

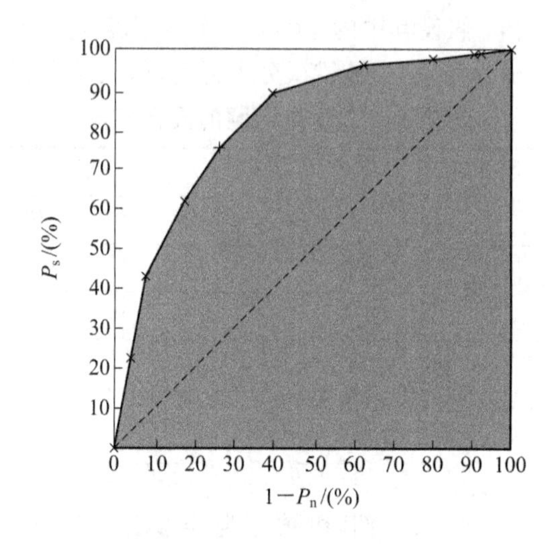

图 2.15　ROC 曲线

ROC 曲线也可以为分类器参数的选择提供依据。对于一般的应用来说，可以选择使得 $P_s=1-P_n$ 的参数；而对于敏感性要求较高的应用来说，则可以选择 P_s 超过 95%或 98%的参数。例如在疾病的诊断中，往往需要较高的敏感性来减少漏诊。

4. 召回率和准确率

信息检索在某种程度上可以看作一个模板匹配的过程，检索网页或文档时输入的关键词可以看作一组描述特征，根据这些特征在库中检索出相应的结果。如果检索的是图像，可以从用户提供的图像中提取一组描述特征，如图像颜色的分布、图像中不同目标的形状等，这些特征构成了一个模板，利用这个模板在保存图像的库中找出相似度最大的一系列图像，将它们作为检索结果输出给用户。

上述检索过程实际上是一个二分类问题，即将库中的文档或图像等信息分类为“与检索目标相关”和“与检索目标不相关”两个类别，在这个分类中只有一个类别的描述模板(相关类别)。信息检索的通常做法是将库中保存的信息与这个唯一的模板进行匹配，找出相似性最大的一组提供给用户。

信息检索领域常用的性能评价指标是召回率和准确率，它们的计算方法同医学领域的敏感性和特异性类似。例如，假设在库中共有 n 个样本，检索出其中的 m 个；在被检索出的 m 个样本中与目标相关的有 a 个，不相关的有 c 个；在未被检索到的 $n-m$ 个样本中，与目标相关的有 b 个，不相关的有 d 个，如表 2.3 所示，则召回率 R 和准确率 P 计算如下：

$$R\approx\frac{a}{a+b},\ P\approx\frac{a}{a+c} \tag{2-49}$$

表 2.3　检索结果矩阵

	检索到	未检索到
相关	a	b
不相关	c	d

召回率是指在库中所有相关的信息中被检索出来的比例，也称为“查全率”；准确率是指在所有的检索结果中包含相关信息的比例，也称为“查准率”。仔细观察式(2-48)和式(2-49)，可以看出，召回率和敏感性的计算方法是相同的，而准确率与特异性的计算方法则不同。

对于一个检索方法来说，自然希望召回率和准确率都比较高。召回率高，说明检索出了更多的相关信息；准确率高，说明检索出的信息中不相关(噪声)信息较少。但是，实际情况是两者存在着矛盾。检索中一般都会对相似度设置一个阈值，只有相似度超过阈值的信息才会被检索出来。因此，为了提高检索的召回率，势必要降低阈值，这样才能够检索到更多的相关信息，但同时也会检索出更多的不相关信息，导致准确率的降低。综合评价检索方法的性能需要同时兼顾召回率和准确率，一般使用两者的调和平均，称为 F_1 指标：

$$F_1 = \frac{2}{\frac{1}{R} + \frac{1}{P}} = \frac{2RP}{R + P} \tag{2-50}$$

2.3.2　评价方法

对分类器性能的评价，无论是识别错误率，还是敏感性、特异性或者召回率、准确率，都是采用统计的方法对表征性能的概率指标做出估计，这些估计值依据的是分类器在一组测试样本上的“随机实验”结果。下面要讨论的问题是应该使用什么样的测试样本来评价分类器的性能。

分类器在训练和学习过程中都会使用一组训练样本，那么能否使用同样的一组样本来评价分类器的性能呢？如果设计分类器的目标只是识别这些训练样本，那么这种测试方法是合理的；然而，大多数的分类器是以识别训练样本集合之外的其他未知样本为目的，那么，使用训练样本评价分类器性能就不再准确，往往过于“乐观”。例如，如果采用最近邻分类器来识别训练样本，每一个样本的最近邻都会是自身，其分类不会发生错误；然而当输入的是其他样本时，则很难保证每次都被正确分类。所以，一般应该采用独立于训练样本集合之外的其他样本来测试分类器的性能。

1. 两分法

两分法是随机地将样本集 D 划分为不相交的两个集合：训练样本集 D_l 和测试样本集 D_t。首先使用训练样本集 D_l 学习分类器，然后用测试样本集 D_t 测试分类器的性能。为了消除一次估计的误差，上述的样本集划分、学习分类器和评价分类器性能的过程可以重复 K 次，然后取 K 次的平均值作为性能评价结果。

这种方法的弊端是只能用一部分样本学习分类器，另一部分样本测试性能，两部分样本的数量都会少于 D 中的样本数量。一般来说，用于分类器学习的训练样本越多越好，因为只有通过大量样本的学习才有可能得到区分不同类别的信息，特别是后续章节将要介绍的一些复杂分类方法，减少训练样本的数量常常会降低分类器的性能；另一方面，分类器性能指标的估计同样需要大量的样本，以错误识别率为例，只有当测试样本的数量 $m \to \infty$ 时，式(2-47)才能得到 P_e 的准确估计，过少的测试样本数量会使得估计的准确程度下降。

2. 交叉验证法

交叉验证法是将样本集 D 随机地分成不相交的 k 个子集，每个子集中的样本数量相同，然后按照如下的方式评价分类器的性能：

(1) 使用 $k-1$ 个子集的样本训练一个分类器。

(2) 测试没有参与训练的样本，得到对性能指标的一个估计。

(3) 上述过程重复 k 次，每次选择不同的测试子集，得到 k 个估计值。

(4) 以 k 次的平均值作为分类器的性能评价指标。

很明显，$k=2$ 且训练集和测试集样本数量相等的交叉验证方法就是两分法。对于包含 n 个样本的集合 D 来说，一个极端的交叉验证方法是令 k 等于 n，即每个子集中包含 1 个训练样本。训练时每次使用 $n-1$ 个样本训练分类器，用余下的 1 个样本进行测试；将这个过程重复 n 次后统计出样本被错误识别的次数，再除以 n 得到对分类错误率的估计，这种方法也被称作“留一法”。由于每次参与训练的样本数量与集合 D 中的数量基本相同(只相差 1 个)，因此得到的分类器性能受训练样本数量的影响最小，而且所有的 n 个样本都参与了测试，因而对性能指标的估计也比较准确。

统计学上评价一个统计量优劣依据的是它的偏差(Bias)和方差(Variance)，交叉验证中的 k 对这两者有着不同的影响，k 值小则偏差大而方差小，k 值大则偏差小而方差大。

3. Bootstrap 方法

Bootstrap 方法是统计学家 Efron Bradley 在 20 世纪 70 年代提出的一种统计量估计方法，该方法评价分类器性能的步骤如下：

(1) 从样本集 D 中有放回地抽取 n 个样本，组成一个 Bootstrap 样本集 A(A 中的样本可能重复)。

(2) 采用同样方式得到另一个 Bootstrap 样本集 B。

(3) 用集合 A 训练分类器，然后用集合 B 进行测试，得到对性能指标的一个估计。

(4) 上述过程重复 k 次，取 k 次的平均值作为分类器性能的评价。

在统计学上已经证明，只要重复次数 k 足够大，Bootstrap 方法就能够同时得到较小的估计偏差和方差，兼具两分法和留一法的优点。

本章小结

本章介绍了几种非常简单的模式识别方法，这些方法都是以样本之间的相似程度或距离度量为基础的，不需要复杂的学习过程，很容易实现。模板匹配的方法由于利用的类别可分性信息少，限制了识别性能的提高，但算法的时间复杂度和空间复杂度较低，常常被用于类别数较大的识别问题，例如在汉字识别系统中需要识别的类别数量可以达到 7000～12 000 字，使用模板匹配的方法既可以取得较好的识别准确率，又能够保证识别系统的快速和对计算机资源的更少占用。

如何准确度量不同样本之间的相似程度是模式识别研究中的一个重要问题，本章介绍了一些常用的距离度量和相似性度量方法，分类器的设计者需要根据实际问题的具体情况选择度量方法。尤其是在某些特殊问题的处理中，可能需要采用非特征矢量的方式描述模式，例如在语音识别、基因序列分析和视频分析中，待识别模式具有时序特性或先后次序关系，这类模式更适合采用字符串或特征矢量序列进行描述；又如指纹识别常常需要提取指纹纹线的起点、终点、分叉点和结合点作为细节特征点，然后采用这些细节特征点之间的几何位置关系构成的图来描述每个模式。对于这些非矢量方式描述的模式，分类器的设计者需要采用特殊的方式来度量它们之间的相似程度，如序列的松弛匹配和图像的匹配算法等。

准确评价分类器的性能是一件很困难的事情。首先，采用什么样的指标能够度量分类器的能力就是一个问题。识别错误率是最常用、最直观的评价指标，它的缺点是对所有类别的分类结果进行了相同的处理，认为每一个类别的样本被错误分类所带来的损失是一样的。当某些类别相对于其他类别更加重要，或者将某类样本错误识别为另外一个类别所付出的代价更大时，识别错误率就无法反映这些信息。

一般很难使用解析的方式计算识别错误率以及本章介绍的其他评价指标，而是需要通过一定的识别测试实验来进行估计。如何利用有限的样本训练以及准确地评价一个分类器是需要考虑的一个重要问题。交叉验证法和留一法是两种常用的评价方法，而 Bootstrap 方法是一种很好的分类器性能测试方法，该方法不受训练样本数量的限制，可进行任意多次的实验而只需考虑计算资源的多少。

习　题

1. 什么是分类器？
2. 简述一下 K-近邻算法的原理。
3. 样本间的距离度量方式有哪些？
4. 什么是核函数？为什么 SVM 要引入核函数？
5. 多分类器模型的评估用什么方法较好？

习题答案

第三章　神经网络分类器

人工神经网络简称为神经网络，或连接模型，它是一种通过模仿动物神经网络的行为特征，进行分布式并行信息处理的数学模型。这种网络依靠系统的复杂程度，通过调整内部大量节点之间的相互连接关系来达到处理信息的目的。作为一种常用的模式识别方法，人工神经网络已被广泛应用于包括计算机视觉在内的诸多领域。本章将重点介绍几种神经网络分类器的设计，包括网络结构、算法设计及其应用等。

3.1　神经网络

3.1.1　神经网络概述

随着以冯·诺依曼型计算机为中心的信息处理技术的高速发展，计算机在当今的信息化社会中起着十分重要的作用，但用它来解决某些人工智能问题却遇到了很大的困难。

一个人可以很容易地识别他人的面孔，但计算机则很难做到。这是因为面孔的识别不能用一个精确的数学模型加以描述，而计算机必须有对模型进行各种运算的指令才能工作，若得不到精确的模型，也就无法编制程序。大脑是由生物神经元(如图 3.1)构成的巨型网络，其本质不同于计算机，是一种大规模的并行处理系统，具有学习、联想记忆、综合等能力，并有巧妙的信息处理方法。人工神经网络(简称神经网络)也是由大量的、功能比较简单的神经元互相连接而构成的复杂网络系统，用它可以模拟大脑的许多基本功能和简单的思维方式。尽管人工神经网络还不是一种能够比拟大脑的完美无缺的模型，但它已经可以通过学习来获取外部的知识并存储在网络内，可以解决计算机不易处理的难题，特别是语音和图像的识别与理解、知识的处理、组合优化计算和智能控制等一系列本质上需要是非计算的问题。

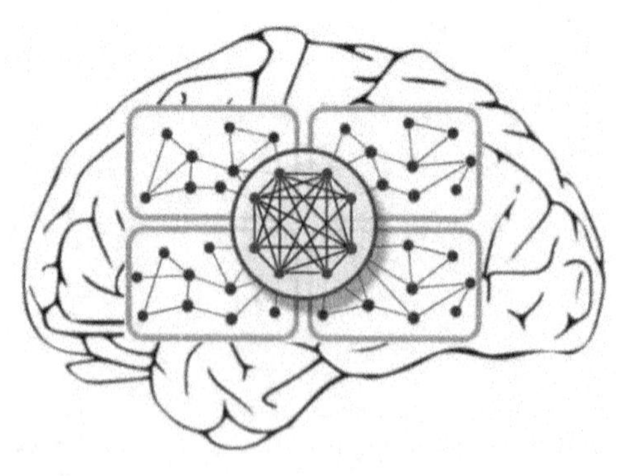

图 3.1　人脑神经网络

因此，神经网络技术已成为当前人工智能领域中最令人感兴趣和最富有魅力的研究课题之一。

一般而言，人工神经网络(Artificial Neural Network，ANN)可以看作由大量简单计算单元(神经元节点)经过相互连接而构成的学习机器。网络中的某些因素，如连接强度(权值)、节点计算特性和网络结构等，可以按照一定的规则或算法再依据样本数据来进行相应的调整(训练或学习)，最终使网络实现一定的功能。

ANN 包括三个基本要素：神经元的传递函数、网络结构和连接权值的学习算法。这三个要素决定了不同的 ANN 模型。

3.1.2　代价函数

机器学习和计算神经科学中的代价函数又被称为损失函数或成本函数，它将一个或多个变量的事件映射到与某个成本相关的实数上。

假设有训练样本($\boldsymbol{x}$，$\boldsymbol{y}$)，模型为 h，参数为 θ，$h(\theta)=\theta^{\mathrm{T}}\boldsymbol{x}$($\theta^{\mathrm{T}}$ 表示 θ 的转置)。一般而言，任何能够衡量模型预测值 $h(\theta)$与真实值 y 之间差异的函数都可以叫作代价函数；如果存在多个样本，则可以取所有代价函数的平均值(记作 $J(\theta)$)。因此，很容易就可以得出有关代价函数的性质：

(1) 对于每种算法来说，代价函数不是唯一的；

(2) 代价函数是参数 θ 的函数；

(3) 总的代价函数 $J(\theta)$可以用来评价模型的好坏，代价函数取值越小，说明模型越符合训练样本；

(4) $J(\theta)$是一个标量。

在确定模型 h 之后就是训练模型的参数 θ。那么，什么时候训练才能结束？由于我们的目标是得到最好的模型，即最符合训练样本($\boldsymbol{x}$，$\boldsymbol{y}$)的模型，而代价函数可以用于衡量模型的好坏，因此，训练模型的过程就是不断改变 θ，从而得到更小的 $J(\theta)$的过程。理想情况下，当代价函数 $J(\theta)$取最小值时就得到了最优参数 θ，此时训练即可结束。

优化参数 θ 最常用的方法是梯度下降法，这里的梯度是指代价函数 $J(\theta)$对 θ 的偏导数。由于需要计算偏导数，因此在选择代价函数时，最好挑选对参数 θ 可微的函数。

综上所述，一个好的代价函数需要满足两个最基本的要求：① 能够评价模型的准确性；② 对参数可微。以下总结了几种常用的代价函数。

1. 均方差代价函数

假设拟合直线为 $h_\theta(\boldsymbol{x})=\theta_0+\theta_1 * \boldsymbol{x}$，代价函数记为 $J(\theta_0,\theta_1)$，则下式(3-1)称为均方差代价函数：

$$J(\theta_0,\theta_1)=\frac{1}{2m}\sum_{i=1}^{m}(h_\theta(\boldsymbol{x}^{(i)})-\boldsymbol{y}^{(i)})^2 \tag{3-1}$$

2. 对数损失函数

这种代价函数以对数似然作为代价函数，表示真实目标在数据集中的条件概率的负对数。其意义在于，很多预测目标概率的模型将最大概率对应的类型作为输出类型，真实目标的预测概率越高则分类越准确，因此，此类模型的学习目标是使真实目标的预测概率最大化。由于概率的取值始终小于1，其对数值小于0且单调递增，因此，负对数最小化等价于对数最大化，即概率最大化。其代价函数表示为

$$L=-\sum_{i=0}^{n}\log p(\boldsymbol{y}^{(i)} \mid \boldsymbol{x}) \tag{3-2}$$

3. 交叉熵

交叉熵是目前神经网络中使用较为广泛的一种代价函数，其函数表示如下：

$$c=-\frac{1}{n}\sum_{i=1}^{n}\boldsymbol{y}\log a+(1-y)\log(1-a) \tag{3-3}$$

交叉熵代价函数可以克服均方差代价函数更新权重过慢的问题。

3.2 反向传播算法及其改进

1958年，心理学家Rosenblatt提出了最早的前馈层次网络模型，被称为感知器。在这种模型中，图形 $\boldsymbol{x}=(\boldsymbol{x}_1, \boldsymbol{x}_2, \cdots, \boldsymbol{x}_n)$ 通过输入节点分配给下一层的节点，这下一层就是所谓的中间层，中间层可以是一层也可以是多层，最后通过输出层节点得到输出图形 $\boldsymbol{y}=(\boldsymbol{y}_1, \boldsymbol{y}_2, \cdots, \boldsymbol{y}_n)$。这类前馈网络没有反馈连接，同一层节点间没有层内连接，也没有隔层的前馈连接，每一个节点只能前馈连接到下一层的所有节点。由于当时对含有隐层的多层感知器没有可行的训练办法，所以初期研究的感知器为单层感知器。1969年，Minskey和Papert对Rosenblatt提出的简单感知器进行了详细的分析，他们引用了一个典型的例子即异或(XOR)问题。Minskey和Papert指出没有隐藏层的简单感知器在面对类似XOR问题时显得无能为力，并证明了简单感知器只能解决线性分类和一阶谓词问题。对于非线性分类问题和高阶谓词问题，则必须添加隐藏层才能解决。隐单元可以在某一权值下对输入模式进行再编码，使得新编码中模式的相似性能支持需要的输入/输出映射，而不再像简单感知器那样难以实现映射[1]。

隐藏层的引入使网络具有更大的潜力，但正如Minskey和Papert当时所指出的，虽然那些能用无隐藏层网络就能解决的问题具有非常简单的学习规则，但对含隐藏层网络并没有找到同样有效的学习规则。通过研究找到了解决该问题的三种方法：第一种是使用简单无监督学习规则的竞争学习方法，但它缺乏外部信息，难以适合映射的隐藏层结构；第二种是假设存在一个隐藏层的表示方法，但这只在某些条件下是合理的；第三种是利用统计手段设计一个学习过程，使之能实现适当的内部表示法。Hinton等人提出的Bolzmann机就是第三种方法的典型例子，但它要求网络在两个不同的状态下达到平衡，并且只局限于对称网络；Barto和他的同事提出了另一种利用统计手段的学习方法。但迄今为止最有效、最实用的方法是Rumelhart、Hinton和Williams于1986年提出的一般Delta法则，即反向传播(BP)算法。

反向传播(BP)算法是训练多层感知器最有效的方法之一，其主要思想是通过从后向前(即反向)逐层传播输出层误差的方式来间接计算隐藏层误差。该算法分为两个阶段：第一阶段(正向传播过程)，输入信息从输入层经隐层逐层计算各单元的输出值；第二阶段(反向传播过程)，输出误差逐层向前计算出隐层各单元的误差，并用此误差修正前层权值。传统

BP 算法虽然解决了隐藏层权值修正问题，但收敛速度较慢。自适应改变学习率及惯性项系数算法[2]可以有效提高收敛速度，其基本思想是以连续两次观测的训练误差值为标准，若误差下降则通过增大学习率而加速收敛，若误差反弹则减小学习率以抑制振荡。

反向传播算法需要解决的基本问题就是如何通过不断更新权重来最小化代价函数。解决这一问题的一个自然的想法就是通过梯度下降法来实现，即计算$\partial C/\partial w_{jk}^l$，然后通过$w_{jk}^l=w_{jk}^l-\alpha\dfrac{\partial C}{\partial w_{jk}^l}$更新权重，其中 α 是学习率。反向传播算法就是通过误差反向传播的方法给出一个计算偏导数$\partial C/\partial w_{jk}^l$的方法。

首先，我们定义第 l 层第 j 个神经元的输入误差：

$$\delta_j^l=\frac{\partial C}{\partial z_j^l} \tag{3-4}$$

反向传播算法利用 δ_j^l 作为中间变量来计算$\partial C_x/\partial w$ 和$\partial C_x/\partial b$，并且利用 4 个等式来确定最终的偏导数。假设引入符号$\otimes$表示两个矩阵对应元素的相乘操作，如$\begin{bmatrix}1\\2\end{bmatrix}\otimes\begin{bmatrix}3\\4\end{bmatrix}=\begin{bmatrix}1*3\\2*4\end{bmatrix}=\begin{bmatrix}3\\8\end{bmatrix}$，则前述 4 个等式如式(BP1)～(BP4)所示。

输出层的误差公式，由于计算输出层的误差：

$$\delta_j^l=\frac{\partial C}{\partial a_j^l}\sigma'(z_j^l) \tag{BP1}$$

给定输入误差 δ^{l+1}，δ^l 的计算公式为

$$\delta^l=((w^{l+1})^{\mathrm{T}}\delta^{l+1})\otimes\sigma'(z^l) \tag{BP2}$$

给定 δ_j^l，计算偏置 b_j^l 的偏导数：

$$\frac{\partial C}{\partial b_j^l}=\delta_j^l \tag{BP3}$$

给定 δ_j^l，计算权重 w_{jk}^l 的偏导数：

$$\frac{\partial C}{\partial w_{jk}^l}=a_k^{l-1}\delta_j^l \tag{BP4}$$

式(BP1)计算最后一层的输入误差，然后利用(BP2)迭代计算每一层的输入误差，在各层输入误差计算完毕之后就可以通过(BP3)和(BP4)计算出各个参数的偏导数。

3.3　BP 神经网络

BP 神经网络的学习算法可以说是目前最成功的神经网络学习算法。BP 神经网络是一种非线性不确定性数学模型，是具有连续传递函数的多层前馈人工神经网络。BP 神经网络的训练采用了误差反向传播(BP 算法)，并以均方误差最小化为目标不断修改网络的权值和阈值，最终高精度地拟合数据。例如，某厂商生产了一种产品，投放到市场之后得到了消费者的反馈，厂商根据消费者的反馈对产品进一步升级和优化，从而生产出让消费者更满意的产品。这就是 BP 神经网络的核心思想。

BP 神经网络

BP神经网络由输入层、隐藏层和输出层组成，并且包括前向传播和反向传播两个过程[3]。如图3.2所示，BP神经网络先进行正向传播，将训练样本$\{\boldsymbol{x}_1, \boldsymbol{x}_2, \cdots, \boldsymbol{x}_n\}$传入隐藏层，经过非线性变换，产生输出信号，若实际输出与期望输出不相符，则转入反向传播过程，通过调节权值矩阵$\boldsymbol{W}=(w_1, w_2, \cdots, w_l)$和$\boldsymbol{V}=(v_1, v_2, \cdots, v_k)$，反复训练学习，最终产生期望的输出信号$\{o_1, o_2, \cdots, o_m\}$。

神经网络的每一层都由神经元构成，神经元是以生物研究及大脑的响应机制为基础建立的拓扑结构网络，用于模拟神经冲突的过程。多个树突的末端接受外部信号$\boldsymbol{X}$并传输给神经元W，V处理融合，最后通过轴突将输出信号$\boldsymbol{Y}$传给其他神经元或者效应器(如图3.2所示)。神经网络中神经元的拓扑结构如图3.3所示。

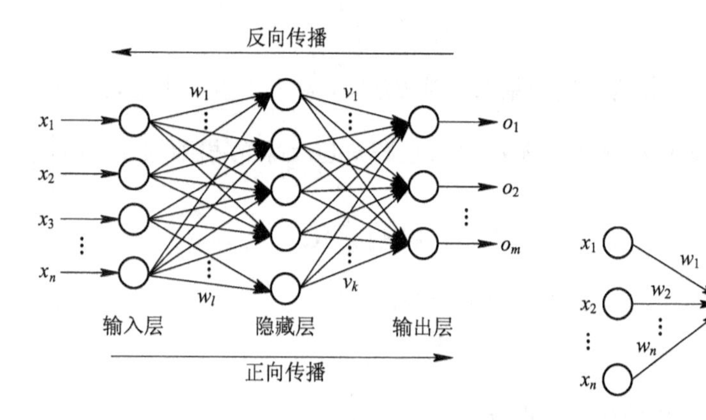

图3.2　BP神经网络结构　　图3.3　神经元拓扑结构

对于第i个神经元，$\boldsymbol{x}_1, \boldsymbol{x}_2, \cdots, \boldsymbol{x}_n$表示神经元的输入(通常是对模型起关键作用的自变量)，$w_1, w_2, \cdots, w_n$表示连接权值(其作用为调节各个输入量所占的比重)。有多种方式可以将信号结合并输入到神经元，例如，采用最便捷的线性加权求和方式就可得到下式所示的第i个神经元的净输入：

$$\mathrm{Net}_{in} = \sum_{k=1}^{n} w_k \times \boldsymbol{x}_k \tag{3-5}$$

假设用θ_i表示该神经元的阈值，根据生物学中的知识，神经元只有在接收到的信息达到阈值时才会被激活。因此，将Net_{in}和θ_i进行比较，然后通过激活函数处理以产生神经元的输出。

激活函数使用最多的是Sigmoid函数，它可以把取值在负无穷到正无穷的输入信号变换成0到1之间的输出。如果没有约束，也可以使用线性激活函数(即权值相乘之和)[4]。通过激活函数(假设用f表示)得到的第i个神经元的输出为

$$\boldsymbol{y}_i = f(\mathrm{Net}_{in} - \theta_i) \tag{3-6}$$

若将第一个输入的值始终设定为θ_i，权值设定为-1，则可以化简第i个神经元的输出为

$$\boldsymbol{y}_i = f\left(\sum_{i=2}^{n} w_i \times \boldsymbol{x}_i\right) \tag{3-7}$$

1. 工作信号的正向传播

BP神经网络在输入层将接收到的输入信号传递到隐藏层，再经由隐藏层传向输出层

并在此生成输出信号。在这个过程中，工作信号只进行正向传播，并且各层的阈值和权值始终保持不变，每一层神经元的状态只决定于上一层神经元的状态。

2. 误差信号的反向传播

误差信号是指网络的实际输出与期望输出的差值。输出层得到误差信号后将它逐层向前传输，形成误差信号的反向传播。在这一过程中，网络通过误差反馈修正各层的阈值和权值，从而达到网络的实际输出逐步逼近期望输出的目的。

3.4　对偶传播神经网络

上述介绍了反向传播神经网络和 BP 神经网络的工作原理，本节将介绍对偶传播神经网络的工作原理。对偶传播神经网络和反向传播神经网络、BP 神经网络在总体思想上有几分相似，但也存在明显的区别，下面将系统地予以介绍。

1987 年，美国学者 Robert Hecht-Nielsen 提出了对偶传播神经网络(Counter Propagation Networks，CPN)模型，该模型最早被用于实现样本选择匹配系统。CPN 能够存储二进制或模拟值的模式对，因此该模型也可用于联想存储、模式分类、函数逼近、统计分析和数据压缩等[5]。

CPN 包含两类常见节点，分别称为内星节点和外星节点(如图 3.4 所示)。内星节点接受来自四面八方的输入加权信号，是信号的汇聚点，对应的权值向量称为内星权向量；外星节点向四面八方发出输出加权信号，是信号的发散点，对应的权值向量称为外星权向量。内星学习规则规定内星节点的输出响应是输入向量 $\boldsymbol{X}$ 和内星权向量 $\boldsymbol{W}_j$ 的点积。

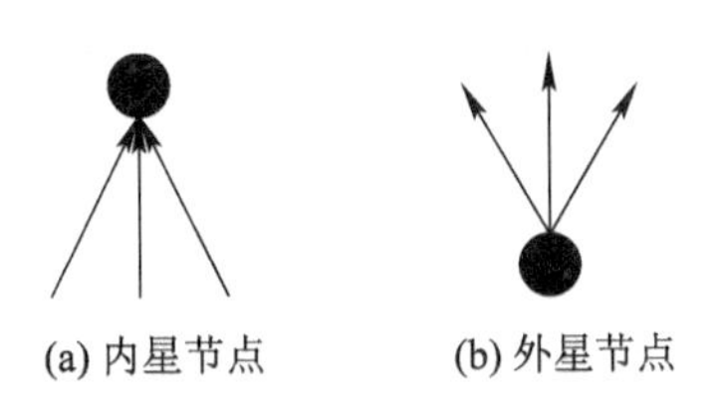

图 3.4　内星节点和外星节点

3.4.1　网络结构与运行原理

图 3.5 给出了 CPN 的标准三层结构，其中，$\boldsymbol{X}=(\boldsymbol{x}_1, \boldsymbol{x}_2, \cdots, \boldsymbol{x}_n)^{\mathrm{T}}$ 表示输入层的输入模式向量，$\boldsymbol{Y}=(\boldsymbol{y}_1, \boldsymbol{y}_2, \cdots, \boldsymbol{y}_j, \cdots, \boldsymbol{y}_m)^{\mathrm{T}}$ 表示竞争层的输出向量，$\boldsymbol{O}=(o_1, \cdots, o_k, \cdots, o_l)^{\mathrm{T}}$ 表示输出层的输出向量，$\boldsymbol{D}=(d_1, \cdots, d_k, \cdots, d_l)^{\mathrm{T}}$ 表示输出层的期望输出向量，$\boldsymbol{V}=(v_1, v_2, \cdots, v_m)$ 表示输入层到竞争层之间的权值矩阵，$\boldsymbol{W}=(w_1, w_2, \cdots, w_l)$ 表示竞争层到输出层之间的权值矩阵。

由 CPN 的结构可以看出，处于中间位置的竞争层神经元及其相关的连接权既可反映输入模式的统计特征，又能反映输出模式的统计特征。输入、输出模式通过竞争层实现了相互映射，使网络具有双向记忆功能。若输入模式等于期望输出模式，则在网络训练之后，输入层至竞争层的映射可以认为是对输入模式的压缩；而由竞争层至输出层的映射可以认为是输入模式的复原。

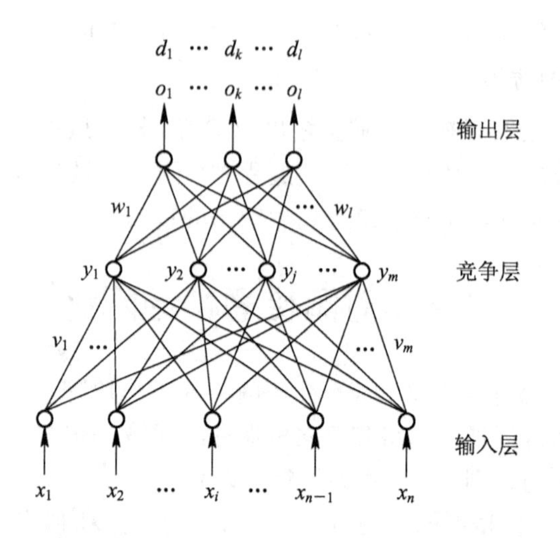

图 3.5　CPN 的结构

网络在训练好之后，在运行阶段首先向网络输入变量，隐藏层对这些输入进行竞争计算，获胜者成为当前输入模式类的代表；同时，该神经元成为如图 3.6(a)所示的活跃神经元，其输出为 1，而其余神经元处于非活跃状态，输出为 0。竞争取胜的隐藏神经元激励输出层神经元，使其产生如图 3.6(b)所示的输出模式。由于竞争失败的神经元输出为 0，不参与输出层的整合，因此输出就由竞争胜利的神经元的外星权值确定。

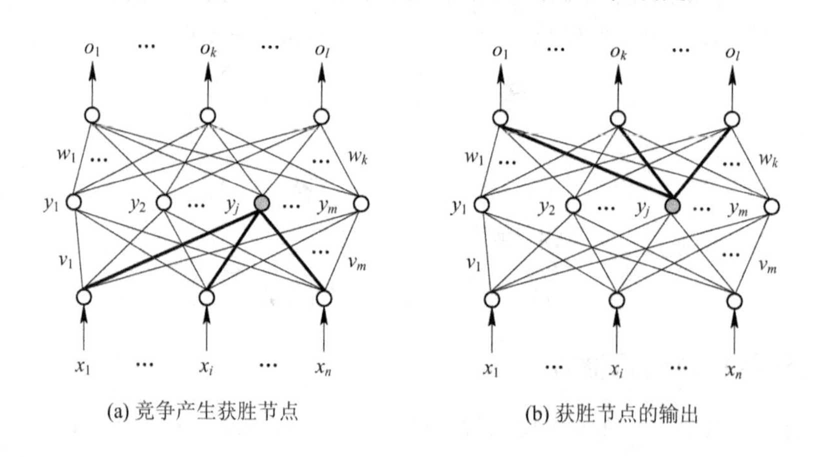

图 3.6　运行阶段

3.4.2　学习算法

CPN 的学习分为两个阶段，第一个阶段，竞争学习算法对隐藏层神经元的内星权向量进行训练；第二个阶段则是采用外星学习算法对隐藏层神经元的外星权向量进行训练。

第一阶段训练的方法如下：

(1) 将所有内星权值随机赋予 0～1 之间的初始值，并归一化为单位长度；训练集内的所有输入模式也要进行归一化。

(2) 输入一个模式，计算神经元的净输入。

(3) 确定竞争获胜神经元。

(4) CPN 的竞争算法不设优胜领域，因此只需调整获胜神经元的内星权向量：

$$W_j(t+1) = W_j(t) + \alpha(t)(\boldsymbol{X} - W_j(t))$$

其中，$\alpha(t)$表示随时间下降的退火函数。获胜神经元的输出为 1，其他为 0。

(5) 重复步骤(2)～(4)，直到学习率降为 0。需要注意的是，权向量经过调整后必须重新归一化。

第二阶段训练的方法如下：

(1) 输入一个模式以及对应的期望输入，计算网络隐节点的净输入，隐节点的内星权向量采用第一阶段的训练结果。

(2) 确定获胜神经元，使其输出为 1。

(3) 调整隐藏层到输出层的外星权向量，调整规则如下：

$$W_j(t+1) = W_j(t) + \beta(t)[\boldsymbol{D} - O(t)] \tag{3-8}$$

式中，$\beta(t)$表示外星规则学习速率；$O(t)$为输出层神经元的输出值。

(4) 重复步骤(1)～(3)，直到学习率降为 0。

由以上规则可知，只有获胜神经元的外星权向量得到了调整，调整的目的是使外星权向量不断靠近并等于期望的输出，从而将该输出编码到外星权向量中。

3.4.3　改进 CPN

1. 双获胜神经元 CPN

在完成训练后的运行阶段允许隐藏层有两个神经元同时竞争获得胜利，这两个获胜神经元均取值为 1，其他神经元取值为 0，于是有两个获胜神经元同时影响网络输出。图 3.7 给出了一个例子，表明 CPN 能对复合输入模式包含的所有训练样本对应的输出进行线性叠加，这种能力对于图像的叠加等应用十分合适。

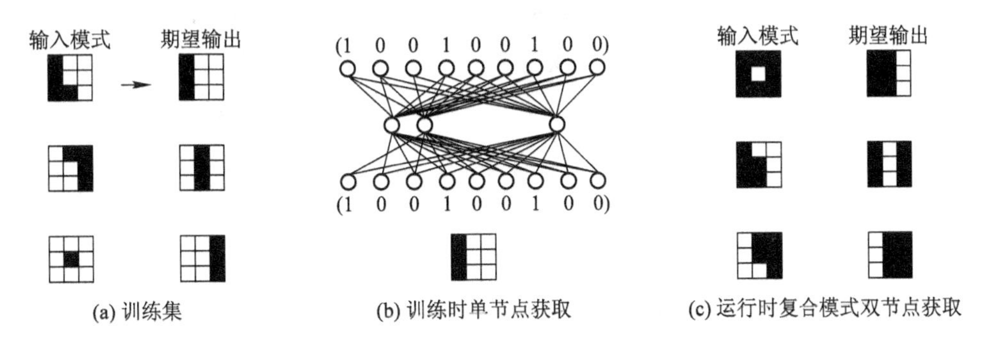

图 3.7　输出线性叠加示例

2. 双向 CPN

将 CPN 的输入层和输出层各自分为两组，如图 3.8 所示。双向 CPN 的优点是可以同时学习两个函数，例如$\boldsymbol{Y}'=f(\boldsymbol{X})$，$\boldsymbol{X}'=g(\boldsymbol{Y})$。

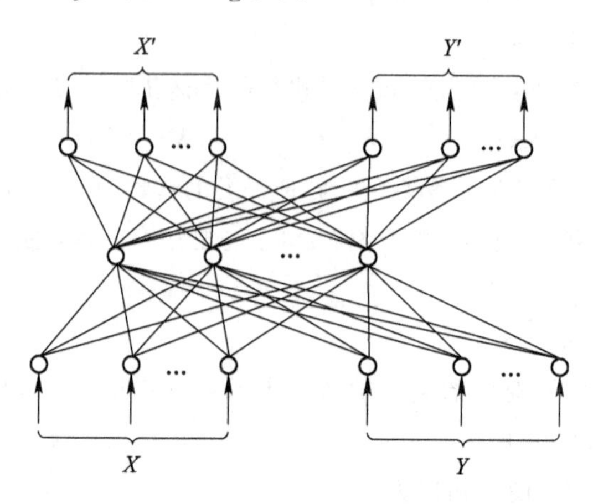

图 3.8　CPN 的输入、输出层

当两个函数互逆时，有$\boldsymbol{X}=\boldsymbol{X}'$，$\boldsymbol{Y}=\boldsymbol{Y}'$。双向 CPN 可用于数据压缩与解压缩，将其中一个函数 f 作为压缩函数，而将其逆函数 g 作为解压缩函数。事实上，双向 CPN 并不要求两个互逆函数是解析表达的，更一般的情况是 f 和 g 是互逆的映射关系，从而可利用双向 CPN 实现互联。

3.4.4　CPN 应用

图 3.9 给出了 CPN 用于烟叶颜色模式分类的例子。输入样本分布在图 3.9(a)所示的三维颜色空间中，该空间的每个点用一个三维向量表示，各分量分别代表烟叶的平均色调 H、平均亮度 L 和平均饱和度 S。从图中可以看出，本例中烟叶的颜色模式应分为 4 类。图 3.9(b)给出了用于分类的 CPN 的结构，隐藏层共设置了 10 个神经元，输出层设置了 4 个神经元，学习速率为随训练时间下降的函数。经过 2000 次递归之后，该网络分类的正确率可以达到 96%。

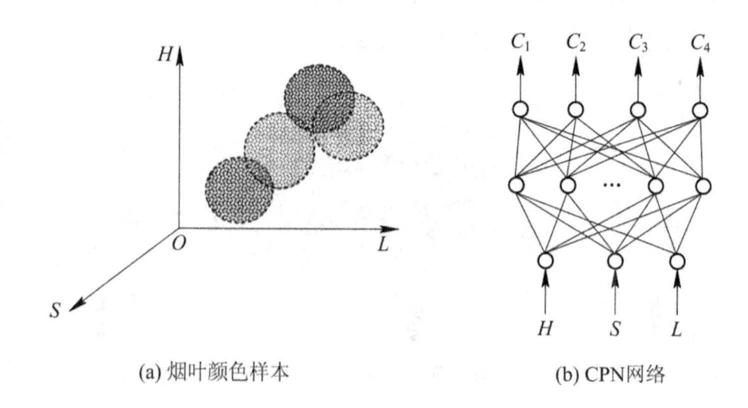

(a) 烟叶颜色样本　　(b) CPN网络

图 3.9　CPN 的应用示例

3.5　概率神经网络

概率神经网络(Probabilistic Neural Networks，PNN)是 DF Specht 博士在 1990 年提出的一种神经网络。概率神经网络由于其结构简单、算法容易，并且能用线性学习算法实现非线性学习算法的功能，因而在模式分类问题中获得了广泛应用，利用 MATLAB 提供的 newpnn 函数即可方便地设计概率神经网络。概率神经网络可以视为一种融合了密度函数估计和贝叶斯决策理论的径向基神经网络。在某些条件下，用 PNN 实现的判别边界能够渐进地逼近贝叶斯最佳判定面[6]。

3.5.1　模式分类和贝叶斯决策理论

概率神经网络的理论基础是贝叶斯最小风险准则，即贝叶斯决策理论。为了分析过程简单起见，假设分类问题为二分类问题，即 $c=c_1$ 或 $c=c_2$，并假定先验概率为

$$h_1=p(c_1),\ h_2=p(c_2),\ h_1+h_2=1 \tag{3-9}$$

给定输入向量 $\boldsymbol{x}=[\boldsymbol{x}_1,\boldsymbol{x}_2,\cdots,\boldsymbol{x}_n]$，表示一组观测结果，PNN 进行分类的依据为

$$c=\begin{cases}c_1, & p(c_1\mid\boldsymbol{x})>p(c_2\mid\boldsymbol{x})\\ c_2, & \text{otherwise}\end{cases} \tag{3-10}$$

式中，$p(c_1|\boldsymbol{x})$表示 $\boldsymbol{x}$ 发生时类别为 c_1 的后验概率，其后验概率可由贝叶斯公式计算：

$$p(c_1\mid\boldsymbol{x})=\frac{p(c_1)p(\boldsymbol{x}\mid c_1)}{p(\boldsymbol{x})} \tag{3-11}$$

在进行分类决策时，应将输入向量分类到后验概率较大的类别中。但在实际应用中，将 c_1 类的样本错误地分为 c_2 类和将 c_2 类的样本错误地分为 c_1 类所引起的损失往往相差很大，因此，需要根据分类错误的损失与风险调整分类规则。假设 a_i 表示将输入向量指派到 c_i 的动作，λ_{ij} 表示输入向量属于 c_j 时采取动作 a_i 时所造成的损失，则采取动作 a_i 的期望风险为

$$R(a_i\mid\boldsymbol{x})=\sum_{j=1}^{N}\lambda_{ij}p(c_j\mid\boldsymbol{x}) \tag{3-12}$$

假定分类正确的损失为零，则将输入归为 c_1 类的期望风险为

$$R(c_1\mid\boldsymbol{x})=\lambda_{12}p(c_2\mid\boldsymbol{x}) \tag{3-13}$$

则判定规则(3-10)可以调整为

$$c=\begin{cases}c_1, & R(c_1\mid\boldsymbol{x})<p(c_2\mid\boldsymbol{x})\\ c_2, & \text{otherwise}\end{cases} \tag{3-14}$$

用概率密度函数可以表示为

$$R(c_i\mid\boldsymbol{x})=\sum_{j=q}^{N}\lambda_{ij}p(c_i)f_i,\ c=c_i,\ i=\arg\min(R(c_i\mid\boldsymbol{x})) \tag{3-15}$$

式中，f_i 表示类别 c_i 的概率密度函数。

3.5.2　概率神经网络的结构

概率神经网络由输入层、隐藏层、求和层以及输出层构成。输入层用于接收训练样本

并将数据传递给隐藏层，这一层神经元的个数与输入向量长度相等。隐藏层是径向基层，每一个神经元节点拥有一个中心，该层接收输入层的输入样本，计算输入向量与中心的距离并返回一个标量值，这一层神经元的个数与输入的训练样本个数相同。假设向量 $\boldsymbol{x}$ 输入到隐藏层，则隐藏层中第 i 类模式的第 j 个神经元所确定的输入/输出关系可定义如下：

$$\Phi_{ij}(\boldsymbol{x}) = \frac{1}{(2\pi)^{\frac{1}{2}}\sigma^d} \mathrm{e}^{-\frac{(\boldsymbol{x}-\boldsymbol{x}_{ij})(\boldsymbol{x}-\boldsymbol{x}_{ij})^{\mathrm{T}}}{\sigma^2}} \tag{3-16}$$

式中，$i=1, 2, \cdots, M$，M 为训练样本中的种类数；d 为样本空间数据的维数，$\boldsymbol{x}_{ij}$ 为第 i 类样本的第 j 个中心。求和层把隐藏层中属于同一类的隐藏层神经元的输出进行加权平均：

$$\boldsymbol{v}_i = \frac{\sum_{j=1}^{L} \Phi_{ij}}{L} \tag{3-17}$$

式中，$\boldsymbol{v}_i$ 表示第 i 类的输出，L 表示第 i 类的神经元个数。求和层神经元的个数与类别数 M 相同。输出层取求和层输出结果中最大的一个作为输出的类别：

$$\boldsymbol{y} = \arg\max(\boldsymbol{v}_i) \tag{3-18}$$

在实际计算中，输出层的向量先与加权系数相乘，再输入到径向基函数中进行计算：

$$Z_i = \boldsymbol{x}\omega_i \tag{3-19}$$

式中，$\boldsymbol{x}$ 和 ω_i 均已标准化为单位长度，然后对结果进行径向基运算 $\exp((Z_i-1)/\sigma^2)$，即相当于如下计算方式：

$$\exp\left(-\frac{(\omega_i-\boldsymbol{x})^{\mathrm{T}}(\omega_i-\boldsymbol{x})}{2\sigma^2}\right) \tag{3-20}$$

式中，σ 为平滑因子，对网络性能起着至关重要的作用。对于变化较大的函数，如果 σ 取值过大，可能使逼近的结果过于粗糙；对于变化缓慢的函数，如果 σ 取值过小，可能使逼近的函数不够光滑，造成过度学习，从而降低泛化能力。需要注意的是，在求和层中，每一个类别对应于一个神经元，由于隐藏层的每个神经元已被划分到了某个类别，故求和层的神经元只与隐藏层中对应类别的神经元有连接，与其他神经元则没有连接，这就是概率神经网络与径向基神经网络最大的区别。网络的输出层由竞争神经元构成，神经元个数与求和层相同，它接收求和层的输出进行简单的阈值辨别，最后令输出层神经元中具有最大后验概率密度的神经元输出为 1，其余神经元输出为 0，从而得到网络的类别输出结果。

3.5.3 概率神经网络的优点

研究表明，概率神经网络具有如下优点：

(1) 训练容易、收敛速度快，非常适用于实时处理。在基于概率密度函数的概率神经网络中，每一个训练样本确定一个隐藏层神经元，神经元的权值直接取自输入样本值。

(2) 容错性好，分类能力强，可以实现任意的非线性逼近。PNN 形成的判决曲面与贝叶斯最优准则下的曲面非常接近。

(3) 隐藏层采用径向基的非线性映射函数，考虑了不同类别模式样本的交错影响，具有很强的容错性。只要有充足的样本数据，概率神经网络都能收敛到贝叶斯分类器，没有 BP 网络的局部极小值问题。

(4) 隐藏层的传输函数可以选用各种估计概率密度的基函数，且分类结果对基函数的形式不敏感。

(5) 扩充性能好。网络的学习过程简单，增加或减少类别模式时不需要重新进行长时间的训练学习。

(6) 各层神经元的数目比较固定，易于硬件实现。

3.6　卷积神经网络

卷积神经网络

卷积神经网络(Convolutional Neural Networks，CNN)与普通神经网络的区别在于，卷积神经网络包含了一个由卷积层和子采样层构成的特征抽取器。在卷积神经网络的卷积层中，一个神经元只与部分邻层神经元相连接。CNN 的一个卷积层通常包含若干个特征平面(Feature Map)，每个特征平面由一些矩形排列的神经元组成，同一特征平面的神经元共享权值，这里共享的权值就是卷积核。卷积核一般初始化为随机小数矩阵，然后在训练过程中学习得到合理的权值。共享权值(卷积核)的优点是能够减少网络各层之间的连接，同时降低了过拟合的风险。子采样也被称为池化(Pooling)，通常有均值子采样(Mean Pooling)和最大值子采样(Max Pooling)两种方式，可以看作一种特殊的卷积过程。卷积和子采样能够大大降低模型复杂度，减少了模型参数数目。

卷积神经网络通常由三部分构成，第一部分是输入层；第二部分是 n 个卷积层和池化层的组合；第三部分则由一个全连接的多层感知机分类器构成。

卷积神经网络通过两种有效的方法减少参数数目，第一种称为局部感受野。一般认为，人对外界的认知是从局部到全局，而图像中的空间联系也是局部像素的联系较为紧密，距离较远的像素相关性较弱。因此，每个神经元没有必要对全局图像进行感知，只需要对局部进行感知即可，然后在更高层将局部的信息综合起来就能够得到全局的信息。局部感受野的思想启发自生物学中的视觉系统结构：位于视觉皮层的神经元只响应某些特定区域的刺激。图 3.10 给出了全连接(左图)与局部连接(右图)的区别。在图 3.10 左图中，若图像像素为 1000×1000，隐藏层神经元个数为 1000000 个，则采用全连接后的权值参数个数为 10^{12} 个；而在图 3.10 右图中，假如每个神经元只和 10×10 个像素值连接，那么权值参数的个数为 1000000×100，减少为全连接的万分之一。这 10×10 个像素值对应的 10×10 个参数其实就相当于卷积操作。

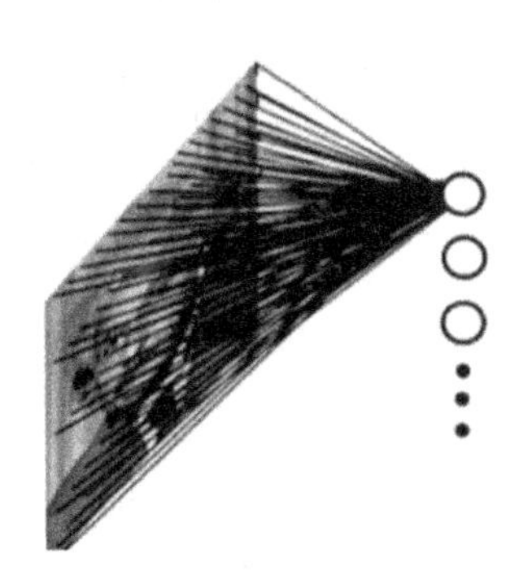
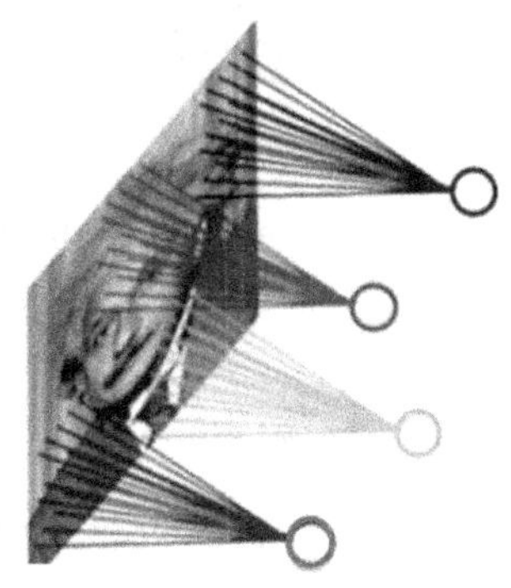

图 3.10　卷积神经网络的局部感受野

第二种有效的方法即权值共享。在前述例子中，每个神经元都有 100 个参数，共 1000000 个神经元，如果这 1000000 个神经元的 100 个参数都相等，那么参数数目就仅有 100 个。

如何理解权值共享的原理？我们可以将这 100 个参数(即卷积操作)看作提取特征的方式，该方式与位置无关。由于图像一个部分的统计特性与其他部分是一样的，这使得我们在这一部分学习的特征也能用于另一部分，所以对于这个图像上的所有位置，我们都能使用同样的学习特征。

更直观一些，假设我们从一个大尺寸图像中随机选取一小块，比如选择 8×8 的一个小块作为样本，并且从这个样本中学习到了一些特征，这样我们就可以把学习到的特征作为探测器应用到这个图像的任意位置。特别是我们可以用从 8×8 样本学习到的特征跟原本的大尺寸图像作卷积，从而可以从图像的任一位置获得一个不同特征的激活值。

图 3.11 展示了一个 3×3 的卷积核在 5×5 的图像上作卷积的过程。每个卷积都是一种特征提取方式，就像一个筛子将图像中符合条件的部分筛选出来。

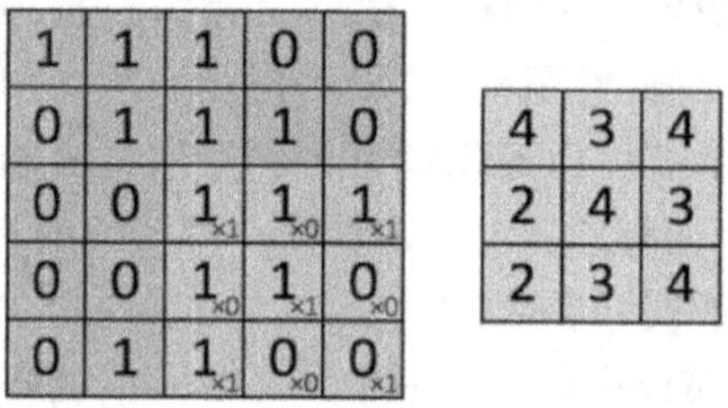

1	1	1	0	0
0	1	1	1	0
0	0	$1_{\times 1}$	$1_{\times 0}$	$1_{\times 1}$
0	0	$1_{\times 0}$	$1_{\times 1}$	$0_{\times 0}$
0	1	$1_{\times 1}$	$0_{\times 0}$	$0_{\times 1}$

4	3	4
2	4	3
2	3	4

图 3.11　图像的卷积核

前面举的例子只有 100 个参数，表明只有 1 个 10×10 的卷积核，这在特征提取上显然是不充足的。我们可以通过添加多个卷积核来学习更多的特征，比如利用 32 个卷积核可以学习 32 种特征。多卷积核学习如图 3.12 所示。

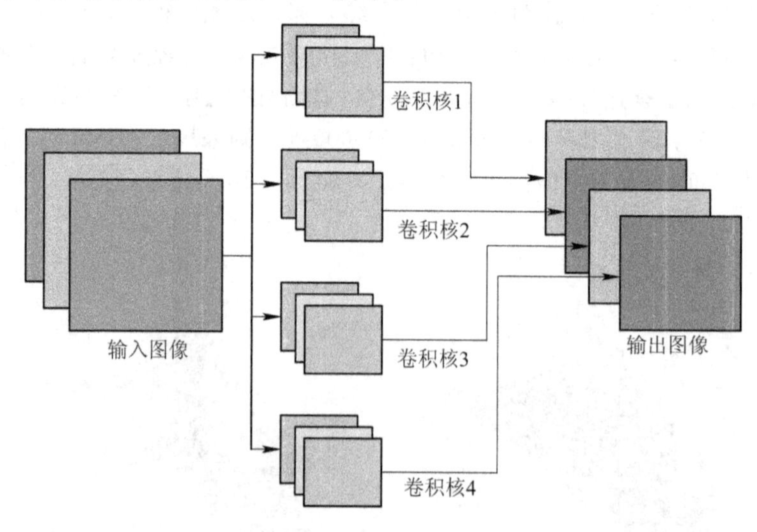

图 3.12　多卷积核学习

在图 3.12 中，不同的卷积核用不同的颜色表示，每个卷积核都会将图像生成为另一幅图像。比如两个卷积核就可以生成两幅图像，这两幅图像可以看作一张图像的两个不同的通道。图 3.13 展示了在 4 个通道构成的图像上进行卷积操作的例子，该例运用两个卷积核生成了一幅由两个通道构成的图像。需要注意的是，一个卷积核得到的结果是由 4 个通道的数据共同计算得到的，例如卷积核 w_0 得到的通道图像在其某个位置(i, j)处的值，是由 4 个通道(i, j)处的卷积结果相加，然后取激活函数值得到的，该计算过程可以表示如下：

$$h_{ij}^{k} = \tanh((W^{k} \cdot x)_{ij} + b_{k}) \tag{3-21}$$

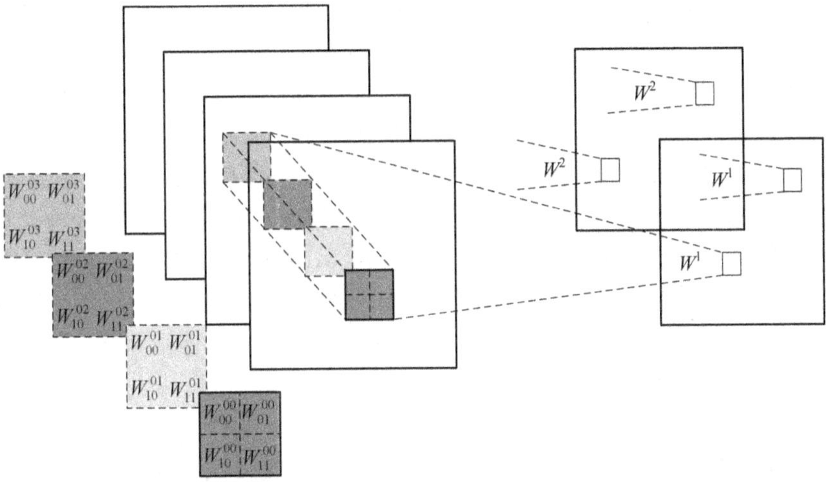

图 3.13　4 通道卷积操作

所以，图 3.13 的计算过程需要 4×2×2×2 个参数，其中，4 表示输入的 4 个通道，第一个 2 表示生成输出的 2 个通道，最后的 2×2 表示卷积核大小。

3.7　深度神经网络模型

GoogLeNet 的亮点是它的 Inception，最大的特点是采用全局平均池化层(即使用与图片尺寸相同的过滤器进行平均池化)取代最后的全连接层。这是由于在以往的 AlexNet 和 VGGNet 中，全连接层几乎占据了 90%的参数量，占用了过多的运算量和内存使用率，而且还会引起过拟合。GoogLeNet 通过去除全连接层使得模型训练更快并减轻了过拟合。GoogLeNet 的 Inception 还在继续发展，目前已经有 V2、V3 和 V4 版本，主要是为了解决深层网络的以下三个问题：

(1) 参数太多，容易过拟合，训练数据集有限。

(2) 网络越大，计算越复杂，导致难以应用深层网络。

(3) 网络越深，梯度越往后传，越容易消失(梯度弥散)，难以优化模型。

Inception 的核心思想就是在增加网络深度和宽度的同时减少参数量。Inception V1 有 22 层，比 AlexNet 的 8 层以及 VGGNet 的 19 层更深。但是，Inception V1 的计算量只有 15 亿次浮点运算，参数数目是 500 万，仅为 AlexNet 参数量的 1/12，却有着更高的准确率。下面沿着 Inception 的发展脉络来介绍 Inception 网络。由于 Inception 是在一些突破性的研究成果之上推出的，所以有必要从 Inception 的前身理论开始介绍。下面首先介绍 MLP 卷积层。

MLP 卷积层(MLPConv)源于 2014 年 ICLR 会议上的一篇论文《Network In Network》，它改进了传统的 CNN，在效果等同的情况下，其参数量只是原有 AlexNet 参数量的 1/10。MLP 卷积层主要依靠增加输出通道的数量来提升表达能力，每一个输出通道对应一个滤波器，同一个滤波器由于共享参数只能提取一类特征，因此一个输出通道只能做一种特征处理。而传统的 CNN 会使用尽量多的滤波器，其目的就是把原样本中尽可能多的潜在特征提取出来，然后通过池化和大量的线性变化再筛选出需要的特征。这种方法需要的参数太多、运算太慢，而且容易引起过拟合。

MLP 卷积层的思想是将 CNN 的高维度特征转换成低维度特征，将神经网络的思想融合到具体的卷积操作之中。比较直白的理解就是在网络中再放一个网络，即每个卷积的通道中包含一个微型的多层网络，用一个网络来代替原来的卷积运算过程，其结构如图 3.14 所示。图 3.14 左边为传统的卷积结构，右边为 MLP 结构。相比较而言，传统卷积层的局部感受野的运算仅仅是一个单层的神经网络，而多层 MLP 的微型网络对每个局部感受野的神经元能够进行更加复杂的运算。在 MLP 网络中比较常见的是使用一个三层的全连接网络结构，这等效于在普通卷积之后再连接 1∶1 的卷积和 ReLU 激活函数。

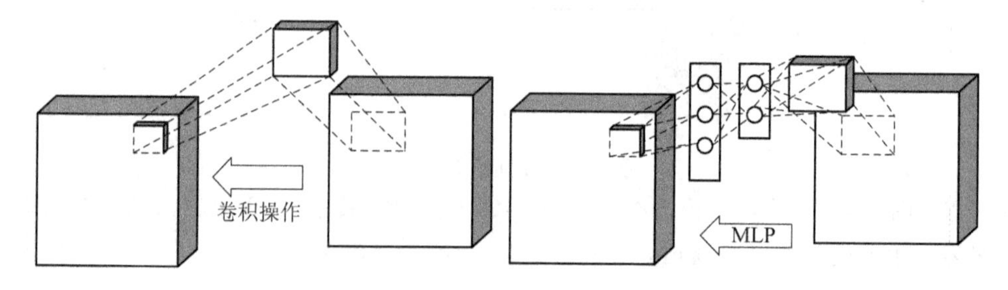

图 3.14　传统的卷积结构和 MLP 结构

Inception 的原始模型相对于 MLP 卷积层更为稀疏，它采用 MLP 卷积层的思想将中间的全连接层换成了多通道卷积层。Inception 的结构是将 1×1、3×3、5×5 的卷积核对应的卷积操作和 3×3 的滤波器对应的池化操作堆叠在一起，一方面增加了网络的宽度，另一方面提高了网络对尺度的适应性，如图 3.15 所示。把封装好的 Inception 作为卷积单元堆积起来就构成了原始的 GoogLeNet，形象的解释就是 Inception 模型本身如同大网络中的一个小网络，其结构可以反复堆叠在一起形成更大的网络。

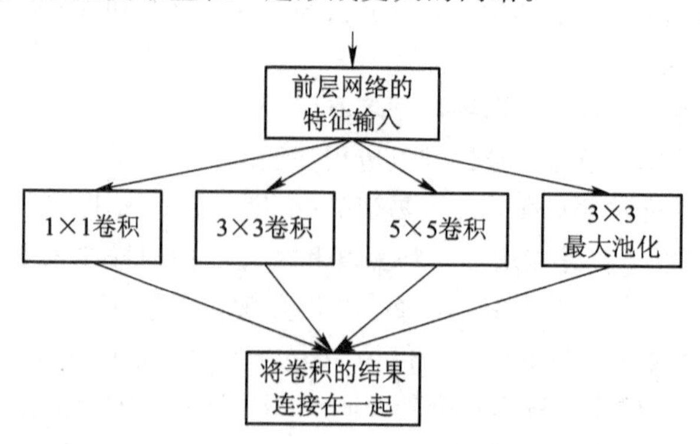

图 3.15　Inception 原始模型

Inception 模型中包含了 3 种不同尺寸的卷积和一个最大池化，增加了网络对不同尺度的适应性，这和 Multi-Scale 的思想类似。在早期的计算机视觉研究中，受灵长类视觉神经系统的启发，Serre 使用不同尺寸的 Gabor 滤波器处理不同尺寸的图片，Inception 借鉴了这种思想。Inception 模型可以高效率地扩充网络的深度和宽度，提升网络的准确率，且不致于过拟合。

3.7.1　Inception V1 模型

Inception V1 模型在原有的 Inception 模型基础上做了一些改进，其原因在于原始 Inception 模型利用了所有的卷积核对上一层的所有输出进行计算，使得 5×5 卷积核的计算量较大，导致特征图厚度很大。为了避免这一现象，Inception V1 模型在 3×3 卷积和 5×5卷积之前、最大池化之后都加上了 1×1 的卷积核进行降维，从而降低特征图的厚度，其网络结构如图 3.16 所示。

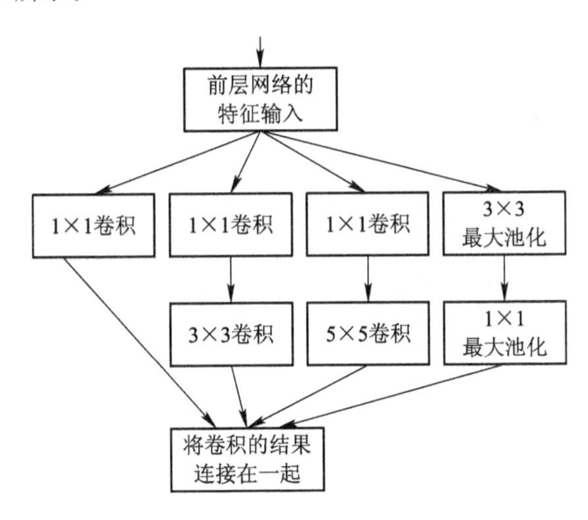

图 3.16　Inception V1 模型的网络结构

Inception V1 模型包含 4 个分支，第 1 个分支对输入进行 1×1 的卷积，这其实是 NIN (Network In Network)提出的一个重要结构。1×1 的卷积可以跨通道组织信息，提高网络的表达能力，同时可以对输出通道进行升维和降维；第 2 个分支先使用 1×1 的卷积，然后连接 3×3 的卷积，相当于进行了两次特征变换；第 3 个分支与第二个分支类似，也是 1×1 的卷积连接 5×5 的卷积；第 4 个分支则是 3×3 最大池化连接 1×1 的卷积。最后，Inception V1 模型的 4 个分支通过一个聚合操作进行合并。

3.7.2　Inception V2 模型

在 Inception V1 模型的基础上，Inception V2 模型应用当时的主流技术在卷积之后加入了 BN(Batch Normalization)层，对每一层的输出都进行归一化，减少了内部协变量的移动问题；同时还使用梯度截断技术增加了训练的稳定性。另外，Inception 学习 VGG 用 2 个 3×3 的卷积替代了原模型中的 5×5 的卷积，在降低参数数量的同时提升了计算速度。Inception V2 模型的网络结构如图 3.17 所示。

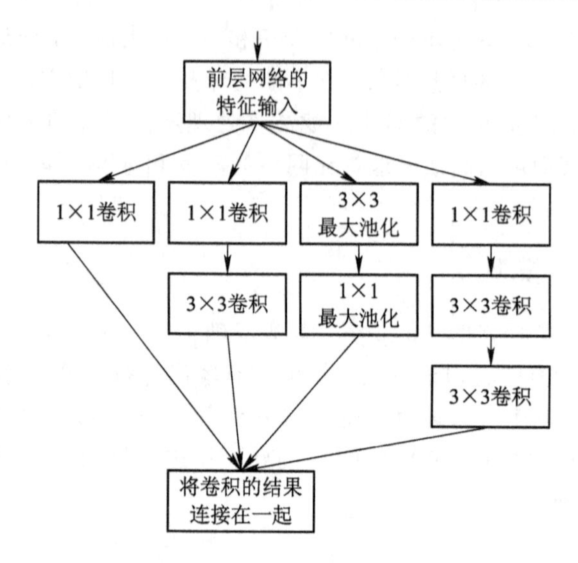

图 3.17　Inception V2 模型的网络结构

3.7.3　Inception V3 模型

Inception V3 模型没有再加入其他的技术，只是对原有的结构进行了调整，其最重要的一个改进是分解，即将卷积核变得更小，具体的方法是将 7×7 的卷积分解成两个一维的卷积(1×7 和 7×1)，3×3 的卷积操作也一样(1×3 和 3×1)。这种做法是基于线性代数的原理，即一个 $n\times n$ 的矩阵可以分解成一个 $n\times 1$ 的矩阵与一个 $1\times n$ 的矩阵的乘积。Inception V3 模型的网络结构如图 3.18 所示。

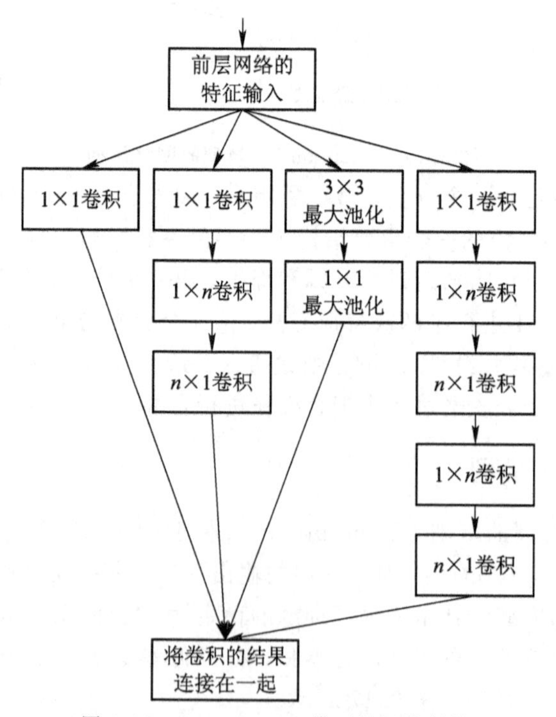

图 3.18　Inception V3 模型的网络结构

本章小结

本章主要介绍神经网络分类器的设计模式，其中包括反向传播算法、BP 神经网络、对偶传播神经网络、概率神经网络、卷积神经网络和深度神经网络模型。具体而言，本章介绍了神经网络的基本概念，包括神经网络概述和代价函数，反向传播算法的发展历程和反向传播算法的基本设计思想，BP 神经网络的核心设计思想和求解过程，对偶传播神经网络的网络结构、运行原理、学习算法、改进的对偶传播神经网络以及对偶传播神经网络的应用，模式分类和贝叶斯决策理论，概率神经网络的网络结构及其优点，卷积神经网络的网络构成以及深度神经网络的几种常用网络模型。

通过对本章的学习，读者可以全面了解多种神经网络分类器的设计，以便在以后的神经网络学习中熟练使用。

习　题

习题答案

1. 代价函数的作用有哪些？请写出常用的代价函数。
2. 请简述反向传播算法的原理，并推导反向传播算法的四个公式。
3. BP 网络有哪些优点和缺陷？试各列举三条。
4. 请简述概率神经网络的设计思想。
5. 卷积神经网络减少参数的方法有哪些？
6. 请简述不同 Inception 模型的区别。

第四章 聚类分析

上述章节都假定已知训练样本的类别信息，即确切地知道每一个训练样本所属的类别，而后利用训练样本学习分类器，再对未知类别样本进行分类，此类问题一般被称为有监督学习或有教师学习问题。但在实际应用中，往往还需要面对另一类问题，即已知训练样本，但无法确切地知道每个样本所属的类别，这样的样本集被称为无监督样本集。对于无监督样本集，我们也希望能够从中学习某种规律，构造相应的分类器，这样的问题一般被称为无监督学习问题或无教师学习问题。本章将介绍一类重要的无监督学习方法——聚类分析。

4.1 无监督学习与聚类

所谓聚类分析，是指根据某种规则将样本或者数据集划分为若干个“有意义”的子集（聚类）。一般来说，同一子集内的样本之间要求具有较大的“相似性”，而不同子集的样本之间具有较大的“差异性”，即需要将彼此相同或相似的样本划分为同一个聚类，而将彼此不同的样本划分为不同的聚类。

有监督学习方法关心的是如何用有类别信息的样本集训练分类器，然后对样本集之外的其他样本进行分类。而作为一种无监督学习方法，聚类分析通常只关注如何对当前样本集合中的样本进行分类。

4.1.1 无监督学习动机

训练样本的类别标签是学习分类器的一个重要信息，为什么在没有类别信息的条件下也需要学习分类器进行无监督学习呢？这主要基于以下几点原因：

首先，无监督学习和聚类是人类学习的一种重要方式。人的一生获得的所有知识并不都是来自于教师或者他人所教，很多是自己在实践过程中通过经验的积累、整理和对事物规律的发现所得到的；特别是在现代科学技术研究过程中，往往需要对各种纷繁复杂的事物按照不同的属性分门别类，形成不同的学科和领域分支，针对具有相同或相近特性的事物开展专门的研究。例如，世界上的生物首先被分为动物和植物，而动物又可以分为脊椎动物和无脊椎动物，脊椎动物又分为哺乳动物、鸟类、鱼类等，这些分类都是人类在长期的观察和研究过程中按照动物的某些特性所形成的分类方法，有了这样的分类之后，人们可以很容易地将某个动物归结为所属的类别，从而很快地了解到它所具有的生物结构和习性。

其次，从模式识别技术应用的角度来看，随着近年来互联网的普及和发展，获取构建一个识别系统所需的训练样本变得越来越容易。例如，网络上存在着海量的文本、图像、视频和音频信息，这些信息为文本分类、图像识别、语音识别等提供了大量的学习样本，然而，逐一对这些样本进行标注却是一项非常耗时耗力的工程。聚类分析可以作为模式识别系统学习的前处理过程，因为聚类结果可以看作对样本数据的概括和解释，提供了样本集合的结构信息。这些结构信息以及一定的样本标注可以帮助我们更好地设计和学习分类系统。在某些有监督学习算法中，虽然样本集合已经包含了监督信息，但聚类分析可以帮助我们更好地设定学习算法的初始值或者为算法应用提供原型。例如，我们可以采用聚类的方法在训练样本集中寻找到若干有代表性的样本，把它们作为径向基函数网络或混合密度模型的初始权重和原型。同样地，这些有代表性的样本也可以用于最近邻算法，首先计算待识别样本与代表样本之间的距离，然后在最相似的代表样本附近搜索最近邻样本，这样可以有效地降低大样本集条件下最近邻算法计算的复杂度。

4.1.2 聚类分析的应用

聚类分析在信息检索、商业应用、图像分割、数据压缩、医学应用等领域有着广泛的应用。

1. 信息检索

在互联网上使用搜索引擎检索信息时，可能会得到几十万条搜索结果，聚类分析可以将这些结果按照某种属性进行分组，快捷地找到想要的信息。例如，当检索一部电影时，可以按照内容将检索结果聚类为影评、预告片、演员介绍、影院信息等分组，然后根据检索要求直接到相应的分组查找需要的内容。

2. 商业应用

购物网站总是希望能够预测消费者的需求，然后将需要的产品推荐给相关的用户。需求预测的一种方法是采用聚类的方法将网站所积累的大量用户信息，按照属性进行分组，如果同一组内的多数用户购买了某种产品，则可以推测组内其他成员很有可能也有此需求。

3. 图像分割

图像分割的目标是把数字图像分成若干特定的区域。从本质上说，图像分割就是一个针对图像所有像素点的聚类过程：首先采用位置、颜色、纹理等属性描述像素点的特征以及定义像素点之间的相似度，然后采用聚类算法完成对图像中目标的分割。

4. 数据压缩

当有大量的数据(如语音、图像、视频等)需要传输或存储时，为了减少对传输带宽或存储介质的占用，往往需要对数据进行压缩。对于这类局部具有高度相似性的数据，可以通过聚类的方法寻找到每一组相似数据的原型(中心)，以这些原型的编码来代替原始数据，此类方法在信号处理领域被称作“矢量量化”，其目标是用尽量少的编码来代替一段或者一组数据，同时保证恢复数据时的误差或失真最小。

5. 医学应用

人体对药物的反应有着很大的差异，患有同样疾病的人服用同样药物的反应往往是不同的。根据以往的病例，可以将病人按照对药物的不同反应聚类成不同的类别，而对新的患者可以找到与其最相似的类别，然后根据这个类别病人对药物的反应决定治疗方案。

4.1.3　聚类分析的过程

聚类分析的过程一般包括特征提取与选择、相似性度量和聚类算法三个部分，如图4.1所示。

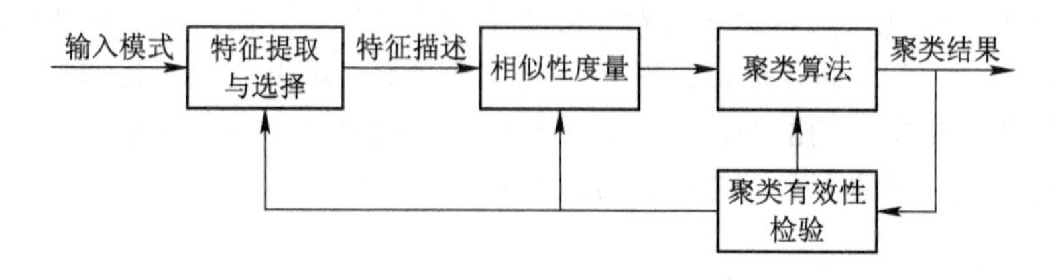

图 4.1　聚类分析的过程

1. 特征提取与选择

提取和选择什么样的特征是聚类分析的基础，同时也与需要解决的问题息息相关。对于同样的一组对象，采用不同的特征得到的聚类结果可能会完全不同。例如，如果按照繁殖和哺乳后代的方式来分，猪、狗、羊同海豚、鲸鱼可以划分为一类，鸽子、麻雀同青蛙、鲤鱼可以划分为另一类；而如果按照是否在水中生活来分，则猪、狗、羊同鸽子、麻雀可以划分为一类，海豚、鲸鱼同鲤鱼划分为一类，青蛙则单独为一类。由此可见，只有选择和提取合适的特征，聚类过程才有可能得到所需要的结果。

2. 相似性度量

如何度量两个模式之间的相似程度在很多模式识别问题中都有重要的作用，第二章介绍的各种模式距离和相似性的定义及计算方法同样适用于聚类分析。

3. 聚类算法

有了模式的特征描述和相似性度量，就可以选择一定的聚类算法按照一定的“准则”将无监督的样本集合划分为若干个子类。根据不同需要，输出的聚类结果可以是每个子类的中心、样本集中每个样本所属的子类标签或者是一种层次化的样本聚类结构，用以表征样本在不同层级上的聚集情况。

4. 聚类有效性检验

聚类的结果可能同预期存在差异，不一定能满足实际应用的需要。造成这种结果的原因可能是选择的特征没有反映样本的本质聚类结构或者是相似性度量不合理，也可能是聚类算法不适合相应的问题或者是算法的参数设置得不恰当。为了解决这一问题，我们需要对聚类结果进行有效性检验，根据检验结果对聚类的相应环节进行调整，重新完成聚类。

4.1.4　聚类问题的描述

假设无监督样本集合 $D=\{\boldsymbol{x}_1, \boldsymbol{x}_2, \cdots, \boldsymbol{x}_n\}$ 包含 k 个聚类，聚类数 k 可能是先验已知的，也可能需要在聚类过程中确定。k 个聚类 $C_1, C_2, \cdots, C_k$ 需要满足如下条件：

(1) $C_i \neq \varnothing$，$i=1, 2, \cdots, C_k$；

(2) $\bigcup_{i=1}^{k} C_i = D$；

(3) $C_i \cap C_j = \varnothing$，$i \neq j$，$j=1, 2, \cdots, k$。

上述三个条件的含义是：每个聚类至少包含一个样本，任何一个样本属于且仅属于一个聚类。从集合论的角度来讲，聚类结果实际是对集合 D 的一个划分。

存在多种划分方法可以将集合 D 划分为 k 个子集，哪一种划分方法能够得到需要的聚类结果？我们需要一个准则去评价每一种划分的“合理性”，最具合理性的划分就是聚类结果。“合理性”是一个与实际应用相关的问题，但一般总是希望每个聚类内的样本之间具有较大的相似性(距离较小)，而不同聚类种的样本之间距离较大，因此，我们可以以此为基础建立聚类准则。

(1) 类内距离准则：样本的类内聚集程度可以用每个样本与其聚类中心之间的距离的平方和来度量，即

$$J_W(C_1, C_2, \cdots, C_k) = \frac{1}{n}\sum_{j=1}^{k}\sum_{x \in C_j} \| \boldsymbol{x} - \boldsymbol{m}_j \|^2 \tag{4-1}$$

$$\boldsymbol{m}_j = \frac{1}{n_j}\sum_{x \in C_j} \boldsymbol{x} \tag{4-2}$$

式中，$\boldsymbol{m}_j$ 表示第 j 个聚类的样本中心；n_j 表示第 j 个聚类的样本数量。

(2) 类间距离准则：聚类之间的分散程度可以用每个聚类的中心与样本整体中心之间的加权距离的平方和来度量，即

$$J_B(C_1, C_2, \cdots, C_k) = \sum_{j=1}^{k} \frac{n_j}{n} \| \boldsymbol{m}_j - \boldsymbol{m} \|^2 \tag{4-3}$$

$$\boldsymbol{m} = \frac{1}{n}\sum_{x \in D} \boldsymbol{x} \tag{4-4}$$

式中，m 表示所有样本的中心。

(3) 类内、类间散布矩阵：类内、类间的距离平方和也可以用样本的散布矩阵来计算。例如，第 j 类的类内散布矩阵定义为

$$S_W = \frac{1}{n_j}\sum_{x \in C_j} (\boldsymbol{x} - \boldsymbol{m}_j)(\boldsymbol{x} - \boldsymbol{m}_j)^{\mathrm{T}} \tag{4-5}$$

则，总的类内离散矩阵可以定义为

$$S_W = \sum_{j=1}^{k} \frac{n_j}{n} S_W^j \tag{4-6}$$

类间散布矩阵定义为

$$S_B = \sum_{j=1}^{k} \frac{n_j}{n} (\boldsymbol{m}_j - \boldsymbol{m})(\boldsymbol{m}_j - \boldsymbol{m})^{\mathrm{T}} \tag{4-7}$$

可以证明类内、类间距离准则与散布矩阵的迹之间存在如下关系：

$$J_W(C_1, C_2, \cdots, C_k) = \mathrm{tr}(S_W) \tag{4-8}$$

$$J_B(C_1, C_2, \cdots, C_k) = \mathrm{tr}(S_B) \tag{4-9}$$

(4) 类内、类间距离准则：利用类内和类间散布矩阵可以定义类内、类间距离准则，综

合衡量聚类结果的类内聚集程度和类间离散程度，即

$$J_{WB}(C_1, C_2, \cdots, C_k) = \mathrm{tr}(S_W^{-1}S_B) \tag{4-10}$$

有了准则函数，聚类可以转化为相应的优化问题进行求解：

$$\min_{C_1, C_2, \cdots, C_k} J_W(C_1, C_2, \cdots, C_k) \tag{4-11}$$

$$\min_{C_1, C_2, \cdots, C_k} J_B(C_1, C_2, \cdots, C_k) \tag{4-12}$$

$$\min_{C_1, C_2, \cdots, C_k} J_{WB}(C_1, C_2, \cdots, C_k) \tag{4-13}$$

但是，直接对这些准则函数进行优化存在如下困难：

(1) J_W、J_B 和 J_{WB} 均为不连续函数，无法采用梯度法或牛顿法进行迭代优化。

(2) 将包含 n 个样本的集合划分为 k 个子集的所有可能方式的数量为

$$S(n, k) = \frac{1}{k!}\sum_{i=0}^{k} (-1)^{k-i}(k_i)i^n \tag{4-14}$$

对于一般规模的聚类问题来说，这个数字非常巨大，因此采用遍历方法寻找最优划分是不可行的。

现有的聚类分析方法都是采用某种方式寻找准则函数的近似最优解。本章将主要介绍三种常用的聚类分析算法，即顺序聚类、层次聚类和 K-均值聚类，以及对聚类结果进行有效性检验的方法。

4.2　简单聚类方法

4.2.1　顺序聚类

首先来看一种简单的聚类算法——顺序算法。顺序算法的思想来自于 1967 年 Hall 发表在 Nature 上的一篇论文，该算法只需顺序扫描样本集一次，并且不需要预先设定聚类数，在算法执行过程中可以自动形成新的聚类。

顺序算法每次输入一个样本，计算该样本与当前已经形成的各个聚类的距离，如果所有距离都大于一个预先设定的阈值 θ，则生成一个新的聚类，否则将其加入距离最近的聚类中；同时也可以预先设定最多聚类数 M，若已经达到最大聚类数则不再新增聚类。

顺序算法的思路非常简单，在实现过程中需要计算样本与聚类之间的距离，即点与集合之间的距离。

矢量 $\boldsymbol{x}$ 与矢量集合 C 之间的距离 $d(\boldsymbol{x}, C)$ 可以采用多种方式定义：

(1) 最大距离：以 $\boldsymbol{x}$ 与 C 中最远样本的距离作为样本与聚类之间的距离，即

$$d(\boldsymbol{x}, C) = \max_{y\in C} d(\boldsymbol{x}, \boldsymbol{y}) \tag{4-15}$$

(2) 最小距离：以 $\boldsymbol{x}$ 与 C 中最近样本的距离作为样本与聚类之间的距离，即

$$d(\boldsymbol{x}, C) = \min_{y\in C} d(\boldsymbol{x}, y) \tag{4-16}$$

(3) 平均距离：以 $\boldsymbol{x}$ 与 C 中所有样本的距离的平均值作为样本与聚类之间的距离，即

$$d(\boldsymbol{x},\ C)=\frac{1}{n_C}\sum_{y\in C}d(\boldsymbol{x},\ \boldsymbol{y}) \tag{4-17}$$

式中，n_C 表示聚类 C 中的样本数。

(4) 中心距离：以 $\boldsymbol{x}$ 与 C 中样本中心之间的距离作为样本与聚类之间的距离，即

$$d(\boldsymbol{x},\ C)=d(\boldsymbol{x},\ \boldsymbol{m}_C) \tag{4-18}$$

式中，$\boldsymbol{m}_C$ 表示聚类 C 中的样本中心。

从应用的角度看，最大距离和最小距离分别采用 $\boldsymbol{x}$ 与两个极端样本即最不相似样本和最相似样本之间的距离来度量样本与聚类之间的距离，而平均距离和中心距离则是以 $\boldsymbol{x}$ 与聚类中样本的总体相似程度来度量样本与聚类之间的距离。从算法实现的角度看，由于对第 i 个训练样本 $\boldsymbol{x}_i$，最大距离、最小距离和平均距离因为需要计算其与之前的所有 $i-1$ 个样本之间的距离，因而计算量较大；而中心距离只需要计算其与当前 l 个聚类中心之间的距离，因此计算量较小。

使用中心距离度量样本与聚类之间的相似度虽然只需要计算样本与聚类中心之间的距离，但将一个新的样本加入到某个聚类之后，需要重新计算该聚类的中心，此过程可以采用累加的方式进行：

$$m_{C\cup\{\boldsymbol{x}_i\}}=\frac{\sum_{y\in C}\boldsymbol{y}+\boldsymbol{x}_i}{\boldsymbol{n}_C+1}=\frac{\boldsymbol{n}_C\boldsymbol{m}_C+\boldsymbol{x}_i}{\boldsymbol{n}_C+1} \tag{4-19}$$

4.2.2 最大最小距离聚类

顺序算法同时进行样本的分类和新聚类的产生，每一轮迭代根据当前样本到现有聚类中心的距离决定是产生新的聚类还是将样本并入已有聚类；最大最小距离算法则是通过两个不同的过程来完成聚类中心的产生和样本的分类。

1. 理论基础

最大最小距离算法充分利用了样本的内部特性，计算出所有样本间的最大距离 maxdistance 作为归类阈值参考，改善了分类的准确性。若某样本到某一个聚类中心的距离小于 maxdistance/3，则归入该类，否则建立新的聚类中心。

2. 实现步骤

在每一次循环中，计算每个训练样本距离所有聚类中心的最小距离，找到这些最小距离中最大值对应的样本，该样本被定义为距离当前所有聚类中心最远的训练样本；如果该样本与最近的聚类中心之间的距离大于一定的阈值，则将此样本作为一个新的聚类中心。与顺序聚类不同，最大最小距离算法的距离阈值是以前两个聚类中心之间的距离为基准，然后按照预先设定的一定的比例系数来确定的。

4.3 层次聚类算法

与未知类别的聚类算法不同，层次聚类算法分为合并算法和分裂算法。合并算法会在

每一步减少聚类中心的数量，聚类产生的结果来自于前一步的两个聚类的合并；分裂算法与合并算法的原理相反，会在每一步增加聚类中心的数量，每一步聚类的结果是通过将前一步的一个聚类中心分裂成两个来得到的。

合并算法先让每个样本自成一类，然后根据类间距离的不同合并距离小于阈值的类，具体方法描述如下：

(1) 设有 N 个样本，假设取 $N=4$。每个样本自成一类，计算各类间的距离并填入表 4.1，初始距离计算公式为 $D_{ij}=\|\omega_i-\omega_j\|=\|\boldsymbol{X}_i-\boldsymbol{X}_j\|$。

表 4.1 聚类中心间的距离

	ω_1	ω_2	ω_3	ω_4
ω_1	D_{11}	D_{12}	D_{13}	D_{14}
ω_2	D_{21}	D_{22}	D_{23}	D_{24}
ω_3	D_{31}	D_{32}	D_{33}	D_{34}
ω_4	D_{41}	D_{42}	D_{43}	D_{44}

(2) 求表 4.1 中最小值，假设为 $D_{3,4}$，将相应的类 ω_3 和 ω_4 进行合并，得到 $\omega_{3,4}$。

(3) 确定各类到 $\omega_{3,4}$ 的距离(如表 4.2 所示)。这里介绍最短距离法和最长距离法，这两种方法的计算方法如表 4.3 所示。

表 4.2 合并后的聚类中心间距

	ω_1	ω_2	$\omega_{3,4}$
ω_1	D_{11}	D_{12}	D_{13}
ω_2	D_{21}	D_{22}	D_{23}
ω_3	$D_{34,1}$	$D_{34,2}$	$D_{34,3}$

表 4.3 两类合并后到其他类间的距离计算公式

距离计算方法	ω_j 是由 ω_m、ω_n 两类合并而成的，定义类 ω_i 与 ω_j 类的距离为 $D_{i,j}$	ω_i 中有 N_i 个样本，ω_m 中有 N_m 个样本，ω_n 中有 N_n 个样本
最短距离法	$D_{i,j}$ 为 ω_i 类中所有样本与 ω_j 类中所有样本间的最小距离	$D_{i,j}=D_{i,mn}=\min(D_{i,m}, D_{i,n})$
最长距离法	$D_{i,j}$ 为 ω_i 类中所有样本与 ω_j 类中所有样本间的最长距离	$D_{i,j}=D_{i,mn}=\max(D_{i,m}, D_{i,n})$

1. 最短距离法

最短距离法认为，只要两类的最小距离小于阈值，就将两类合并成一类。定义 $D_{i,j}$ 为 ω_i 类中所有样本和 ω_j 类中所有样本间的最小距离，即

$$D_{i,j}=\min\{d_{UV}\} \tag{4-20}$$

式中，d_{UV} 表示 ω_i 类中的样本 $\boldsymbol{U}$ 与 ω_j 类中的样本 $\mathbf{V}$ 之间的距离。若 ω_j 类是由 ω_m、ω_n 两类合并而成的，则

$$D_{i,m}=\min\{d_{UA}\}D_{i,n}=\min\{d_{UB}\} \tag{4-21}$$

递推可得

$$D_{i,j}=\min\{D_{i,m}, D_{i,n}\} \tag{4-22}$$

2. 最长距离法

在该方法中，只有在两类中的所有样本间的距离都小于阈值时，两类才能合并。定义 $D_{i,j}$ 为 ω_i 类中所有样本与 ω_j 类中所有样本间的最大距离，则有

$$D_{i,j}=\max\{d_{UV}\} \tag{4-23}$$

式中，d_{UV} 表示 ω_i 类中的样本 $\boldsymbol{U}$ 与 ω_j 类中的样本 $\mathbf{V}$ 之间的距离。

若 ω_j 类由 ω_m、ω_n 两类合并而成，则

$$D_{i,m}=\min\{d_{UA}\}, D_{i,n}=\min\{d_{UB}\} \tag{4-24}$$

递推可得

$$D_{i,j}=\min\{D_{i,m}, D_{i,n}\} \tag{4-25}$$

4.4 动态聚类算法

动态聚类算法选择若干样本作为聚类中心，再按照某种聚类准则(如最小距离准则)将其余样本归入最近的中心得到初始分类；然后判断初始分类是否合理，若不合理则按照特定规则重新修改不合理的分类；如此反复迭代，直到分类合理。

4.4.1 K-均值算法理论基础

K-均值算法的思想最早由 Hugo Steinhaus 于 1957 年提出，而“K-Means”名称的出现则是在 1967 年。Stuart Lloyd 于 1957 年在 Bell 实验室给出了标准 K-均值聚类算法，并于 1982 年正式发表于《IEEE Transactions on Information Theory》。

K-均值算法由于算法实现简单，计算和存储复杂度低，对很多简单的聚类问题都可以得到令人满意的结果，因此已经成为最著名和最常用的样本聚类算法之一。

K-均值算法能够使聚类中所有样本到聚类中心的距离的平方和最小。其原理为：先取 k 个初始聚类中心，计算每个样本到这 k 个中心的距离，根据最小距离准则把样本归入最近的聚类中心，如图 4.2(a)所示；然后对每一个聚类计算该类所有样本的均值，作为新的聚类中心；重新计算每个样本到 k 个中心的距离，对样本重新归类并计算修改新的聚类中心，如图 4.2(b)所示，直到新的聚类中心等于前一次的中心时结束。K-均值算法的结果受到聚类中心的个数以及初始聚类中心选择的影响，也受到样本几何性质及排列次序

的影响。如果样本的几何特性表明它们能形成几个相距较远的小块孤立区域，则算法多能收敛。

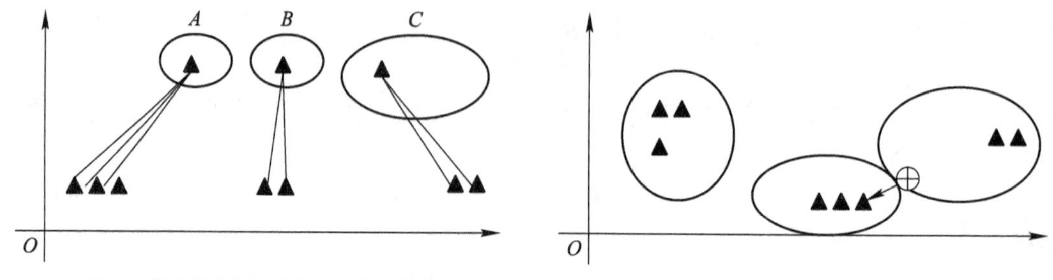

(a) 将未归类的样本归入距离最近的聚类中心　　(b) 将归类后的样本重新归入距离最近的类

图 4.2　K-均值算法示意图

4.4.2　K-均值算法

K-均值算法的目标是将 n 个样本依据最小化类内距离的准则分到 K 个聚类中：

$$\min_{C_1, C_2, \cdots, C_K} J_W(C_1, C_2, \cdots, C_K) = \frac{1}{n}\sum_{j=1}^{K}\sum_{x\in C_j}\| \boldsymbol{x} - \boldsymbol{m}_j \|^2,\ \boldsymbol{m}_j = \frac{1}{n_j}\sum_{x\in C_j}\boldsymbol{x} \tag{4-26}$$

由于直接优化上述类内距离准则存在一定的困难，因此换一个思路来讨论这个问题。首先，假设每个聚类的均值 $\boldsymbol{m}_1, \boldsymbol{m}_2, \cdots, \boldsymbol{m}_K$ 是固定已知的，那么这个优化问题就很容易求解了，因为现在的问题转变为为每一个样本 $\boldsymbol{x}$ 选择一个聚类 C_j，使得类内距离最小。显然，如果 $j=\arg\min_{1\leqslant i\leqslant K}\| \boldsymbol{x}-\boldsymbol{m}_i \|^2$，则应该将 $\boldsymbol{x}$ 放入聚类 C_j，这样可以使得 J_W 最小。然而，已知每个聚类的均值 $\boldsymbol{m}_1, \boldsymbol{m}_2, \cdots, \boldsymbol{m}_K$ 的假设是不成立的，因为在确定每个聚类包含哪些样本之前无法求得样本均值。

由上述讨论可知，优化类内距离准则的困难在于无法确定聚类均值 $\boldsymbol{m}_1, \boldsymbol{m}_2, \cdots, \boldsymbol{m}_K$ 和每个聚类包含的样本，只要能知道其中之一，就可以很容易地计算出另外一个，而实际情况是两者都不知道。K-均值算法的解决思路是首先对其中之一做出假设，例如给出每类均值的一个猜想值 $\widehat{\boldsymbol{m}}_1, \widehat{\boldsymbol{m}}_2, \cdots, \widehat{\boldsymbol{m}}_K$，然后根据均值的猜想值确定每个样本的类别属性，得到聚类结果的猜想$\widehat{\boldsymbol{C}}_1, \widehat{\boldsymbol{C}}_2, \cdots, \widehat{\boldsymbol{C}}_K$；由于样本的分类结果来自于猜想的均值，因此并不准确，但可以作为参考值用于更新均值的估计。如此就能得到一个交替的迭代过程：

$$\widehat{\boldsymbol{m}}_1, \widehat{\boldsymbol{m}}_2, \cdots, \widehat{\boldsymbol{m}}_K \rightarrow \widehat{\boldsymbol{C}}_1, \widehat{\boldsymbol{C}}_2, \cdots, \widehat{\boldsymbol{C}}_K \rightarrow \widehat{\boldsymbol{m}}_1, \widehat{\boldsymbol{m}}_2, \cdots, \widehat{\boldsymbol{m}}_K \cdots$$

迭代过程可以一直持续下去，直到均值或样本的分类结果不再变化为止，此时可以认为算法收敛到了一个最优的聚类结果。

4.4.3　K-均值算法的改进

K-均值算法是一种简单实用的聚类分析算法，针对该算法存在的问题，我们可以从如下几个方面进行改进。

1. 初始值的选择

算法能否收敛到最优解取决于初始值的设置，随机选择 K 个训练样本作为初始均值不能保证算法的收敛性能。改进这一问题的方法有以下三种。

(1) 如果对聚类样本的结构有一定的先验知识，知道各个聚类所处的大致位置，那么可以利用先验知识设定初始的聚类均值。

(2) 在 K-均值算法中，样本分类和均值估计的过程是迭代完成的，因此，初始的时候可以随机设定聚类的均值，或者可以随机地将样本集划分为 K 个聚类。

(3) 可以在样本集中选择相互之间距离最远的 K 个样本作为初始的聚类均值，由于这些样本处于不同聚类的可能性很大，因此有助于算法收敛到一个较好的聚类结果。样本集中相距最远的 K 个样本可以采用类似于最大最小距离算法的方式得到。

2. 聚类数的选择

聚类数的选择同样是一个影响聚类结果的重要因素，只有设定了正确的聚类数才有可能得到好的聚类结果，然而遗憾的是，到目前为止还没有一个简单的方法能够确定训练样本中包含的聚类数。一种可行的方法是采用试探的方式确定聚类数，从少到多设定不同的聚类数，然后对 K-均值算法得到的聚类结果进行有效性检验，从中选出适合的聚类数和聚类结果。

3. 距离函数的选择

K-均值算法优化的类内距离准则是采用欧氏距离来度量样本之间的相似程度，这要求每个聚类的样本大致成团型分布。如果每个聚类的样本分布无法满足此要求，需要考虑采用其他的距离度量方式；若样本呈现椭球形分布，则适合采用马氏距离作为样本与聚类之间相似性的度量：

$$d(\boldsymbol{x}_i, C_j) = (\boldsymbol{x}_i - \boldsymbol{m}_j)^{\mathrm{T}} \boldsymbol{\Sigma}_j^{-1} (\boldsymbol{x}_i - \boldsymbol{m}_j) \tag{4-27}$$

在使用不同的距离度量时，需要注意描述每个聚类的参数是有差异的。欧氏距离度量可以用每个聚类的均值作为参数描述；而马氏距离则需要每个聚类的均值和协方差矩阵。算法可以初始于样本的随机聚类划分，然后计算每个聚类的均值和协方差矩阵，每一轮迭代时根据样本的重新划分结果更新均值和协方差矩阵。如果采用的是街市距离，描述聚类的参数是中值矢量，每一轮迭代更新时需要分别计算每一维特征的中值，然后将所有中值组合成中值矢量，此算法也被称为 K-均值算法。

4. K-中心点算法

一些应用需要聚类的对象不是采用特征矢量的方式进行描述，而是采用序列、图等其他方式进行描述。对于这些应用，如果能够计算出两个模式之间的相似程度，同样可以使用 K-均值算法进行聚类。初始时随机选择 K 个模式代表每个聚类，通过计算样本与 K 个代表模式的相似度完成对样本的分类，然后在每个聚类的样本中寻找一个与其他样本相似度之和最大的样本更新代表模式。此算法一般被称为 K-中心点算法。

5. 模糊 K-均值算法

需要聚类的样本在各个聚类之间不一定能够严格分开，在很多情况下，聚类之间可能存在交叠。若 K-均值算法的每一轮迭代都严格地将每个样本分类至某个聚类，则被称为“硬分类”。然而，处于交叠区域的样本实际上很难判断它属于哪个聚类。一个合理的想法是在迭代过程中采用“软分类”或“模糊分类”来代替“硬分类”，这就发展出了模糊 K-均值算法。

在“硬分类”中，样本 $\boldsymbol{x}_i$ 与聚类 C_j 之间的关系可以用集合的示性函数来描述：

$$u_j(\boldsymbol{x}_i) = \begin{cases} 1, & \boldsymbol{x} \in C_j \\ 0, & \boldsymbol{x} \notin C_j \end{cases} \tag{4-28}$$

而“模糊分类”认为 $\boldsymbol{x}_i$ 属于 C_1，C_2，…，C_K 中的任何一个聚类，只不过所属的程度不同，一般可以采用隶属度 u_{ij} 表示 $\boldsymbol{x}_i$ 属于聚类 C_j 的程度。模糊 K-均值算法优化的聚类准则函数是

$$J_{WF}(\boldsymbol{m}_1, \boldsymbol{m}_2, \cdots, \boldsymbol{m}_K, \boldsymbol{u}_{11}, \boldsymbol{u}_{12}, \cdots, \boldsymbol{u}_{nK}) = \frac{1}{n}\sum_{j=1}^{K}\sum_{i=1}^{n} u_{ij}^b \| \boldsymbol{x}_i - \boldsymbol{m}_j \|^2 \tag{4-29}$$

同时约束 $\sum_{j=1}^{K} u_{ij} = 1$，$0 \leqslant u_{ij} \leqslant 1$，其中 $b > 1$，为控制不同聚类混合程度的可调参数。

使用最优化方法可以推导出如下结论：当聚类的均值 m_1，m_2，…，m_K 固定时，隶属度的最优解为

$$u_{ij} = \frac{(1/\| \boldsymbol{x}_i - \boldsymbol{m}_j \|^2)^{1/(b-1)}}{\sum_{k=1}^{K}(1/\| \boldsymbol{x}_i - \boldsymbol{m}_k \|^2)^{1/(b-1)}}, \ i = 1, 2, \cdots, n; j = 1, 2, \cdots, K \tag{4-30}$$

当隶属度 u_{11}，u_{22}，…，u_{nK} 固定时，均值的最优解为

$$\boldsymbol{m}_j = \frac{\sum_{i=1}^{n} u_{ij}^b \boldsymbol{x}_i}{\sum_{i=1}^{n} u_{ij}^b}, \ j = 1, 2, \cdots, K \tag{4-31}$$

4.5 模拟退火聚类算法

模拟退火(Simulated Annealing，SA)算法最初由 Metropolis 等人于 20 世纪 80 年代初提出，其思想源于物理中固体物质退火过程与一般组合优化问题之间的相似性。模拟退火方法是一种通用的优化算法，目前已广泛应用于最优控制、机器学习、神经网络等优化问题。

4.5.1 物理退火过程

模拟退火算法源于物理中固体物质的退火过程，该过程由以下三部分组成。

1. 升温过程

升温的目的是增强物体中粒子的热运动，使其偏离平衡位置变为无序状态。当温度足

够高时，固体将溶解为液体，从而消除系统原先可能存在的非均匀态，使随后的冷却过程以某一平衡态为起点。升温过程与系统的熵增过程相关，系统能量随温度升高而增大。

2. 等温过程

在物理学中，对于与周围环境交换热量而温度不变的封闭系统，系统状态的自发变化总是朝向自由能减小的方向进行，当自由能达到最小时，系统达到平衡态。此即等温过程。

3. 冷却过程

与升温过程相反，冷却过程使物体中粒子的热运动减弱并渐趋有序，系统能量随温度降低而下降，得到低能量的晶体结构。

4.5.2 模拟退火算法的基本原理

模拟退火的基本思想是将固体加温至充分高，再让其逐渐冷却，加温时，固体内部粒子随温度的升高变为无序状态，内能增大；而逐渐冷却时粒子渐趋有序，在每个温度都达到平衡态，最后到常温时达到基态，内能减为最小。

根据 Metropolis 准则，粒子在温度 T 时趋于平衡的概率为 $e^{-\Delta E/(kT)}$（其中 E 为温度 T 时的内能），ΔE 为其改变量，k 为 Boltzmann 常数。用固体退火模拟组合优化问题时，将内能 E 模拟为目标函数值 f，温度 T 演化成控制参数 t，即可以得到求解组合优化问题的模拟退火算法。该算法由初始解和控制参数初值开始，对当前解进行“产生新解→计算目标函数差→判断是否接受→接受或舍弃”的迭代，并逐步衰减 t 值。算法终止时的当前解即为所得近似最优解，这是蒙特卡罗迭代求解法的一种启发式随机搜索过程。

如果用粒子的能量定义材料的状态，则 Metropolis 算法用一个简单的数字模型描述了退火过程。假设材料在状态 i 之下的能量为 $E(i)$，那么在温度 T 时，材料从状态 i 进入状态 j 时遵循如下规律：

如果 $E(j)\leqslant E(i)$，则接受该状态的转换；

如果 $E(j)>E(i)$，则状态转换以如下概率被接受：

$$p = e^{(E(i)-E(j)/(kT))} \tag{4-32}$$

式中，k 为物理学中的常数，T 为材料的温度。

1. 模拟退火算法的组成

模拟退火算法由解空间、目标函数和初始解三部分组成。

(1) 解空间：对所有可能解均为可行解的问题，其解空间定义为所有可能解的集合；对存在不可行解的问题，其解空间限定为所有可行解的集合，或允许包含不可行解，但目标函数会用惩罚函数(Penalty Function)惩罚以最终完全排除不可行解。

(2) 目标函数：对优化目标的数学描述，是解空间到某个数集的一个映射，通常表示为一个由若干优化目标构成的和。目标函数应正确体现问题的整体优化要求且较易计算，当解空间包含不可行解时还应包括惩罚函数项。

(3) 初始解：算法迭代的起点。试验表明，模拟退火算法是健壮的(Robust)，即最终解的计算不十分依赖初始解的选取，从而在算法开始时可任意选取一个初始解。

2. 模拟退火算法的基本过程

(1) 初始化，给定初始温度 T_0 及初始解 ω，计算解对应的目标函数值 $f(\omega)$，在本节中 ω 代表一种聚类划分。

(2) 模型扰动产生新解 ω' 及对应的目标函数值 $f(\omega')$。

(3) 计算函数差值 $\Delta f = f(\omega') - f(\omega)$。

(4) 如果 $\Delta f \leqslant 0$，则接受新解作为当前解。

(5) 如果 $\Delta f > 0$，则以概率 p 接受新解：

$$p = \mathrm{e}^{-(f(\omega') - f(\omega)/(kT))} \tag{4-33}$$

(6) 对当前 T 值降温，对步骤(2)～(5)迭代 N 次。

(7) 如果满足终止条件，输出的当前解为最优解，结束算法；否则降低温度，继续迭代。

模拟退火算法的流程如图 4.3 所示。算法中包含 1 个内循环和 l 个外循环，内循环在同一温度下通过多次扰动以产生不同的模型状态，并按照 Metropolis 准则接受新模型；外循环包括温度下降的模拟退火算法迭代次数的递增和算法终止的条件。

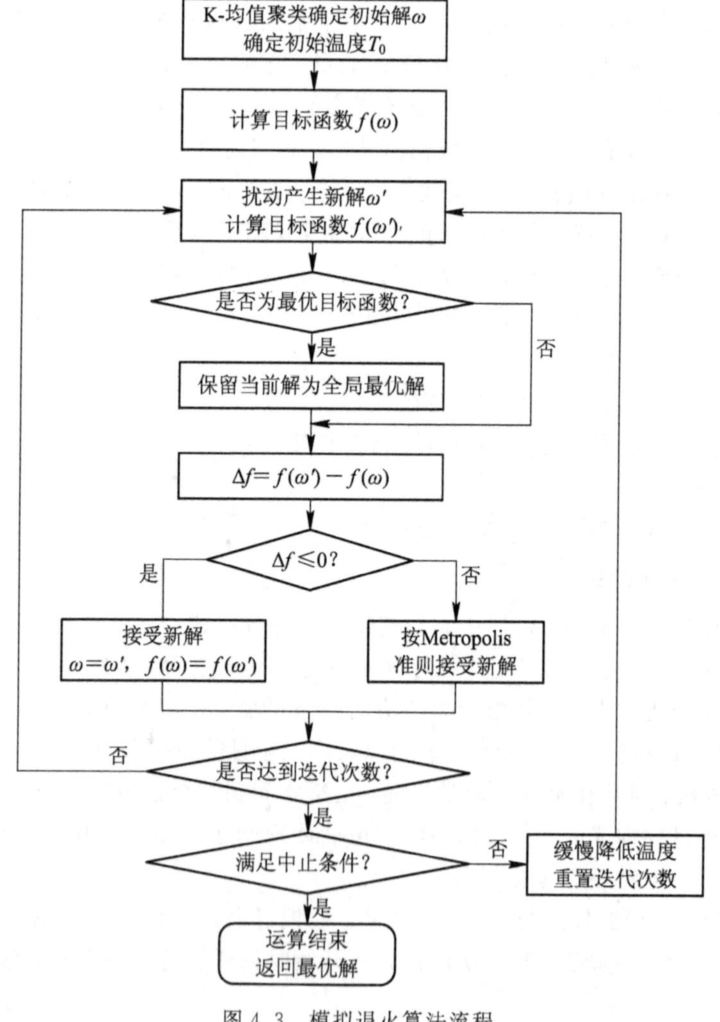

图 4.3　模拟退火算法流程

4.5.3 退火方式

模拟退火算法

模拟退火算法中的退火方式对算法有很大的影响。如果温度下降过慢，算法的收敛速度会大大降低；反之，如果温度下降过快，算法可能会丢失极值点。模拟退火算法流程如图 4.3 所示。为了提高模拟退火算法的性能，许多学者提出了不同的退火方式，比较有代表性的几种退火方式如下：

第一种方式：

$$T(t)=\frac{T_0}{\ln(1+t)} \tag{4-34}$$

式中，t 代表图 4.3 中外循环的当前循环次数。该退火方式的特点是温度下降缓慢，算法收敛速度也较慢。

第二种方式：

$$T(t)=\frac{T_0}{\ln(1+at)} \tag{4-35}$$

式中，a 为可调参数，可以改善退火曲线的形态。该退火方式的特点是高温区的温度下降较快，而低温区的温度下降较慢，即该方法主要在低温区进行寻优。

第三种方式：

$$T(t)=T_0\cdot a^t \tag{4-36}$$

式中，a 为可调参数。该退火方式的特点是温度下降较快，算法收敛速度快。

4.6 聚类检验

通过前面的介绍可以看出，在设置不同的初始条件和不同的参数情况下，聚类算法可以得到不同的聚类结果，甚至是不同的聚类数量。那么在这些结果中哪一个是“最好的”或者“最有效”的呢？本节将介绍几种对聚类结果进行有效性检验的方法。

在二维特征空间中通过直观感觉就能够很容易地判断聚类结果的好与坏，然而在高维空间中检验聚类结果会是一件非常困难的事情。下面仅就聚类算法的初始条件和聚类参数的选择问题给出几种易于实现的检验方法。如何确定聚类的数量是聚类算法面临的一个重要问题，有些算法需要人为设定，如 K-均值算法；有些算法是由其他参数间接确定的，如谱系聚类中被合并聚类之间的最大距离；有些算法得到的聚类数不仅与参数设置有关，也与迭代的初始条件有关，如最大最小距离算法。即使聚类数量相同，算法开始于不同的初始条件也有可能得到不同的聚类结果，在这些结果中如何选择有效的结果也是一个需要解决的问题。

4.6.1 聚类结果的检验

首先讨论在聚类数相同的条件下，对于采用不同的初始条件得到不同的样本划分结果，如何检验这些结果有效性的问题。此类情况包括：K-均值算法设置了固定的聚类数，初始于不同的聚类均值所得到的不同聚类结果；顺序算法不同的样本顺序；最大最小距离算法对第一个样本的不同选择可能得到不同的聚类结果，当得到的聚类数量相同时也属于此类情况。

聚类数量相同时，聚类结果的检验相对来说比较简单，可以通过定义某种聚类有效性准则，然后利用准则函数检验不同聚类结果的有效性。第 4.1.4 节介绍的类内距离准则、类间距离准则和类内类间距离准则都可以用于检验聚类结果。需要注意的是不同准则关注的侧重点不同，对聚类结果的评价也可能不同。还有一些其他的准则函数也可以用于检验此类结果。

1. Dun *n* 指数

假设用两个聚类中最近的一对样本的距离来度量聚类之间的距离：

$$d(C_i, C_j) = \min_{\boldsymbol{x}\in C_i, \boldsymbol{y}\in C_j} d(\boldsymbol{x}, \boldsymbol{y}) \tag{4-37}$$

并且，聚类样本集的直径定义为距离最远的两个样本之间的距离：

$$\mathrm{diam}(C_i) = \max_{\boldsymbol{x}, \boldsymbol{y}\in C_i} d(\boldsymbol{x}, \boldsymbol{y}) \tag{4-38}$$

则 Dun n 指数定义为所有聚类中最近两个聚类之间的距离与所有聚类的最大直径之比：

$$J_{\mathrm{Dun}n}(C_1, C_2, \cdots, C_K) = \frac{\min\limits_{i, j=1, 2, \cdots, K, j\neq i} d(C_i, C_j)}{\max\limits_{i=1, 2, \cdots, K} \mathrm{diam}(C_k)} \tag{4-39}$$

通常，Dun n 指数越大，表示聚类结果越好。

2. Davies-Bouldin 指数

Dun n 指数以两个聚类样本的最近距离度量相似程度，而 Davies-Bouldin 指数则同时考虑了两类样本之间的离散度和两类样本自身之间的离散度。两个聚类 C_i 和 C_j 之间的离散度可以用聚类均值之间的距离来度量，聚类 C_i 的离散度 s_i 可以用样本到聚类均值之间的均方距离来度量：

$$d_{ij} = \| \boldsymbol{m}_i - \boldsymbol{m}_j \| \tag{4-40}$$

$$s_i = \sqrt{\frac{1}{n_i}\sum_{\boldsymbol{x}\in C_i} \| \boldsymbol{x} - \boldsymbol{m}_i \|^2} \tag{4-41}$$

聚类 C_i 和 C_j 之间的相似度 R_{ij} 定义为两个聚类自身的离散度之和与两类之间的离散度之比，而 Davies-Bouldin 指数定义为每个聚类与其他聚类之间最大相似度的平均值：

$$R_{ij} = \frac{s_i + s_j}{d_{ij}} \tag{4-42}$$

$$J_{DB}(C_1, C_2, \cdots, C_K) = \frac{1}{K}\sum_{i=1}^{K}\left(\max_{j=1, 2, \cdots, K, j\neq i} R_{ij}\right) \tag{4-43}$$

由于 K-均值算法、顺序算法和最大最小距离算法的聚类结果都会受到初始条件或样本顺序的影响，因此，我们可以设置不同的初始条件分别进行聚类，得到多个聚类结果，然后选择一个准则函数计算每个聚类结果的评价值，以最优者作为聚类结果，这样可以在一定程度上缓解不同初始条件对聚类结果的影响。

4.6.2 聚类数的间接选择

聚类数的选择是聚类分析的一个重要问题，只有选择合适的聚类数才有可能得到理想的聚类结果。下面首先讨论通过算法参数间接设置聚类数的情况，此类问题适用于谱系聚类、顺序聚类和最大最小距离聚类。

谱系聚类可以用被合并的聚类之间的距离阈值作为终止条件，阈值越大则得到的聚类数越少；在顺序聚类中，用于将样本合并到最近聚类的距离阈值 θ 会影响最终的聚类数，θ 越小则聚类数越多；最大最小距离算法在确定聚类中心时，通过比较当前的最大最小距离和 $\theta\|\boldsymbol{m}_1-\boldsymbol{m}_2\|$ 来决定是否产生一个新的聚类，因此参数 θ 越小则产生的聚类越多。

对于这类问题，实际上是要选择一个合适的算法参数，参数的选择间接影响到了聚类的数量。参数的选择能否也用准则函数评价的方式完成呢？在多数情况下这个方案是不可行的，因为各种准则函数往往是聚类数的单调函数。例如，如果采用的是类内距离准则，则倾向于选择较多的聚类数，每一类样本数越少则类内距离越小，每个样本作为一个聚类时类内距离为 0；类间距离准则倾向于选择较少的聚类，当所有样本作为一个聚类时类间距离为 0；Dun n 指数和 Davies-Bouldin 指数也都倾向于将每个样本作为一个聚类。

由于算法参数与聚类数之间也存在着一种单调的对应关系，随着参数的增大，聚类数单调地增加或减少；同时算法采用不同的参数可能得到相同的聚类数，在相同聚类数的条件下对样本的划分也是相同的(但要求算法的初始条件相同)。通过选择算法参数间接确定聚类数的一种可行方法是：首先在可能的取值范围内设置不同的参数，由算法得到相应的聚类结果，然后建立参数与聚类数之间的对应关系，选择聚类数相同的最大参数区域，以这个区域的中点作为最优参数，以对应的聚类数为最优聚类数。

4.6.3　聚类数的直接选择

K-均值算法需要设定聚类数，谱系聚类、顺序聚类和最大最小距离聚类也可以采用聚类数作为迭代的终止条件，当算法达到设定的聚类数时就不再产生新的聚类或不再合并已有的聚类。如何设定一个合适的聚类数是这些算法需要解决的问题。到目前为止，没有一种方法能够很容易地判断聚类样本中包含的聚类数，只能通过尝试的方法确定一个合适的聚类数。

在尝试不同聚类数之前，需要选择一个合适的聚类检验准则，然后在可能的范围之内逐一尝试不同的聚类数，由聚类算法产生出不同的聚类结果，应用准则函数计算每个聚类结果的评价值。如果准则函数能够检验不同聚类数产生的聚类结果的有效性，则只需寻找到准则函数取最大值(或最小值)的情况就可以确定恰当的聚类数。然而如前所述，多数准则函数都有随聚类数单调增大或减小的趋势，直接由最大值或最小值无法准确确定聚类数。对于这类情况，可以画出准则函数随聚类数变化的曲线，如果样本集存在明显的聚类，曲线往往会在对应聚类数的位置出现一个“拐点”，可以通过“拐点”判断出聚类的数量；如果样本集不存在明显的聚类，则曲线一般比较平滑，没有明确的“拐点”出现。

图 4.4(a)是一个存在三个明显聚类的样本集的例子。在寻找这个样本集的聚类数时，我们可以设置聚类数取值为 1～10，然后分别采用 K-均值算法进行聚类，再按照式(4-1)计算每个聚类结果的类内距离并画出如图 4.4(b)所示的图形。从图 4.4(b)可以看出，曲线在聚类数为 3 的位置存在一个明显的“拐点”，类内距离由“3”之前的下降很快转变为之后的下降很慢，由此可以判断该样本集的合适聚类数为 3。图 4.4(c)所示的样本集只存在 1 个聚类，相应的聚类数与类内距离准则函数下降比较平缓，不存在明显的“拐点”。

在K-均值算法中，聚类结果不仅取决于设定的聚类数，也受到初始聚类均值的影响。对于此类算法，可以在每一个设定的聚类数上尝试不同的初始条件，从中选择准则函数最优的结果绘制曲线，这样可以在一定程度上保证聚类数选择的准确性。

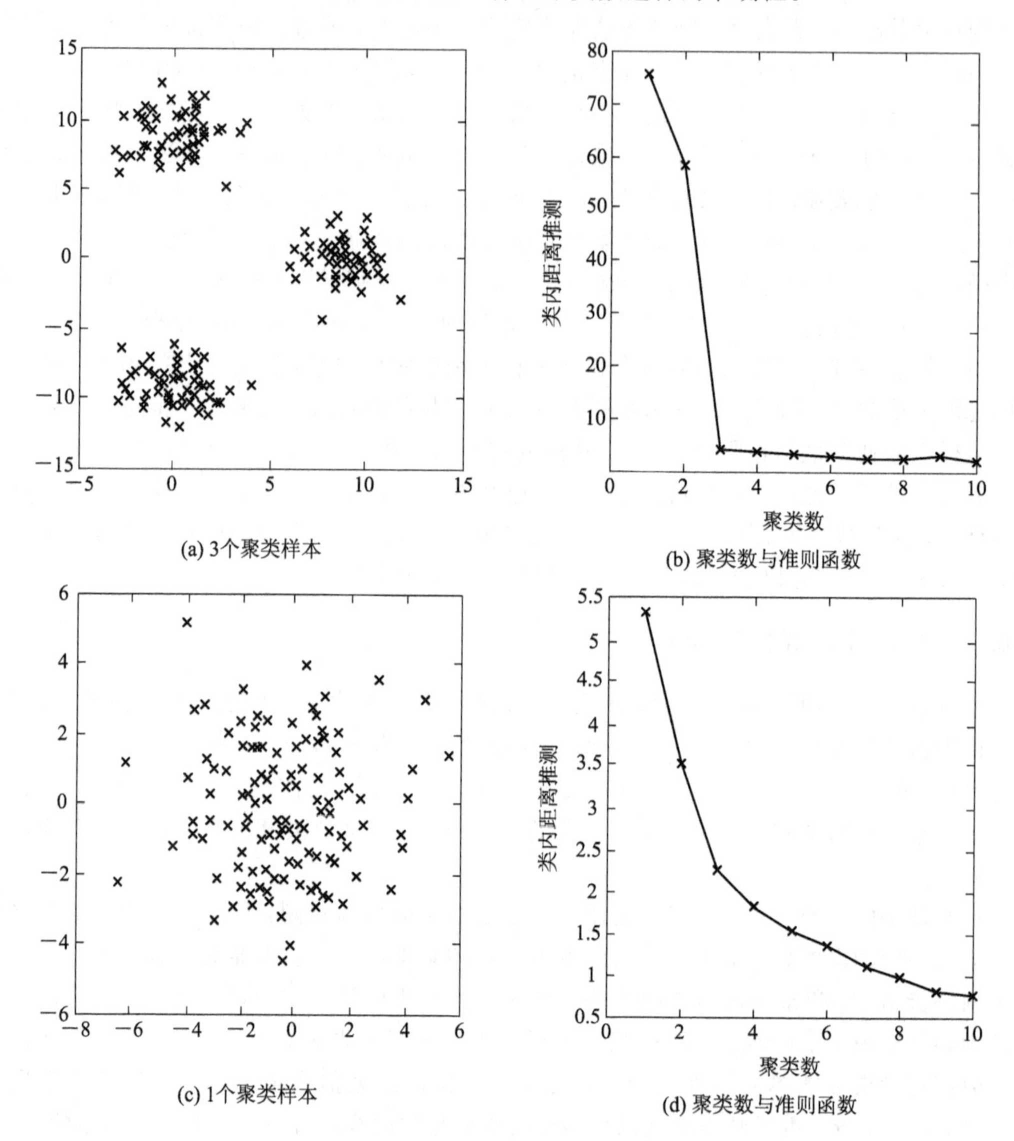

图 4.4　聚类数与类内距离准则

本章小结

聚类分析是一种重要的无监督学习模式识别方法，在不同的领域有着广泛的应用。聚类分析的本质是对数据集内在结构的一种挖掘。由于数据集内部的结构可能非常复杂，而对此又缺乏必要的先验知识，例如聚类的类别数量可能未知，每个聚类内部样本的分布情况也可能未知，因此，解决一个实际的聚类问题往往比较困难。

本章只是介绍了几种比较简单的聚类方法，到目前为止，聚类算法仍然是模式识别研究的一个热点问题，近年来也提出了很多新的解决聚类问题的算法。然而，现有的各种算法大多与数据相关，不同算法在不同数据集上的表现差异很大，有些算法适用于这一类数据，而有些算法适用于另一类数据，目前不存在一种适用于所有数据集的通用聚类算法。

习　题

1. 什么是聚类分析？
2. 简述最大最小距离算法的基本思想。
3. 什么是层次聚类算法？
4. 简述 K -均值算法的基本思想。
5. 简述模拟退火算法的基本原理。

习题答案

第五章 蚁群和粒子群聚类算法

在模式识别领域中，群智能理论以及相关方法为解决计算机视觉的实际问题提供了新的途径。这类方法往往比传统模式识别方法能够更快地发现复杂优化问题的最优解。蚁群算法和粒子群算法是群智能理论中两种重要的方法。

本章首先介绍蚁群算法和粒子群算法的基本原理和数学模型，然后探讨蚁群算法和粒子群算法之间的联系。在解决计算机视觉的实际问题时，传统蚁群算法和粒子群算法效率不高，计算耗时较长，因此，本章最后介绍几种面向这一问题的改进蚁群算法和粒子群算法。

5.1 蚁群和粒子群算法简介

蚁群(Ant Colony Optimization，ACO)算法又称蚂蚁算法，是一种用来在图中寻找优化路径的概率型算法。该算法由 Marco Dorigo 于 1992 年在他的博士论文中提出，其灵感来源于蚂蚁在寻找食物过程中发现路径的行为。蚁群算法是一种模拟进化算法，初步的研究表明该算法具有许多优点。针对 PID 控制器参数优化设计问题，将蚁群算法设计与遗传算法设计的结果进行了比较，仿真结果表明，蚁群算法具有新的模拟进化优化方法的有效性和应用价值。

粒子群算法也称粒子群优化算法(Particle Swarm Optimization，PSO)是近年来发展起来的一种新的进化算法(Evolutionary Algorithm，EA)。粒子群算法与遗传算法相似，也是从随机解出发，通过迭代寻找最优解，该算法也是通过适应度来评价解的品质，但它比遗传算法的规则更为简单，它没有遗传算法的“交叉”(Crossover)和“变异”(Mutation)操作，而是通过追随当前搜索到的最优值来寻找全局最优。PSO 算法以其容易实现、精度高、收敛快等优点引起了学术界的重视，并且在解决实际问题中显出了优越性。

5.2 蚁 群 算 法

5.2.1 蚁群算法的基本原理

蚁群算法是通过模拟自然界蚂蚁的寻径方式得出的一种仿生算法。每只蚂蚁在不知道食物位置的情况下开始寻找食物，当一只蚂蚁找到食物之后，它会向环境中释放一种挥发性分泌物——Pheromone(即信息素，该物质随着时间的推移会逐渐挥发消失，信息素的浓度表示路径的远近)，吸引其他的蚂蚁过来，这样，越来越多的蚂蚁就会找到食物。有些蚂蚁没有像其他蚂蚁一样总是重复同样的路径，它们会另辟蹊径。如果新开辟的路径比原来的路径更短，那么，较短路径上的蚂蚁在食物源与蚁穴之间往返的频率就会越来越快，使得该路径上的信息素越来越多，从而导致该路径上的蚂蚁会更多。经过一段时间之后，可能会出现一条最短的路径被大多数蚂蚁重复着。如图 5.1 所示为蚂蚁刚刚找到食物时的路线图，图 5.2 为经过一段时间之后，多数蚂蚁选择了较短的路径。

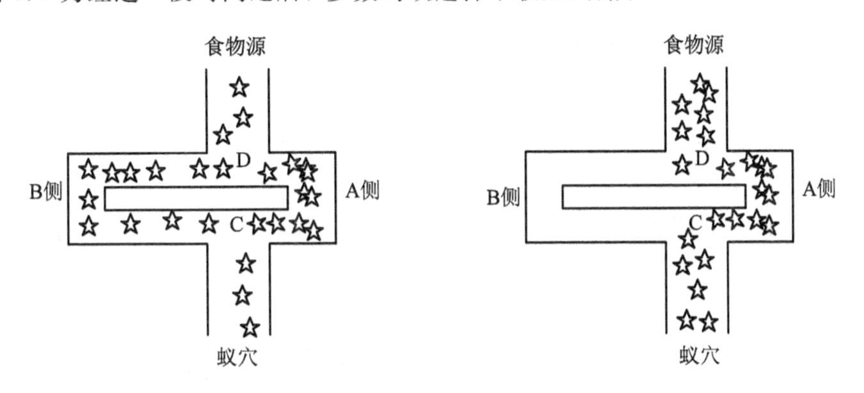

图 5.1　蚂蚁开始选择的路径　　　图 5.2　蚂蚁的最终选择路径

5.2.2　蚁群算法基本流程

在初始状态，一群蚂蚁外出，由于此时没有任何信息素，那么这些蚂蚁会各自随机地选择一条路径。在下一个状态，每只蚂蚁到达了不同的点，它们会在初始点到这些点之间留下信息素；蚂蚁们继续前进，已经到达目标的蚂蚁开始返回；与此同时，下一批蚂蚁出动，它们会按照各条路径上信息素的多少选择路线(Selection)，但会更倾向于选择信息素较多的路径(当然也会有随机性)。

到达再下一个状态，之前没有蚂蚁经过的路径上的信息素出现了不同程度地挥发(Evaporation)，而有蚂蚁经过的路径的信息素得到了增强(Reinforcement)。然后又出动一批蚂蚁重复上述步骤。从一个状态到下一个状态的变化称为一次迭代，在多次迭代之后，会出现某一条路径上的信息素明显多于其他路径上的情况，这条路径通常就是一条最优路径。

蚁群算法采用分布式正反馈并行计算机制，易于与其他方法结合，并且具有较强的鲁棒性。蚁群算法的特点如下：

(1) 其原理是一种正反馈机制或增强型学习系统。该算法通过不断更新信息素最终收敛于最优路径。

(2) 是一种通用型随机优化算法。人工蚂蚁不是对实际蚂蚁的一种简单模拟，它融入了人类的智能。

(3) 是一种分布式的优化方法。该算法不仅适合于目前的串行计算机，而且适合于未来的并行计算机。

(4) 是一种全局优化方法。该算法不仅可以求解单目标优化问题，而且可以求解多目标优化问题。

(5) 是一种启发式算法。该算法的计算复杂度为 $O(NC \times m \times n^2)$，其中 NC 是迭代次数，m 是蚂蚁数目，n 是目的节点数目。

5.2.3 蚁群算法的规则说明

1. 范围

蚂蚁能够观察的范围是一个方格世界，有一个参数为速度半径(一般是3)，那么，该蚂蚁能观察到的范围就是3×3个方格世界，并且能移动的距离也在这个范围之内。

2. 环境

蚂蚁所在的环境是一个虚拟世界，其中有障碍物、别的蚂蚁以及信息素。信息素有两种，一种是找到食物的蚂蚁洒下的食物的信息素，另一种是找到窝的蚂蚁洒下的窝的信息素。每只蚂蚁仅仅能感知它所处范围内的环境信息。同时，环境会以一定的速率让信息素逐渐消失。

3. 觅食规则

蚂蚁在能感知的范围内寻找是否存在食物，如果存在，则蚂蚁可以直接到达该位置；否则，蚂蚁寻找是否存在信息素，并且朝信息素多的位置走。但蚂蚁会以小概率犯错，即可能不一定往信息素最多的位置移动。蚂蚁找窝的规则和上面一样，只不过是对窝的信息素做出反应，而对食物信息素没反应。

4. 移动规则

蚂蚁通常朝信息素最多的位置移动，若周围没有信息素，则蚂蚁会按照原来的运动方向惯性地运动下去，并且在运动的方向上会有一个随机的小扰动。为了防止蚂蚁原地转圈，它会记住已经走过了哪些点，如果发现要走的下一点已经走过了，它就会尽量避开。

5. 避障规则

如果蚂蚁要移动的方向存在障碍物，它会随机地选择另一个方向。如果有信息素指引的话，它会按照觅食的规则来行动。

6. 信息素播撒规则

蚂蚁在刚找到食物或者窝的时候播撒的信息素最多，但随着它越走越远，播撒的信息素越来越少。

根据上述规则，虽然蚂蚁之间没有直接的联系，但每只蚂蚁都和环境发生了交互，以信息素为纽带把蚂蚁联系在了一起。比如，当一只蚂蚁找到了食物，它并没有直接告诉其他蚂蚁这儿有食物，而是向环境中播撒信息素，当其他蚂蚁经过附近的时候就会感觉到信息素的存在，进而根据信息素的指引找到食物。

5.2.4 TSP的提出

旅行商问题(Traveling Salesman Problem，TSP)是数学领域中的著名问题之一。由于真实蚁群的行为与TSP问题相似，因此，我们可以把蚁群算法应用于解决这一著名的TSP。

旅行商问题是指给定n座城市和两两城市之间的距离，要求确定一条经过各个城市且只经过一次的最短路线。该问题的图论描述为：给定图$G=(V, A)$，其中V为顶点集，A为边集，已知各顶点间的连接距离，要求确定一条长度最短的Hamilton(哈密顿)回路，即遍历所有顶点且每个顶点仅遍历一次的最短回路。

TSP 是著名的 NP-hard 问题，若采用现有的优化算法，如分支定界、动态规划等求取该问题的最优解，需要花费问题规模的指数阶时间。在问题规模增大时，这类方法往往由于计算时间的限制而丧失可行性，只能采用一定的策略对解空间进行启发式搜索，期望在合理的时间内得到一个满意解。对这类算法进行性能比较时主要以解的质量以及运算时间为标准。后来人们将遗传算法、模拟退火算法、禁忌搜索算法、人工神经网络算法等方法应用到该问题的求解中，取得了很好的成果。1992 年，由 Marco Dorigo 和 Colorni 等人提出的蚁群算法被应用于 TSP，并经过试验数据证明，蚁群算法在解决该问题时显示出了巨大潜力。经过十多年的研究，发现该算法不但可以解决 TSP，其他的 NP-hard 问题经过一定的转化也可以用蚁群算法来求解。

为了说明蚁群算法，特引入如下标记：

m——蚁群中的蚂蚁数量；

d_{ij}——城市 i 和城市 j 之间的距离，即

$d_{ij}=[(x_i-x_j)^2+(y_i-y_j)^2]^{(1/2)}(i, j=0, 1, 2, \cdots, n-1)$，$x$，$y$ 为城市坐标；

$b_i(t)$——时刻 t 位于城市 i 的蚂蚁数，显然应满足 $m=\sum_{i=0}^{n-1} b_i(t)$，$n$ 为城市数目；

$\tau_{ij}(t)$——时刻 t 在 ij 连线上的信息素量；

n_{ij}——边 (i, j) 的能见度，反映由城市 i 转移到城市 j 的启发程度，该值在蚂蚁系统的运行中保持不变；

$\Delta\tau_{ij}(t)$——时刻 t 边 (i, j) 上留下的单位长度轨迹的信息素量；

$p_{ij}^k(t)$——时刻 t 第 k 只蚂蚁由城市 i 转移到城市 j 的概率，j 为尚未访问的城市；

$\Delta\tau_{ij}^k(t)$——时刻 t 第 k 只蚂蚁在边 (i, j) 上留下的单位长度轨迹的信息素量；

ρ——信息素的存留率，$1-\rho$ 为信息素的蒸发率。

每只蚂蚁都是具有如下特征的简单主体：

(1) 蚂蚁以一定的概率选择下一个将要访问的城市，这个概率是两个城市之间的距离和路径上存有轨迹量的函数。

(2) 从城市到城市的运动过程中或是完成一次循环后，蚂蚁都会在边上释放一定量的信息素。

(3) 为满足问题的约束条件，在完成一次循环前，不允许蚂蚁选择已经访问过的城市。

在算法的初始时刻，将 m 只蚂蚁随机放在 n 座城市，并设此时各路径上的信息素相等，即 $\tau_{ij}(0)=c$（c 为常数）。在运动过程中，蚂蚁根据各条路径上的信息素独立地选择下一个城市。蚂蚁系统使用的转移规则称为随机比例规则，它给出了位于城市 i 的蚂蚁 k 选择转移到城市 j 的概率。在 t 时刻，蚂蚁 k 在城市 i 选择城市 j 的转移概率 $p_{ij}^k(t)$ 为

$$p_{ij}^k(t)=\begin{cases}\dfrac{\tau_{ij}^{\alpha}(t)\eta_{ij}^{\beta}(t)}{\sum\limits_{s\in \text{allowed}_k}\tau_{is}^{\alpha}(t)\eta_{is}^{\beta}(t)}, & j\in \text{allowed}_k \\ 0, & \text{otherwise}\end{cases} \tag{5-1}$$

式中，$\text{allowed}_k=\{0, 1, 2, \cdots, n-1\}-\text{tabu}_k$ 表示蚂蚁 k 下一步允许选择的城市，禁忌表

$tabu_k$ 记录了当前蚂蚁 k 已经走过的城市。当所有 n 座城市都加入到$tabu_k$ 时，蚂蚁 k 便完成了一次循环，此时蚂蚁 k 所走过的路径就是问题的一个解。之后，禁忌表被清空，该蚂蚁又可以自由地选择，从而开始下一次循环。η_{ij}是一个启发式因子，表示蚂蚁从城市 i 转移到城市 j 的期望程度。在蚂蚁算法中，η_{ij} 通常取城市 i、j 之间距离的倒数，即 $\eta_{ij}=1/d_{ij}\eta_{ij}=1$。$\alpha$ 和 β 这两个权重参数分别反映了蚂蚁在运动过程中所积累的信息和启发信息在路径选择中的相对重要性。经过 n 个时刻，在蚂蚁完成一次循环之后，各路径上的信息素量根据下式进行调整：

$$\tau_{ij}(t+1)=\rho\cdot\tau_{ij}(t)+\Delta\tau_{ij}(t,t+1) \tag{5-2}$$

$$\Delta\tau_{ij}(t,t+1)=\sum_{k=1}^{m}\Delta\tau_{ij}^{k}(t,t+1) \tag{5-3}$$

式中，$\Delta\tau_{ij}^{k}(t,t+1)$表示第 k 只蚂蚁在时刻$(t,t+1)$留在路径(i,j)上的信息素量，其值根据蚂蚁表现的优劣程度而定，路径越短释放的信息素就越多。另外，通常通过设置系数$0<\rho<1$来避免路径上信息素的无限累加。

5.2.5 蚁群算法的优点和缺点

蚂蚁算法有如下优点：

蚁群算法

(1) 与其他启发式算法相比，蚁群算法在求解性能上具有很强的鲁棒性(对于基本蚁群算法模型稍加修改，便可以应用于其他问题)和搜索较好解的能力。

(2) 蚁群算法是一种基于种群的优化算法，本身具有并行性，因此易于并行实现。

(3) 蚁群算法能够很容易地与其他启发式算法结合，以改善算法的性能。

蚁群算法有如下缺点：

(1) 蚁群算法收敛速度较慢，并且缺乏初始信息。

(2) 蚁群算法容易出现停滞现象，即搜索到一定程度后，所有个体发现的解完全一致，无法再进一步搜索解空间，这种情况不利于发现更好的解。

(3) 在实际应用中，如在图像处理中寻找最优模板，我们并不要求所有蚂蚁都找到最优模板，而只需要一只蚂蚁找到最优模板即可。如果要求所有蚂蚁都找到最优模板，反而会影响计算效率。

5.3 粒子群算法

粒子群算法起源于对简单社会系统的模拟，最初是模拟鸟类的觅食过程。以下将介绍粒子群算法的基本原理。

5.3.1 粒子群算法的基本原理

粒子群算法模拟了鸟群的捕食行为。假设这样一个场景：一群鸟在一个区域中随机搜索食物，这个区域只有一块食物并且所有的鸟都不知道食物在哪里，但是它们知道当前的位置离食物还有多远，那么找到食物的最优策略是什么呢？最简单有效的策略就是搜寻目前离食物最近的鸟的周围区域。

粒子群算法从这种模型中得到启示并用于解决优化问题。在粒子群算法中，优化问题的每一个解就是搜索空间中的一只鸟，我们将之称为一个“粒子”。所有粒子都有一个由被优化的函数决定的适应值(Fitness Value)，并且还有一个速度决定它们飞翔的方向和距离。粒子们通过追随当前的最优粒子在解空间中进行搜索。

粒子群算法首先初始化一群随机粒子(随机解)，然后通过迭代寻找最优解。在每一次迭代中，粒子通过跟踪两个“极值”来更新自己。第一个极值是该粒子本身找到的最优解，称为个体极值 p_{best}；另一个极值是整个种群目前找到的最优解，称为全局极值 g_{best}。另外，也可以只用种群中的一部分作为粒子的邻居，那么在所有邻居中的极值就称为局部极值。

5.3.2　粒子群优化方法的一般数学模型

在找到个体极值 p_{best} 和全局极值 g_{best} 后，粒子根据如下公式来更新自己的速度和位置：

$$V[\ ] = w \cdot v[\ ] + c_1 \cdot \text{rand}(\ ) \cdot (p_{\text{best}}[\ ] - \text{present}[\ ]) + c_2 \cdot \text{rand}(\ ) \cdot (g_{\text{best}}[\ ] - \text{present}[\ ]) \tag{5-4}$$

$$\text{present}[\ ] = \text{present}[\ ] + v[\ ] \tag{5-5}$$

式中，$v[\ ]$表示粒子的速度，v 是惯性权重，present[ ]表示粒子的当前位置，$p_{\text{best}}[\ ]$和 $g_{\text{best}}[\ ]$如前定义，rand( )表示介于(0，1)之间的随机数，c_1、c_2 是学习因子，通常设置 $c_1=c_2=2$。粒子群算法的流程如图 5.3 所示。

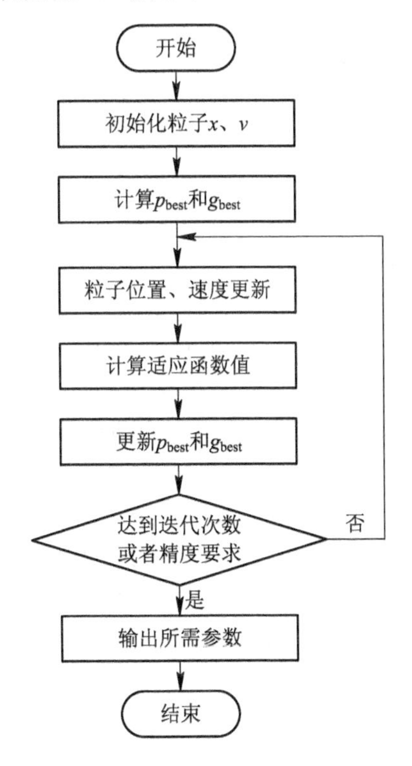

图 5.3　粒子群算法流程

5.3.3 粒子群算法的优点和缺点

粒子群算法

粒子群算法有如下优点：

(1) 粒子群算法没有交叉和变异运算，依靠粒子完成搜索，并且在迭代进化中只有最优的粒子才能把信息传递给其他粒子，因此搜索速度快。

(2) 粒子群算法具有记忆性，粒子群体的历史最好位置可以被记忆并传递给其他粒子。

(3) 粒子群算法需要调整的参数较少，结构简单，易于工程实现。

粒子群算法有如下缺点：

(1) 粒子群算法缺乏速度的动态调节，容易陷入局部最优，导致出现收敛精度低和不易收敛的情况。

(2) 粒子群算法不能有效地解决离散及组合优化问题。

(3) 粒子群算法不能有效地求解一些非直角坐标系描述的问题，如有关能量场内粒子运动规律的求解问题(这些求解空间的边界大部分是基于极坐标系、球坐标系或柱坐标系等的)。

(4) 对于不同的问题，粒子群算法较难选择合适的参数来达到最优效果。

5.4 蚁群算法和粒子群算法的对比

蚁群算法和粒子群算法都是近年来研究越来越多的智能算法，并且都是受到自然界某种生物种群的生活习性的启发而建立起来的，这两类算法已经渗透到多类函数优化领域并发挥着日益重要的作用。蚁群算法和粒子群算法之所以能够成为继遗传算法、禁忌搜索算法、模拟退火算法之后的流行算法，主要是这两种算法的机制都是利用了生物种群的群集智能，一般具有如下特点：

(1) 系统中的每个个体是独立行动的，这样的并行计算结构大大加强了计算能力。

(2) 系统初始不受中心数据的控制，不会出现由于某个或者几个个体出现故障而影响整体的情况。

(3) 系统中每个个体的能力十分简单，使得每个个体计算的时间都比较短，并且实现也比较简单。

蚁群算法和粒子群算法在各方面拥有各自不同的优势和劣势，并在研究领域出现了交叉，大有一争高下之势：

(1) 蚁群算法求解过程的复杂度较高，整个算法迭代一次的时间较长，但是精度较高，现在已有的各种改进算法已经大大减少了得出最优解的迭代次数；粒子群算法的概念和结构比较简单，计算机执行一次迭代的时间非常短，但由于其可调参数少，因此与蚁群算法相比，往往需要更多的迭代次数才能找到最优解。

(2) 蚁群算法由于其结构具有一定的复杂性，因此改进的空间更广泛一些，与其他算法联合求解的成功案例也更多一些；粒子群算法经过国外学者多年的研究，算法自身已经得到了较为充分的完善和发展，较好地解决了求解过程的粗放性，但却极少见到与其他优化算法结合的实例。未来可以期待这两种算法能够与其他智能算法、神经网络、模糊系统以及其他优化算法进一步结合。

(3) 蚁群算法和粒子群算法还有一个共同的缺陷，就是算法中的可调参数多由经验获取，缺失通用的指导原则。蚁群算法中的权重参数 α、β 以及信息素的存留率 ρ 等，还有粒子群算法中的学习因子 c_1、c_2 以及惯性权重 v 等，都是根据各自的经验选择数据，而且这些参数对于不同的问题模型是敏感的。对可调参数的研究如果能够跳出经验选择将是一个很大的进步。

5.5 改进的蚁群算法

蚁群算法在模式识别领域取得了初步的研究成果，但是蚁群算法存在收敛速度慢和初始信息匮乏等问题，故需要进一步对该算法进行改进和优化，以下介绍几种改进算法。

5.5.1 带精英策略的蚂蚁系统

带精英策略的蚂蚁系统的基本思想是：在每次循环结束后，增强所有已经发现的最优解的信息素，其目的是使这些最优解在下一次循环中对蚂蚁更具有吸引力。当信息素水平被更新后，这条路径可以看作被一定数量的所谓精英蚂蚁走过，这条路径上的某些边可能就是最优解的一部分。这一策略的目的是在持续迭代中对搜索进行指导。该算法更新信息素的方法如下：

$$\tau_{ij}(t+1) = \rho\tau_{ij}(t) + \Delta\tau_{ij} + \Delta\tau'_{ij}, \ \Delta\tau' = \begin{cases} \sigma \cdot \dfrac{Q}{L'} \\ 0 \end{cases} \tag{5-6}$$

式中，$\Delta\tau'_{ij}$ 表示精英蚂蚁引起的路径 (i, j) 上信息素的增量；σ 是精英蚂蚁的个数；L' 为所找出的最优解的路径长度；Q 为一个正常数。

在带精英策略的蚂蚁系统 AS_{elite} 中，将精英蚂蚁走过的路径对应的行程记为 Tgb，这样的解被称为全局最优解(Global-Best Solution)，将找出这些解的蚂蚁称为精英蚂蚁(Elitist Ants)。当信息素更新时，对这些行程予以加权，从而增大了较优行程的选择机会，这样使得算法能够以更快的速度获得更好的解。

使用精英策略可以使蚂蚁系统找出更优的解，并且在运行的更早阶段就能找出这些解。但是，如果所使用的精英蚂蚁过多，搜索会很快地集中在极优值附近，从而导致搜索出现早熟收敛。所谓早熟收敛是指所有蚂蚁都沿着同一路径移动，充分地建立了相同的解决方案，导致无法找出更好的解。因此，算法中需要恰当地选择精英蚂蚁的数量。

5.5.2 基于优化排序的蚂蚁系统

和蚂蚁系统一样，带精英策略的蚂蚁系统存在一个缺点：若进化过程中解的总质量提高了，减小了解元素之间的差异，这将导致选择概率的差异也随之减小，使得搜索过程不会集中到目前所找出的最优解附近，从而会阻止对更优解的进一步搜索。当路径长度变得非常接近，特别是当很多蚂蚁都沿着局部极优路径行进时，算法对路径的增强作用就会被削弱。

在遗传算法中，为了解决维持选择压力(Selection Pressure)的问题，一个可行的方法是排序。首先根据适应度对种群进行分类，然后被选择的概率取决于个体的排序，适应度越高表明该个体越优，则该个体在种群中的排名越靠前，被选择的概率就越高。

遗传算法中的排序概念可以扩展到蚂蚁系统中，得到称之为基于优化排序的蚂蚁系统。具体实施方法如下：在每只蚂蚁都找到一条路径之后，将蚂蚁按路径长度进行排序($L_1 \leqslant L_2 \leqslant \cdots \leqslant L_m$)，蚂蚁对信息素更新的贡献根据该蚂蚁的排名 μ 进行加权。同时，系统只考虑 σ 只最好的蚂蚁，但此时要有效避免发生某些局部极优路径被很多蚂蚁过分重视的情况。排列中前 $\sigma-1$ 只蚂蚁中的任意一只蚂蚁经过的边都将获得一定量的信息素，其数量正比于该蚂蚁的排名。此外，到目前为止找出最优路径的蚂蚁所经过的边也将获得额外的信息素(相当于带精英策略的蚂蚁系统中精英蚂蚁的信息素更新)。在这样一个混合了精英策略和排序策略的算法中，路径上的信息素按照如下方法更新：

$$\tau_{ij}(t+1) = \rho\tau_{ij}(t) + \Delta\tau_{ij} + \Delta\tau'_{ij} \tag{5-7}$$

式中，$\Delta\tau_{ij} = \sum_{\mu=1}^{\sigma-1}\Delta\tau_{ij}^{\mu}$ 表示 $\sigma-1$ 只蚂蚁在城市 i、j 之间根据排名对信息素的更新量；

$$\Delta\tau_{ij}^{\mu} = \begin{cases} (\sigma-\mu)\dfrac{Q}{L^{\mu}} & \text{如果第 } \mu \text{ 只最好的蚂蚁经过}(i, j) \\ 0 & \text{否则} \end{cases} \tag{5-8}$$

$$\Delta\tau'_{ij} = \begin{cases} \sigma\dfrac{Q}{L'} & \text{如果边}(i, j)\text{是找出的最优解的一部分} \\ 0 & \text{否则} \end{cases} \tag{5-9}$$

其中，μ 表示最好蚂蚁排列的顺序号；$\Delta\tau_{ij}^{\mu}$ 表示第 μ 只最好蚂蚁引起的路径(i, j)上的信息素增量；L^{μ} 表示第 μ 只最好蚂蚁经过的路径长度；$\Delta\tau'_{ij}$ 表示由精英蚂蚁引起的路径(i, j)上的信息素增量；σ 为精英蚂蚁的数量；L' 表示最优解的路径长度。

5.5.3 最大最小蚂蚁系统

最大最小蚂蚁系统(MMAS)直接来源于蚂蚁系统(AS)，但是又作了如下改进：

(1) 每次循环结束后只更新最优解对应路径上的信息素。

(2) 为了避免搜索时出现停滞现象，各路径上的信息素量被限制在范围[$\tau_{\min}$，$\tau_{\max}$]内。

(3) 各路径上的信息素量在初始时刻取最大值。所有蚂蚁完成一次循环后，对路径上的信息素量作全局更新：

$$\tau_{ij}(t+1) = (1-\rho) * \tau_{ij}(t) + \Delta\tau_{ij}^{\text{best}}(t),\ \rho \in (0, 1) \tag{5-10}$$

式中，$\Delta\tau_{ij}^{\text{best}} = \dfrac{1}{L^{\text{best}}}$，允许更新的路径可以是全局最优解，或是本次循环的最优解。

实践证明，逐步增加全局最优解的使用频率会使该算法获得较好的性能。与经典蚂蚁系统的算法相比，该算法加强了对最优解的利用。该算法只允许更新最优解(全局最优或者本次循环最优)对应路径上的信息素，同时通过限制信息素量的范围，使路径上的信息素量不会小于某一最小值，从而避免了所有蚂蚁选择同一条路径的可能性，即避免了搜索中的停滞现象。

5.6 粒子群算法的优化

虽然粒子群算法的概念和结构较为简单，但也存在着收敛速度低、容易陷入局部最优等问题。因此，研究者对于传统粒子群算法进行了进一步的改进和优化。

5.6.1　基于个体位置变异的粒子群算法

针对粒子群算法存在容易陷入局部最优的缺点，研究者提出了基于变异策略的粒子群算法(Mutation Particle Swarm Optimization，MPSO)。该算法将变异操作引入到粒子群算法中，在粒子向历史最优粒子靠拢的过程中出现严重聚集时，将粒子中符合变异条件的粒子进行变异，从而增加种群的多样性，增强粒子的全局寻优能力。该算法采用的变异操作如下：

$$s_i^{k+1}=s_i^k+c\times \text{rand} \tag{5-11}$$

$$c=\min(b_1-a_1,\ b_2-a_2,\ \cdots,\ b_n-a_n) \tag{5-12}$$

式中，s_i^k 代表第 i 个粒子在第 k 次迭代时的位置；rand 代表随机函数；c 代表变异因子，取值范围为所有粒子中最小的定义域；s_i^{k+1} 代表第 i 个粒子在第 $k+1$ 次迭代时的位置；b_i-a_i 代表第 i 个粒子的定义域。

粒子是否符合变异条件取决于变异率 P_m。变异操作的思想为：迭代初期主要发挥粒子群算法本身的特点，采用较小的变异率；随着迭代次数的增多，算法的多样性变差，此时采用较大的变异率，通过增加种群变异率的方法避免算法陷入局部最优。变异率计算公式为

$$P_m=P_{m,\min}+(P_{m,\max}-P_{m,\min})\times k\div N \tag{5-13}$$

其中，$P_{m,\min}$ 代表最小变异率；$P_{m,\max}$ 代表最大变异率；k 代表当前迭代次数；N 代表最大迭代次数。

从式(5-13)可以看出，随着迭代次数的增加，该公式中的变异率将随之逐渐增加。这样虽然可以提高粒子群算法的全局寻优能力，但在实际应用中可能导致发生解不收敛的情况。因此，应该在迭代初期采用较大的变异率，通过增加种群的多样性提高全局寻优能力。而随着迭代次数的增加，应该逐渐减小变异率以提高收敛的精度。同时，以上公式中的变异率随着迭代次数的增多呈线性增加趋势，但 PSO 搜索过程有非线性且复杂度高的特点，变异率线性变化的方法不能反映实际的优化要求。

因此，根据上述分析把式(5-13)改为

$$P_m=(P_{m,\max}-P_{m,\min})\times\left(\frac{k}{n}\right)^2+(P_{m,\min}-P_{m,\max})\times\left(\frac{2k}{n}\right)+P_{m,\max} \tag{5-14}$$

根据公式(5-13)和公式(5-14)得到的变异率优化曲线如图 5.4 所示，A 和 B 分别表示由式(5-13)和式(5-14)得到的变异率优化曲线。从曲线 B 可知，算法初期为了保持算法的多样性，设置了较大的变异率，此时粒子选择变异方式的概率较大，从而避免了粒子过早陷入局部最优解；后期随着迭代次数的增加，变异率逐渐减小，粒子选择 PSO 更新的概率逐渐加大；当变异率降为 0 时，粒子不再变异，只会选择粒子群算法，从而加快了算法的收敛速度，使更多的粒子向后期的全局最优值移动，这有利于提高算法的收

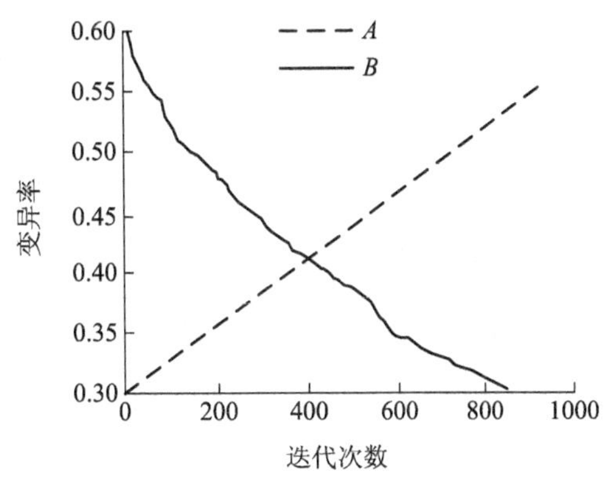

图 5.4　变异率优化曲线

敛精度。由此可见，改进后的算法既可以保证在前期扩大粒子的搜索范围，又可以保证在后期粒子能逐渐收敛，不再变异，提高了算法收敛的精度。

基于个体位置变异的粒子群算法的计算步骤如下：

(1) 初始化粒子群中各个粒子的位置和速度。

(2) 对各个粒子的变异率进行初始化。

(3) 计算各个粒子的适应度，并更新个体最优值和种群最优值。

(4) 按照公式(5-14)对粒子的变异率进行更新。

(5) 如果粒子的变异率大于0～1之间的随机数rand，则用式(5-11)对粒子的位置进行更新，同时保持粒子的速度不变；否则使用基本粒子群算法公式分别更新粒子的速度和位置。

(6) 判断是否满足终止条件，终止条件一般为满足最大迭代次数或者各粒子的所有位置的距离均小于某一个阈值；如果不满足终止条件则返回步骤(3)，否则迭代终止。

基于个体位置变异的粒子群算法流程见图5.5。

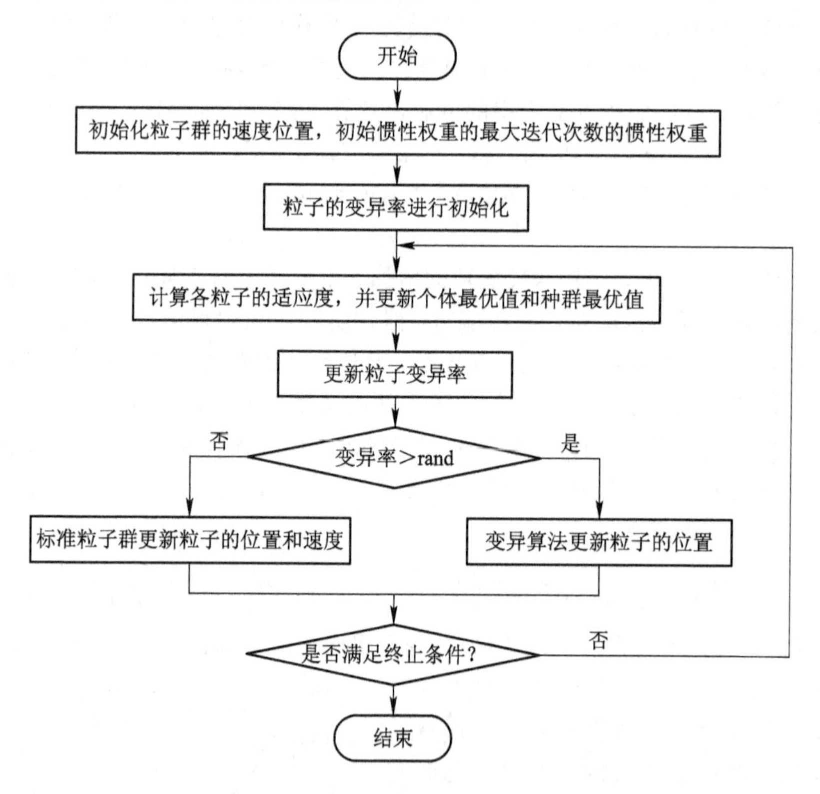

图5.5 基于个体位置变异的粒子群算法流程

5.6.2 基于动态邻域的多目标粒子群优化算法

多目标粒子群优化算法(Multi-Objective Particle Swarm Optimization)是基于对鸟类捕食行为的研究提出的一种群智能优化算法。该算法具有算法简单、搜索速度快、适合实用处理的特点，因此很多学者将其应用到解决多目标优化的问题上。

多目标优化问题也称为多标准优化问题，通常，一个具有 n 维决策变量和 m 维子目标

的多目标优化问题可以表述为

$$\min y = F(x) = (f_1(x),\ f_2(x),\ f_3(x),\ \cdots,\ f_m(x)) \tag{5-15}$$

$$\text{s.t.}\begin{cases} g_i(x) \leqslant 0,\ i = 1,\ 2,\ 3,\ \cdots,\ q \\ h_j(x) = 0,\ j = 1,\ 2,\ 3,\ \cdots,\ p \\ x \in [x_{\min},\ x_{\max}] \end{cases} \tag{5-16}$$

式中，x 表示 n 维决策空间；$\boldsymbol{y}$ 表示 m 维目标空间；$\boldsymbol{y}=(y_1,\ y_2,\ \cdots,\ y_m)$表示 m 维的目标矢量；目标函数 $F(x)$定义了 m 个决策空间到目标空间的映射函数；$g_i(x)\leqslant 0\ (i=1,\ 2,\ 3,\ \cdots,\ q)$和 $h_j(x)=0\ (j=1,\ 2,\ 3,\ \cdots,\ p)$分别定义了多目标优化问题的 q 个不等式约束条件和 p 个等式约束条件；$x_{\min}$和 $x_{\max}$分别表示向量搜索的上、下限。由于最大化问题可以很容易地转化为最小化问题，所以这里所有的问题都假设是求最小化问题。

在粒子群算法中，搜索空间中的每一个粒子代表解空间的一个解。在每次迭代过程中，粒子通过跟踪个体最优位置和全局最优位置来动态更新其速度和位置，具体更新公式为

$$\boldsymbol{v}_{ij}^{t+1} = w\boldsymbol{v}_{ij}^{t} + c_1 \times r_1 \times (p_{ij}^{t} + x_{ij}^{t}) + c_2 \times r_2 \times (g_{ij}^{t} - x_{ij}^{t}) \tag{5-17}$$

$$x_{ij}^{t+1} = x_{ij}^{t} + \boldsymbol{v}_{ij}^{t+1} \tag{5-18}$$

式中，$\boldsymbol{v}_{ij}^{t}$表示粒子 i 在第 t 次迭代时第 j 维的速度矢量，且 $\boldsymbol{v}_{ij}^{t} \in (x_{ij\min},\ x_{ij\max})$；$x_{ij}^{t}$表示粒子 i 在第 t 次迭代时第 j 维的位置矢量，且 $x_{ij}^{t} \in (x_{ij\min},\ x_{ij\max})$；$p_{ij}^{t}$表示粒子 i 在第 t 次迭代时第 j 维的个体最优位置；g_{ij}^{t}表示粒子 i 在第 t 次迭代时第 j 维的全局最优位置；w 表示惯性权重；c_1、c_2 表示粒子对个体和全局的学习因子；r_1、r_2 表示均匀分布在[0，1]之间的随机数；$i=1,\ 2,\ \cdots,\ N$，N 表示粒子种群数；$j=1,\ 2,\ \cdots,\ D$，D 表示粒子维度。

式(5-17)中的速度迭代公式可以分成三部分：第一部分为粒子惯性部分，表示粒子维持本身运动状态的能力；第二部分为粒子的自我认知部分，考虑到粒子的历史最优位置对当前位置的影响；第三部分为粒子社会部分，考虑到群体粒子的最优位置对当前位置的影响。目前，MOPSO 常用外部存档机制存放每一步寻找到的非劣解，构成精英解集。在精英解集中，根据最优解是否有决策偏好来随机选取一个解作为最优解，或者根据决策偏好设定一种决策机制来选取。

由式(5-17)和式(5-18)可知，第一部分惯性权重的大小直接影响粒子的飞行速度和方向，进而影响算法的收敛性。w 的取值范围为[0，1.4]，但实验结果表明，当 w 取值在[0.8，1.2]时算法收敛速度更快，而当 $w>1.2$ 时，算法将较多地陷入局部极值。这表明，较大的 w 具有较好的全局收敛能力，而较小的 w 则具有较强的局部收敛能力。因此，随着迭代次数的增加，惯性权重应不断地减小，从而使得算法在初期具有较强的全局收敛能力，而后期具有较强的局部收敛能力。假设选取线性递减的惯性权重 w，w 的变化满足

$$w_t = (w_{\text{ini}} - w_{\text{end}}) \times \frac{T_{\max} - t}{T_{\max}} + w_{\text{end}} \tag{5-19}$$

式中，w_{ini}表示初始惯性权重，取为 0.9；w_{end}表示终止惯性权重，取为 0.4；t 表示当前迭代次数；$T_{\max}$表示最大迭代次数。

进化策略产生新个体的主要方法是变异。假设群体中的某一个个体 X 经过变异得到了一个新个体 X'，则新个体的组成元素是

$$\sigma_i := \sigma_i \exp[\tau N(0, 1) + \tau' N_i(0, 1)] \quad i = 1, 2, \cdots, n \tag{5-20}$$

$$x_i := x_i + N(0, \sigma_i) \quad i = 1, 2, \cdots, n \tag{5-21}$$

式中，$N(0, 1)$表示均值为0、方差为1的正态分布随机变量；τ、τ'为算子集参数；n为粒子种群数目。

如果某个粒子在迭代了很长时间后依然没有进入到精英解集，那么，这个粒子很可能陷入了局部极值点，然而这个极值点却不是非劣解，这时需要对其采用变异策略引导该粒子跳出局部极值点，使之进入更广阔的空间中进行搜索。所谓动态邻域的变异策略，即根据变异策略随机产生新的邻域范围，让没有进入精英解集的粒子在新的邻域内进行搜索，而新的邻域是随精英解集动态调整的。我们可以认为，在已经找到的粒子中，精英解集的粒子比非精英解集的粒子更靠近帕累托(Pareto)最优前沿。因此，为了提高解的收敛速度和增强解的收敛性，可以根据精英解集的粒子计算每个自变量的均值和标准差，以此为基础来调整新邻域的取值范围。其具体办法是在粒子迭代次数进行一半后，对未进入过精英解集的粒子用前面提到的变异策略进行变异，使这些粒子进入新的邻域搜索。

设第i个粒子的第j维变量的取值范围是$[x_{ij\min}, x_{ij\max}]$，第t次迭代时精英解集中所有粒子的第j维变量的均值是$x_{ij}(t)$，标准差是$\sigma_{ij}(t)$，则调整后产生的新粒子的第j维变量的取值范围是$[x_{ij\min}(t), x_{ij\max}(t)]$，即利用精英解集引导未进入精英解集的粒子在新的邻域内搜索。该策略可以加快粒子的收敛速度，使粒子更快地靠近Pareto最优前沿，提高粒子群的收敛性。

应用上述改进策略后的算法的一般步骤如下：

(1) $t=0$，初始化算法参数、个体最优位置p_{best}和初始速度，产生初始种群规模。

(2) 生成初始精英解集。如果解集规模超过设定，则利用文献[10]提出的拥挤度策略删除DISTK值小的粒子，选择DISTK值大的粒子作为初始全局最优位置g_{best}。

(3) 根据式(5-17)和式(5-18)更新种群中粒子的速度和位置。

(4) 在粒子迭代次数进行到一半时，使用前述的变异算子对未进入过精英解集的粒子进行变异。判断第i个粒子是否进入过精英解集的标准是检查第i个粒子的个体最优位置是否有被精英解集中的解支配，如果有则认为该粒子进入过精英解集，不需要对其进行变异；如果没有则需要对其进行变异。

(5) 根据更新公式更新个体最优位置P_{best}和精英解集。如解集的规模超过设定，根据拥挤度策略删除多余非支配解。

(6) 每次迭代时按照拥挤度策略选择DISTK值最大的粒子的位置作为全局最优位置g_{best}。

(7) 重复步骤(3)～(6)，直到符合结束条件，输出精英解集和最后的g_{best}。

5.6.3 基于异维变异的差分混合粒子群算法

差分进化(Differential Evolution, DE)算法是由Price首先提出的一种基于种群并行随机搜索的新型进化算法。该算法从原始种群开始，通过变异、杂交、选择等遗传操作来衍生新的种群，然后通过逐步迭代不断进化，从而实现全局最优解的搜索。经过一系列学者的研究和优化，差分进化算法已经逐步完善，在函数优化和工程领域取得了较好的应用。

差分进化算法的基本思想是运用当前种群个体的差来重组得到中间种群，并将其与该群体中的第三个个体向量相加得到一个变异个体向量，然后运用直接的父子混合个体适应值通过竞争获得新一代种群。

经典差分进化算法的计算步骤如下：

(1) 初始化：种群中的每个个体向量 $\boldsymbol{x}$ 可由式(5-22)生成。

$$\boldsymbol{x}_{ij} = \boldsymbol{x}_j^{\min} + \text{rand}(0,\ 1) \times (\boldsymbol{x}_j^{\max} - \boldsymbol{x}_j^{\min}) \tag{5-22}$$

式中，$\boldsymbol{x}_i=(\boldsymbol{x}_{i1},\ \boldsymbol{x}_{i2},\ \cdots,\ \boldsymbol{x}_{id})(i=1,\ 2,\ \cdots,\ NP)$，$d=1,\ 2,\ \cdots,\ D$，$D$ 表示问题的维数，NP 表示种群的规模；$\boldsymbol{x}_j^{\max}$ 和 $\boldsymbol{x}_j^{\min}$ 分别表示个体向量第 j 维分量的上界和下界；rand(0, 1)表示[0, 1]之间的均匀分布随机数。

(2) 变异：针对当前代中的每一个个体 $\boldsymbol{x}_i$，从种群中随机选择三个个体向量 $\boldsymbol{x}_a$，$\boldsymbol{x}_b$，$\boldsymbol{x}_c$，其中 $a,\ b,\ c\in[1,\ 2,\ \cdots,\ NP]$，$a\neq b\neq c\neq i$，按照式(5-23)进行差分变异生成变异个体 $\boldsymbol{x}_{ij}$。

$$\boldsymbol{x}_{ij} = \boldsymbol{x}_{aj} + F \cdot (\boldsymbol{x}_{bj} - \boldsymbol{x}_{cj}) \tag{5-23}$$

式中，$i=1,\ 2,\ \cdots,\ NP$；$j=1,\ 2,\ \cdots,\ D$；$F\in[0,\ 2]$表示差分变异的缩放因子，用于控制差分向量$(\boldsymbol{x}_b-\boldsymbol{x}_c)$的缩放程度。

(3) 杂交：对变异个体和目标个体的各维分量采用随机重组的方式产生交叉个体 $\boldsymbol{U}_{ij}$，其目的在于提高种群的多样性。

$$\boldsymbol{U}_{ij} = \begin{cases} \boldsymbol{v}_{ij}, & \text{if rand}(0,\ 1) \leqslant C_r \text{ or } j == j_{\text{rand}} \\ \boldsymbol{x}_{ij}, & \text{others} \end{cases} \tag{5-24}$$

式中，j_{rand}为$[1,\ 2,\ \cdots,\ NP]$之间的随机数，用于确保交叉个体至少有一维分量与目标个体不同；C_r 为交叉概率，取值为[0, 1]。通常随着 C_r 的增大，算法的收敛速度会加快，但经验表明，在 C_r 超过一定的取值后，算法的收敛速度反而会下降。因此，通常限定 C_r 的取值范围为[0.8, 1]。

(4) 选择：令

$$\boldsymbol{x}_i(t+1) = \begin{cases} \boldsymbol{U}_i(t), & \text{if } J(\boldsymbol{U}_i(t)) > J(\boldsymbol{x}_i(t)) \\ \boldsymbol{x}_i(t), & \text{others} \end{cases} \tag{5-25}$$

式中，$J(\boldsymbol{x})$是个体 $\boldsymbol{x}$ 的适应度函数。

(5) 终止检验：令步骤(2)所产生的新种群为

$$\boldsymbol{x}(t+1) = (\boldsymbol{x}_1(t+1),\ \boldsymbol{x}_2(t+1),\ \cdots,\ \boldsymbol{x}_N(t+1)) \tag{5-26}$$

并记 $\boldsymbol{x}(t+1)$中的最优个体为 $\boldsymbol{x}_{\text{best}}(t+1)$。如果满足精度要求或者达到进化时限，则结束算法并输出 $\boldsymbol{x}_{\text{best}}(t+1)$作为近似解，否则置 $t=(t+1)$，并转步骤(2)。

在 PSO 和 DE 混合算法的基础上，研究者提出了一种基于异维变异的差分混合粒子群算法 UDEPSO(Updated Differential Evolution Particle Swarm Optimization)。该算法在初始化粒子时采用熵来筛选达到均匀分布的粒子群体，从而提高群体的多样性；然后根据粒子分布的特点，在差分粒子群混合算法中结合异维变异策略并引入维度因子，以确保即便部分粒子陷入局部极值，算法也能及时跳出循环，从而提高算法后期的精度和效率。

无论是粒子群算法还是差分算法，粒子的初始化都是随机分布在整个区域中，随机性太强将导致难以控制种群的多样性，但如果初始群体集中分布在局部区域，则群体的多样性又会较差，算法的搜索时间较长且难以找到最优值。如果可以在初始化时就控制好粒子的群体分布，让其尽可能均匀地分布在解空间中，那么将能够在一定程度上辅助后续的优化过程。

假设种群中已有 $n-1$ 个粒子满足要求，则第 n 个粒子在第 i 维的熵 s_i 为

$$s_i = \sum_{j=1}^{n-1}(-\ln G_{jn}^i) \tag{5-27}$$

$$G_{mn}^i = 1 - \frac{|x_m^i - x_n^i|}{|C_{\max}^i - C_{\min}^i|} \tag{5-28}$$

式中，$C_{\max}^i$ 和 $C_{\min}^i$ 分别表示个体第 i 个分量的上界和下界；n 为群体中已经包含的粒子数目，并且 $n \leqslant N$，N 为群体的规模；G_{mn}^i 表示第 m 个粒子的第 i 个分量等于第 n 个粒子的第 i 个分量的概率；$\boldsymbol{x}_m^i$ 表示粒子 m 第 i 维的取值，$\boldsymbol{x}_n^i$ 表示粒子 n 第 i 维的取值。因此，两个粒子的第 i 维取值越近，G_{mn}^i 越大；当第 i 维取值非常接近，即 $G_{mn}^i \to 1$ 时，$\ln G_{mn}^i \to 0$，$\lim\limits_{G_{mn}^i \to 1}(-\ln G_{mn}^i)=0$；反之，当 $G_{mn}^i \to 0$ 时，$G_{mn}^i \to \infty$，$\lim\limits_{G_{mn}^i \to 0}(-\ln G_{mn}^i)=\infty$。该算法初始化粒子的流程如图 5.6 所示。

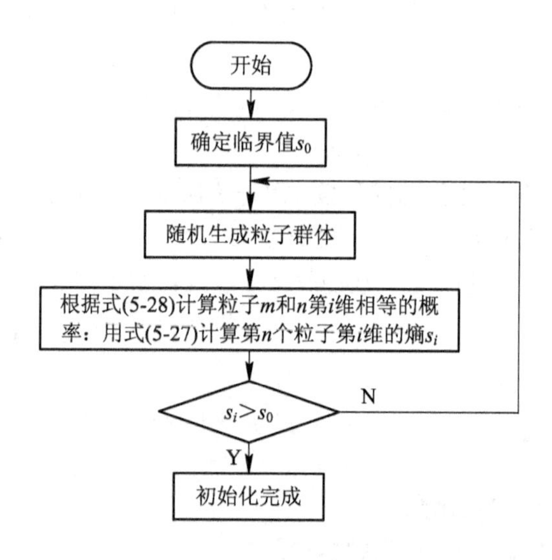

图 5.6　粒子初始化流程

异维变异学习(Different Dimensional Variation Learning，DDVL)在一个 D 维搜索空间中随机选择第 j 维和第 m 维(j，$m \in \{1, 2, \cdots, D\}$，且 $m \neq j$)，然后从种群中随机选择 3 个个体向量 $\boldsymbol{x}_a$，$\boldsymbol{x}_b$，$\boldsymbol{x}_c$(a，b，$c \in [1, 2, \cdots, NP]$，$a \neq b \neq c$)进行变异操作以生成变异个体 $\boldsymbol{x}_i$，则异维变异学习公式为

$$\boldsymbol{x}_{ij} = \boldsymbol{x}_{am} + \varphi \cdot (\boldsymbol{x}_{bj} - \boldsymbol{x}_{cj}) \tag{5-29}$$

其中，φ 为差分变异的缩放因子。

异维变异学习的本质是通过 DE 算法引入一种新的信息交流机制，从而达到模拟粒子群算法中粒子认知学习和社会学习的效果，增强粒子对错误信息的判断能力，降低陷入局部极值的概率。

相较于传统的DE算法，式(5-29)所采用的搜索策略是面向随机邻域下的同一维之间的学习。对于某一维而言，父代位置的分布范围将直接影响子代的分布范围，当迭代到一定的次数后，父代的分布范围逐渐缩小并集中到某一个区域，这会使产生的子代集中在一个很小的范围内，由于粒子具备“跳跃”能力，子代将在原始位置附近缓慢搜索，粒子在短时间内(有限的迭代次数或者固定的精度)难以逃脱此区域，这就是原始算法中粒子在算法后期会陷入局部极值的原因。

若存在一种机制既可以促进粒子在不同范围内进行跳跃，又可以维持粒子处于既有的社会群体之间，即使得粒子在既定的D维之间具备跨越性的搜索能力，就可以使粒子不再局限于父代的直接邻域以及自身位置附近的邻域进行学习，而是当前维可以在除自身位置附近外更广阔的区域进行学习。这样，既可以充分发挥粒子本身的认知学习能力，又充分利用了当前所处位置的社会学习环境，有效地解决了子代受父代位置约束的问题，增强了算法的全局搜索能力，有利于算法避开局部最优。同时，变异操作会产生双模式下的新位置，能够显著地提高种群的多样性，避免算法后期在邻近区域进行单一搜索，使算法更快地摆脱局部极值的困境。

本章小结

本章介绍了群体智能算法家族的两个重要成员：蚁群算法和粒子群算法。这类算法通过模拟自然界生物群体的行为来构造随机优化算法，区别在于，蚁群算法模拟的是蚂蚁觅食行为，而粒子群算法模仿的是鸟类行为。

虽然上述算法的研究刚刚起步，但是初步研究已经显示出这类算法在求解特定优化问题方面的优越性(如使用蚁群算法解决离散优化问题)，证明它们是一种很有发展前景的方法。

但是必须指出，蚁群算法和粒子群算法都是一种概率型的全局优化算法，从数学上证明它们的正确性和可靠性仍然比较困难，这方面所做的工作也比较少。

作为一种全局搜索算法，蚁群算法能够有效地避免局部极优，但对大空间的多点全局搜索不可避免地增加了搜索所需要的时间。粒子群算法搜索速度较快却容易陷入局部最优。若能结合两者优点，利用蚁群算法的全局性避开局部最优，同时利用粒子群算法加快搜索求解过程，对于相关问题的求解将变得更加高效。

习　题

1. 请分析蚁群算法具有哪些优良的性质。
2. 请尝试使用人工神经网络解决TSP。
3. 请阐述使用粒子群算法解决图像分割问题的具体步骤。
4. 请阐述进化算法的内容。
5. 请分析粒子群算法为什么会出现局部最优的现象。

习题答案

第六章 时序模型

在模式识别领域中，许多模式不是静态不变的，我们身边的环境和客体都会随着时间而发生变化。因此，本章将引入时序模型对模式发展的过程、方向和趋势进行分析。

本章对时序分析进行概述、综述，然后引入隐马尔可夫模型，阐述该模型处理时间序列问题的方法，最后介绍当前较为流行的循环神经网络处理时间序列问题的方法。

6.1 时序分析概述

6.1.1 时间序列数据的相关概念

(1) 时间序列：被观察到的依时间为序排列的数据序列。

(2) 时间序列的特点：

① 前后时刻的数据一般具有某种程度的相关性。

② 形式上由现象所属的时间和现象在不同时间上的观察值两部分组成。

③ 序列的时间可以是年份、季度、月份或其他任何时间形式。

(3) 时间序列的主要成分：趋势性(Trend)、季节性(Seasonality)、周期性(Cyclity)、随机性(Random)。

(4) 时间序列的分类：

① 平稳序列(Stationary Series)，即基本上不存在趋势的序列，各观察值在某个固定的水平上波动，或虽有波动但不存在某种规律，其波动可看成随机的。

② 非平稳序列(Non-Stationary Series)，一般是包括趋势的序列，或是包括趋势性、季节性、周期性的复合型序列。

(5) 时间序列分析的内涵：依据不同应用的背景，时序分析有不同目的。

① 系统描述，揭示支配时间序列的随机规律。

② 系统预测，通过随机规律理解所要分析的动态系统，预报未来的事件。

③ 干预和决策，通过干预来控制未来事件。

(6) 时间序列分析的内容：

① 通过分析样本找出动态过程的特性。

② 找到最佳的数学模型。

③ 估计模型参数。

④ 利用数学模型进行统计预测。

(7) 时间序列数据的特征：具备时间属性和数据属性。时间属性是指时间隐含内在的周期性特征，例如季节的更迭。时间属性还具有确定性和不确定性的特征。数据属性按照统计尺度可以分为定性和定量特征；按照参照标准可分为空间和非空间特征；按变量个数可分为单变量和多变量特征。

6.1.2　时间序列数据预测的研究综述

时间序列数据预测主要包括确定型时间序列预测和随机型时间序列预测，以下介绍这两种预测方法的研究进展。

1. 确定型时间序列预测

确定型时间序列预测方法已经相对成熟，其基本步骤为：① 确定时间序列的成分；② 选择预测方法；③ 预测方法的评估。针对不同的成分，确定型时间序列预测会选择不同的方法。

1）平滑预测法

当序列中既不存在趋势成分，也不存在季节成分时，可以使用平滑预测法。平滑法主要包括简单平均法、移动平均法和指数平滑法。

假设 Y_t 表示第 t 期的实际观察值，F_t 表示第 t 期的预测值，$\alpha(0 < \alpha < 1)$ 为平滑系数。对于平滑系数 α，在序列变动较小时通常选择小 α，而在序列变动较大时通常选择大 α。平滑法一般选择最小预测误差的 α 值。

（1）简单平均法。简单平均法是用已有的观察值的平均值作为下一时刻的预测值：

$$F_{t+1} = \frac{Y_1 + Y_2 + \cdots + Y_t}{t} = \frac{1}{t}\sum_{i=1}^{t} Y_i \tag{6-1}$$

简单平均法适合预测较为平稳的时间序列。该方法将远期和近期的数值看作同等重要，但从预测角度看，近期数值比远期数值具有更大的作用。简单平均法在序列中存在趋势或季节变动时，预测结果不准确。

（2）移动平均法。移动平均法是对简单平均法的一种改进，该方法通过对时间序列逐期递移求取平均值作为预测值。移动平均法包括简单移动平均法和加权移动平均法。

① 简单移动平均法是使用最近的 k 期数据的平均值作为下一期的预测值：

$$F_{t+1} = \bar{Y}_t = \frac{Y_{t-k+1} + Y_{t-k+2} + \cdots + Y_{t-1} + Y_t}{k} \tag{6-2}$$

简单移动平均法对每个观察值都给予相同的权重，每次计算时间隔都为 k，主要适合预测较为平稳的序列。但要注意选择不同的步长，该预测的准确性不同。

② 加权移动平均法对近期和远期的观察值赋予不同的权重。当序列波动较大时，对近期观察值赋予较大的权重，较远时期的观察值赋予较小的权重；当序列波动较小时，各期观察值的权重相近。权重均为 1 即为简单移动平均法。该方法的移动间隔和权重的选择一般需要通过均方误差预测精度来调整。

（3）指数平滑法。指数平滑法是加权移动平均法的一种特殊形式，观察值的权重随时间呈指数下降。该方法主要有一次指数平滑、二次指数平滑、三次指数平滑等，可以表示为

$$F_{t+1} = \alpha Y_t + (1-\alpha)F_t \tag{6-3}$$

2）趋势预测法

趋势是指序列具有持续向上或持续向下的状态或规律。当序列中存在趋势成分而不存

在季节成分时，可以选择趋势预测法。趋势预测法可分为线性模型法和非线性模型法两种。

(1) 线性模型法。该方法的模型表示为

$$Y_t = a + bt$$

其中，a 为趋势线在 Y 轴上的截距，b 为趋势线的斜率。

(2) 非线性模型法。该方法的模型包括：

二次曲线：

$$Y_t = a + bt + ct^2$$

指数曲线：

$$Y_t = ab^t$$

修正指数曲线：

$$Y_t = K + ab^t$$

Gompertz 曲线：

$$Y_t = Ka^{b^t}$$

Logistic 曲线：

$$Y_t = \frac{1}{K + ab^t}$$

式中，a、b、c、K 为对应模型参数。

对于模型的选择，我们可以通过观察散点图确定模型的趋势成分，再用相应的曲线进行拟合，在求取模型参数之后通过对比拟合误差来选择模型。

3) 季节性预测法

当序列中存在季节成分时，可以选择季节性预测法，如季节多元回归模型：

$$Y = b_0 + b_1 t + b_2 Q_1 + b_3 Q_2 + \cdots + b_n Q_n \tag{6-4}$$

式中，$Q_{1,2,\cdots,n}$ 表示季节成分的虚变量。

4) 复合型时间序列预测

当序列中同时包含季节性、趋势性、周期性和随机性时，可以选用季节性多元回归预测、季节自回归模型和时间序列分解法等方法进行预测。通常情况下需要考虑将序列中的成分分离出来，再进行预测。

2. 随机型时间序列预测

随机型时间序列定义为：时间序列 $\{X_n \mid n = 0, \pm 1, \pm 2, \cdots, \pm n, \cdots\}$ 对于每一个 n，X_n 都是一个随机变量。随机型时间序列模型主要包括自回归(ARP)模型、移动平均(MAq)模型、自回归移动平均(ARMA(p, q))模型、求和自回归移动平均(ARIMAp, q)模型和季节性模型。

(1) 自回归(AR(p))模型：反映了系统对自身过去状态的记忆，表示为

$$X_n = \varphi_1 X_{n-1} + \varphi_2 X_{n-2} + \cdots + \varphi_p X_{n-p} + \varepsilon_n \tag{6-5}$$

式中，φ_1，φ_2，…，φ_p 为模型参数；X_n 为因变量；X_{n-1}，X_{n-2}，…，X_{n-p} 为“自”变量，这里“自”变量是同一变量，ε_n 为白噪声序列。

(2) 移动平均(MA(q))模型：反映了系统对过去进入系统的噪声的记忆，表示为

$$X_n = \varepsilon_n - \theta_1 \varepsilon_{n-1} - \theta_2 \varepsilon_{n-2} - \cdots - \theta_q \varepsilon_{n-q} \tag{6-6}$$

式中，θ 为模型参数，ε_n 为白噪声序列。

(3) 自回归移动平均(ARMA(p, q))模型：反映了系统对自身过去的状态和噪声的依赖，表示为

$$\begin{cases} X_n = \varphi_1 X_{n-1} + \varphi_2 X_{n-2} + \cdots + \varphi_p X_{n-p} + \varepsilon_n \\ X_n = \varepsilon_n - \theta_1 \varepsilon_{n-1} - \theta_2 \varepsilon_{n-2} - \cdots - \theta_q \varepsilon_{n-q} \\ \Phi_p(B) X_n = \Theta_q(B) \varepsilon_n \end{cases} \tag{6-7}$$

我们总假定 $\Phi_p(B)$ 和 $\Theta_q(B)$(作为变量是 B 的多项式)无公共因子，并分别满足平稳性条件和可逆性条件。

(4) 求和自回归移动平均(ARIMA(p, q))模型：可适用于齐次非平稳时间序列。该模型的主要思想是通过差分将齐次非平稳时间序列转化为齐次平稳时间序列，再运用 ARMA 模型进行拟合。假设定义差分 $X_n = X_n - X_{n-1}$，引入差分算子 $\nabla = 1 - B$，n 阶差分可定义为 $(1-B)^n$，假定 n 从 1 开始 X_n 才有定义，并且假定 X_n 的前 d 个随机变量 X_1，X_2，…，X_d 均值为 0、方差有限且与 $\{\nabla^d X_n\}$ 不相关，也与 ε_n 不相关，该模型表示为

$$\begin{cases} \nabla^2 X_n = \nabla(\nabla X_n) = \nabla X_n - \nabla X_{n-1} = X_n - 2X_{n-1} + X_{n-2} \\ \nabla^2 X_n = (1 - 2B + B^2) X_n = (1 - B^2) X_n \\ \nabla^n = (1 - B)^n \\ \Phi_p(B)\ \nabla^d X_n = \Theta_q(B) \varepsilon_n \end{cases} \tag{6-8}$$

(5) 季节性模型：对于有季节性周期的非平稳时间序列，如存在年度波动，则令 $\nabla_{12} = 1 - B_{12}$，对 X_n 作运算 $\nabla_{12} X_n = X_n - X_{n-12}$，可构造季节性模型如下：

$$\Phi_p(B)\ \nabla^d \nabla_{12} X_n = \Theta_q(B) \varepsilon_n \tag{6-9}$$

当随机干扰项也与季节有关时，则有

$$\Phi_p(B)\ \nabla^d \nabla_{12} X_n = \Theta_q(B)\ \nabla_{12} \varepsilon_n \tag{6-10}$$

3. 预测方法的评估指标

常用的预测方法的评估指标主要包括五种：平均误差、平均绝对误差、均方误差、平均百分比误差和平均绝对百分比误差，其中，均方误差最为常用。假设 Y_i 表示第 i 期的实际观测值，F_i 表示第 i 期的预测值，n 为时间序列数据样本总量，则前述误差的定义如下所述。

(1) 平均误差 ME(Mean Error)：

$$\text{ME} = \frac{\sum_{i=1}^{n} (Y_i - F_i)}{n} \tag{6-11}$$

(2) 平均绝对误差 MAD(Mean Absolute Deviation)：

$$\text{MAD} = \frac{\sum_{i=1}^{n} | Y_i - F_i |}{n} \tag{6-12}$$

(3) 均方误差 MSE(Mean Square Error)：

$$\text{MSE} = \frac{\sum_{i=1}^{n} (Y_i - F_i)^2}{n} \tag{6-13}$$

(4) 平均百分比误差 MPE(Mean Percentage Error):

$$\text{MPE} = \frac{\sum_{i=1}^{n}\left(\frac{Y_i - F_i}{Y_i}\right)}{n} \tag{6-14}$$

(5) 平均绝对百分比误差 MAPE(Mean Absolute Percentage Error):

$$\text{MPAE} = \frac{\sum_{i=1}^{n}\left(\frac{|Y_i - F_i|}{Y_i}\right)}{n} \tag{6-15}$$

6.1.3 时间序列数据聚类的研究综述

作为时间序列数据挖掘(Time Series Data Mining, TSDM)的一个基础并且重要的研究方向，时间序列聚类在各领域都得到了广泛的应用，比如装备系统的异常模式挖掘、心电图信号的聚类分析、股票序列的模式发现等。时间序列聚类旨在通过时间序列对象之间的相似关系将各个对象聚集为几类，在实际情况下还会赋予每个类现实意义下的离散标识，它比静态数据的聚类更为困难。现有的时间序列聚类算法一般包括两种思路：一种是首先采用特征提取、模型参数表示等压缩降维的方法将时间序列转换为静态数据，然后用静态聚类的方法进行聚类分析；另一种是改进传统的面向静态数据的点聚类方法，使之适用于序列数据。

根据是否转换原时间序列，时间序列聚类方法可以分为基于初始时间序列和基于非初始时间序列的聚类两种方法，其中，基于非初始时间序列的聚类方法又可以进一步分为基于特征数据的聚类和基于模型的聚类两种。

1. 基于初始时间序列的聚类

基于初始时间序列的聚类方法一般是指不对初始时间序列进行压缩，而直接进行聚类的方法。Yamanishi 等人用概率模型拟合时间序列，对数据流进行在线监测；Mahoney 和 Chan 等人提出了基于 Gecko 算法的在线监测算法，该算法可以有效捕捉时间序列的细节，不丢失局部特征。然而，随着数据的增加，该算法的运算量会逐步增大，导致算法效率大大降低。同时，由于时间序列的高维性会引起数据分布的稀疏性和不对称性，这将导致大部分的聚类方法失效，因此，基于特征数据和基于模型的聚类方法应运而生。

2. 基于特征数据的聚类

基于特征数据的聚类通过时域或频域分析等方法提取时间序列的多尺度特征，把高维的原始序列转换到用特征向量表示的低维特征空间。特征是对时间序列的多尺度描述，既对序列具有可解释性，又能有效地反映序列的特性。Indyk 等人通过提取时间窗口内的趋势特征进行聚类。Papadimitriou 等人运用主成分分析法提取时间序列的关键趋势特征，将之用于时间序列的聚类和模式发现。Xi 等人在基于病人生理信号进行睡眠状态识别时，运用动态时间归整(DTW)算法和动态频率归整(DFW)算法提取序列的相似性特征，进行睡眠模式挖掘。至今，不管在时间序列的聚类还是分类中，特征提取已经成为了一种有效的序列压缩方式，但如何选取有效特征仍是一个重要的课题。

3. 基于模型的聚类

基于模型的聚类的基本思想是在一定的假设条件下，用模型拟合原始序列，再用模型是否能生成另外一个序列作为两个时间序列是否属于同一类的评价指标，或者用模型的参数作为该序列的特征进行聚类。Xiong 和 Yeung 等人综合 ARIMA 模型与进化算法对不等长时间序列进行聚类。Bagnall 和 Janacek 运用 ARMA 模型拟合时间序列，然后在模型参数的基础上使用 K -均值算法进行聚类。Oates 等人提出基于 DTW 和 HMM 的混合聚类方法，先用 DTW 算法进行初始化，再使用 HMM 模型进行聚类，提高了聚类精度。Yin 等人将时间序列数据转换为等长的矢量，再运用 HMM 模型进行谱聚类。总体来说，基于模型的方法的聚类结果不稳定，数据分布受限于模型假设，当应用的数据分布与模型假设不匹配时，就会严重影响聚类的精度。此外，基于模型的聚类结果往往无法解释，难以赋予现实意义下的离散标签，并且由于高维数据难以可视化，使得聚类结果的可理解性变差。同时，背景知识的缺乏导致难以给出模型预设参数，影响了模型聚类的适用性和灵活性。

6.1.4 面向时间序列数据挖掘技术的应用领域

面向时间序列的数据挖掘技术是传统数据挖掘技术的一个延伸，在社会生产中有着非常重要的现实意义，它在电信业预测系统、股票交易市场分析、网络入侵检测系统、脑电图分析、电子商务等众多领域都有广阔的应用前景。

电信行业作为直接向社会提供信息服务的部门，拥有十分庞大的数据库。客户规模的不断增长和客户群的日益复杂化给当前电信行业的客户管理工作带来了新的挑战，因此迫切需要开发一套时间序列预测系统。目前，时间序列数据挖掘已经成功地为电信行业解决了多个难题。例如，关联规则、分类和聚类等数据挖掘技术在业务总量预测、营收预测和实时防欠费欺诈等系统中的应用，保证了电信系统的稳定运行，给用户提供了更优质的服务，并减少了恶意欠费带来的损失。另外，运营商还可以深度挖掘用户的使用习惯，开发出更受欢迎的业务，迎接互联网产品带来的挑战。

股票交易市场分析一直是金融、咨询等行业的研究热点。由于股票价格的影响因素繁多，投资者很难综合分析出其发展趋势。大量的股票交易记录以时间序列的形式存在，利用数据挖掘手段对这些数据进行深入分析，可以对股票价格进行预测，为投资者提供决策依据。

网络入侵检测系统用来保护内部网络免受黑客或其他攻击者的恶意攻击。它通过一些抓包工具抓取入侵数据的数据源，使用时间序列分析、分类、聚类和关联规则等技术对当前网络状态进行有效监测，然后识别攻击模式，从而阻止攻击行为的发生。

脑电图分析在动物行为、临床医学等研究领域中都有广泛的应用。脑电图是一类典型的时间序列，通过分析频率、波幅、位相和波形等基本要素实现研究目标。例如，利用分类和预测技术对脑电图中的不同节律波进行分析，可以预测人的疲劳状态，从而对疲劳驾驶等现象进行有效预警。

电子商务是近年来发展最迅猛的行业之一，各大电商网站时刻都在产生大量的浏览和交易数据。阿里巴巴、亚马逊等大型电商公司都对用户数据的挖掘十分重视，开展了大量的算法研究。例如，利用关联规则技术建立强大的广告推荐、商品推荐系统以及客户关系维护系统；利用分类和预测技术把握商品成交量、发现不诚信账号等。

此外，面向时间序列的数据挖掘技术在天气预报、智能交通等领域也有广泛的应用。

随着数据采集技术和数据挖掘技术的不断发展，面向时间序列的数据挖掘技术的应用领域还在不断扩展。

6.2 隐马尔可夫模型

隐马尔可夫模型(Hidden Markov Model，HMM)是比较经典的模式识别模型，其描述了由隐藏的马尔可夫链随机生成观测序列的过程，属于生成模型。隐马尔可夫模型在计算机视觉和自然语言处理等领域得到了广泛的应用。

6.2.1 HMM 适合的情形

适合使用 HMM 的问题一般具有以下两个特征：

(1) 问题是基于序列的，比如时间序列或者状态序列。

(2) 问题中包含两类序列数据，一类序列数据是可以观测到的，称为观测序列；另一类数据是无法观测到的，称为隐藏状态序列，简称状态序列。

具备这两个特征的问题通常就可以使用 HMM 来尝试解决，而这样的问题在实际生活中很多。例如，一个人在说话时发出的一串连续的声音就是一个观测序列，实际要表达的内容就是状态序列，大脑的任务就是要从这一串连续的声音中判断出这个人最可能要表达的内容。

6.2.2 HMM 的定义

假设 Q 表示所有可能的隐藏状态的集合，V 是所有可能的观测状态的集合，即

$$Q=\{q_1, q_2, \cdots, q_N\}, V=\{v_1, v_2, \cdots, v_M\} \tag{6-16}$$

式中，N 是可能的隐藏状态数，M 是所有可能的观测状态数。

对于一个长度为 T 的序列，假设用 I 表示对应的状态序列，O 表示对应的观测序列，即

$$I=\{i_1, i_2, \cdots, i_T\}, O=\{o_1, o_2, \cdots, o_T\} \tag{6-17}$$

式中，$i_T \in Q$ 表示任意一个隐藏状态，$o_T \in O$ 表示任意一个观测状态。

HMM 有如下两个很重要的假设：

(1) 齐次马尔可夫链假设，即任意时刻的隐藏状态只依赖于前一个状态。当然这样的假设有点极端，因为很多时候某一个隐藏状态不仅仅依赖前一个状态，而是依赖于前两个甚至前三个状态。但是这一假设使得模型简单，便于求解。如果在 t 时刻的隐藏状态 $i_t=q_i$，在 $t+1$ 时刻的隐藏状态 $i_{t+1}=q_j$，则从时刻 t 到时刻 $t+1$ 的 HMM 状态转移 a_{ij} 可以表示为

$$a_{ij}=P(i_{t+1}=q_j \mid i_t=q_i) \tag{6-18}$$

由 a_{ij} 组成马尔可夫链的状态转移矩阵 $\mathbf{A}$：

$$\mathbf{A}=[a_{ij}]_{N\times N} \tag{6-19}$$

(2) 观测独立性假设，即任意时刻的观测状态仅仅依赖于当前时刻的隐藏状态，这也是一个为了简化模型的假设。如果在 t 时刻的隐藏状态 $i_t=q_j$，对应的观察状态 $o_t=v_k$，则该时刻下生成的概率为 $b_j(k)$，满足

$$b_j(k) = P(o_t = v_k \mid i_t = q_j) \tag{6-20}$$

由 $b_j(k)$ 组成观测状态生成的概率矩阵 $\boldsymbol{B}$：

$$\boldsymbol{B} = [b_j(k)]_{N \times M} \tag{6-21}$$

除此之外，还需要定义一组在时刻 $t=1$ 的隐藏状态概率分布 $\boldsymbol{\Pi}$：

$$\boldsymbol{\Pi} = [\pi(i)]_N \tag{6-22}$$

式中，$\pi(i) = P(i_1 = q_i)$。

那么，一个 HMM 可以由隐藏状态初始概率分布 $\boldsymbol{\Pi}$、状态转移概率矩阵 $\boldsymbol{A}$ 和观测状态概率矩阵 $\boldsymbol{B}$ 决定。$\boldsymbol{A}$ 决定状态序列，$\boldsymbol{B}$ 决定观测序列。因此，HMM 可以表示为如下的三元组 λ：

$$\lambda = (\boldsymbol{A}, \boldsymbol{B}, \boldsymbol{\Pi}) \tag{6-23}$$

6.2.3 HMM 实例

下面用一个简单的实例来描述 HMM。假设我们有 3 个盒子，每个盒子里都有红色和白色两种球，并且每个盒子里球的数量如表 6.1 所示。

表 6.1 盒子中红球与白球的数量

盒子序号	1	2	3
红球数	5	4	7
白球数	5	6	3

现在按照下面的方法从盒子里抽球。开始时，从第一个盒子抽球的概率是 0.2，从第二个盒子抽球的概率是 0.4，从第三个盒子抽球的概率是 0.4。以这个概率抽一次球后将球放回，然后从当前盒子转移到下一个盒子继续抽球，继续抽球的规则是：如果当前抽球的盒子是第一个盒子，则以 0.5 的概率仍然留在第一个盒子继续抽球，以 0.2 的概率去第二个盒子抽球，以 0.3 的概率去第三个盒子抽球；如果当前抽球的盒子是第二个盒子，则以 0.5 的概率仍然留在第二个盒子继续抽球，以 0.3 的概率去第一个盒子抽球，以 0.2 的概率去第三个盒子抽球；如果当前抽球的盒子是第三个盒子，则以 0.5 的概率仍然留在第三个盒子继续抽球，以 0.2 的概率去第一个盒子抽球，以 0.3 的概率去第二个盒子抽球。如此重复三次，假设得到一个球的颜色的观测序列：

$$O = \{红, 白, 红\} \tag{6-24}$$

注意，在这个过程中，观察者只能看到球的颜色序列，却不能看到球是从哪个盒子里取出来的。

那么，按照 HMM 的定义，我们可以分别得到该实例的观测集合、状态集合、初始状态概率分布、状态转移概率矩阵和观测状态概率矩阵。该例的观测集合是

$$V = \{红, 白\}, M = 2 \tag{6-25}$$

状态集合是

$$Q = \{盒子1, 盒子2, 盒子3\}, N = 3 \tag{6-26}$$

观测序列和状态序列的长度都为 3。

初始状态概率分布为

$$\boldsymbol{\Pi} = (0.2, 0.4, 0.4)^{\mathrm{T}} \tag{6-27}$$

状态转移概率矩阵为

$$\boldsymbol{A}=\begin{bmatrix}0.5 & 0.2 & 0.3\\0.3 & 0.5 & 0.2\\0.2 & 0.3 & 0.5\end{bmatrix} \tag{6-28}$$

观测状态概率矩阵为

$$\boldsymbol{B}=\begin{bmatrix}0.5 & 0.5\\0.4 & 0.6\\0.7 & 0.3\end{bmatrix} \tag{6-29}$$

6.2.4 HMM 观测序列的生成

从上一节的例子也可以抽象出 HMM 观测序列的生成过程。假设 HMM 的 $\lambda=(\boldsymbol{A}, \boldsymbol{B}, \boldsymbol{\Pi})$，观测序列的长度为 T，输出的观测序列表示为 $O=\{o_1, o_2, \cdots, o_T\}$，则生成过程可以描述如下：

(1) 根据初始状态概率分布 $\boldsymbol{\Pi}$ 生成隐藏状态 i_1；

(2) 自时刻 t 从 1 至 T 进行如下处理：

① 按照隐藏状态 i_t 的观测状态分布 $b_{i_t}(k)$ 生成观测状态 o_t；

② 按照隐藏状态 i_t 的状态转移概率分布 $a_{i_t i_{t+1}}$ 产生隐藏状态 i_{t+1}。

最终，上述过程中生成的所有 o_t 形成观测序列 $O=\{o_1, o_2, \cdots, o_T\}$。

6.2.5 HMM 的三个基本问题及其解决

HMM 共有三个经典的问题需要解决：

HMM 模型

(1) 评估观测序列概率，即给定模型 $\lambda=(\boldsymbol{A}, \boldsymbol{B}, \boldsymbol{\Pi})$ 和观测序列 $O=\{o_1, o_2, \cdots, o_T\}$，计算在模型 λ 下观测序列 O 出现的概率 $P(O|\lambda)$。该问题可以使用前向-后向算法求解。

(2) 模型参数学习问题，即给定观测序列 $O=\{o_1, o_2, \cdots, o_T\}$ 和模型 $\lambda=(\boldsymbol{A}, \boldsymbol{B}, \boldsymbol{\Pi})$ 的参数，使观测序列的条件概率 $P(O|\lambda)$ 最大。该问题可以使用基于最大期望算法 EM 的 Baum-Welch 算法求解。

(3) 预测问题，也称为解码问题，即给定模型 $\lambda=(\boldsymbol{A}, \boldsymbol{B}, \boldsymbol{\Pi})$ 和观测序列 $O=\{o_1, o_2, \cdots, o_T\}$，求给定观测序列条件下最可能出现的状态序列。该问题可以使用基于动态规划的 Viterbi 算法求解。

下面分别介绍解决上述基本问题的前向-后向算法、Baum-Welch 算法和 Viterbi 算法。

1. 前向-后向算法

对于前向算法首先需要定义前向概率。给定隐马尔可夫模型 λ，则到时刻 t 的部分观测序列为 $o_1, o_2, \cdots, o_t$ 且状态为 q_i 的概率为前向概率，记作

$$\alpha_t(i)=P(o_1, o_2, \cdots, o_t, i_t=q_i \mid \lambda) \tag{6-30}$$

可以采用递推的方法求得前向概率 $\alpha_t(i)$ 及观测序列概率 $P(O|\lambda)$。

前向算法的输入为隐马尔可夫模型 λ 和观测序列 O，输出为观测序列概率 $P(O|\lambda)$，算

法步骤可以描述如下：

(1) 初始化：

$$\alpha_1(i) = \pi_i b_i(o_1),\ i = 1, 2, \cdots, N \tag{6-31}$$

(2) 递推：对 $t=1, 2, \cdots, T-1$，有

$$\alpha_{t+1}(i) = \left[\sum_{j=1}^{N}\alpha_t(j)a_{ji}\right]b_i(o_{t+1}),\ i = 1, 2, \cdots, N \tag{6-32}$$

(3) 终止：

$$P(O \mid \lambda) = \sum_{i=1}^{N}\alpha_T(i) \tag{6-33}$$

在前向算法中，步骤(1)初始化前向概率，该概率是初始时刻的状态 $i_1=q_i$ 和观测 o_1 的联合概率。步骤(2)是前向概率的递推公式，该公式用于在时刻 $t+1$ 部分序列为 o_1，o_2，…，o_t，o_{t+1}且时刻 $t+1$ 处于状态 q_i 的情况下计算前向概率；既然 $\alpha_t(j)$是时刻 t 观测到o_1，o_2，…，o_t 并在时刻t 处于状态 q_j 的前向概率，那么乘积 $\alpha_t(j)a_{ji}$就是时刻 t 观测到 o_1，o_2，…，o_t 并在时刻t 处于状态 q_j 而在时刻$t+1$ 到达状态 q_i 的联合概率。对这个乘积在时刻 t 的所有可能的 N 个状态 q_j 求和，其结果就是时刻 t 观测并在时刻$t+1$ 处于状态 q_i 的联合概率。式(6-32)方括号中的值与观测概率 $b_i(o_{t+1})$的乘积恰好是时刻 $t+1$ 观测到 o_1，o_2，…，o_t，o_{t+1}并在时刻 $t+1$ 处于状态 q_i 的前向概率$\alpha_{t+1}(i)$。步骤(3)给出了 $P(O|\lambda)$的计算公式，因为

$$\alpha_T(i) = P(o_1, o_2, \cdots, o_T, i_T = q_i \mid \lambda) \tag{6-34}$$

所以式(6-33)得证。

对于后向算法需要首先定义后向概率。给定隐马尔可夫模型λ，定义在时刻 t 状态为q_i 的前提下，从 $t+1$ 到 T 的部分观测序列为o_{t+1}，o_{t+2}，…，o_T 的概率为后向概率，记作

$$\beta_t(i) = P(o_{t+1}, o_{t+2}, \cdots, o_T \mid i_t = q_i, \lambda) \tag{6-35}$$

同样可以用递推的方法求得后向概率 $\beta_t(i)$及观测序列 $P(O|\lambda)$。

后向算法的输入是隐马尔可夫模型λ 和观测序列O，输出是观测序列概率 $P(O|\lambda)$。其算法步骤可以描述如下：

(1) 初始化：

$$\beta_t(i) = 1,\ i = 1, 2, \cdots, N \tag{6-36}$$

(2) 递推：对 $t=T-1, T-2, \cdots, 1$

$$\beta_t(i) = \sum_{j=1}^{N}a_{ij}b_j(o_{t+1})\beta_{t+1}(j),\ i = 1, 2, \cdots, N \tag{6-37}$$

(3) 终止：

$$P(O \mid \lambda) = \sum_{i=1}^{N}\pi_i b_i(o_1)\beta_1(i) \tag{6-38}$$

在后向算法中，步骤(1)初始化后向概率，对最终时刻的所有状态 q_i 规定$\beta_t(i)=1$。步骤(2)是后向概率的递推公式。在时刻 t 状态为 q_i 条件下，为了计算时刻 $t+1$ 之后的观测序列为 o_{t+1}，o_{t+2}，…，o_T 的后向概率$\beta_t(i)$，只需考虑 $t+1$ 时刻所有可能的 N 个状态 q_j 的转移概率，以及在此状态下的观测 o_{t+1}的观测概率，然后考虑状态 q_j 之后的观测序列的后

向概率。步骤(3)求 $P(O|\lambda)$ 的思路与步骤(2)一致，只是使用了初始概率 π_i 代替转移概率。

利用前向概率和后向概率的定义可以将观测序列概率 $P(O|\lambda)$ 统一写为

$$P(O \mid \lambda) = \sum_{i=1}^{N}\sum_{j=1}^{N}\alpha_t(i)a_{ij}b_j(o_{t+1})\beta_{t+1}(j),\ t=1,2,\cdots,T-1 \tag{6-39}$$

2. Baum-Welch 算法

假设给定的训练数据只包含 S 个长度为 T 的观测序列 $\{O_1, O_2, \cdots, O_s\}$，而没有对应的状态序列，目标是学习隐马尔可夫模型 $\lambda=(\boldsymbol{A}, \boldsymbol{B}, \boldsymbol{\Pi})$ 的参数。若我们将观测序列数据作为观测数据 O，状态序列数据作为不可观测的隐数据 I，那么隐马尔可夫模型事实上是一个含有隐变量的概率模型：

$$P(O \mid \lambda) = \sum_I P(O \mid I, \lambda)P(I \mid \lambda) \tag{6-40}$$

该模型的参数学习可以用 EM 算法求解，具体步骤如下所述：

(1) 确定完全数据的对数似然函数。

假设观测数据表示为 $O=(o_1, o_2, \cdots, o_T)$，隐数据表示为 $I=(i_1, i_2, \cdots, i_T)$，则完全数据可以表示为 $(O|I)=(o_1, o_2, \cdots, o_T, i_1, i_2, \cdots, i_T)$，完全数据的对数似然函数是 $\log P(O, I|\lambda)$。

(2) EM 算法的 E 步：求函数 $Q(\lambda, \bar{\lambda})$。

$$Q(\lambda, \bar{\lambda}) = \sum_I \log P(O, I \mid \lambda)P(O, I \mid \bar{\lambda}) \tag{6-41}$$

式中，$\bar{\lambda}$ 是隐马尔可夫模型参数的当前估计值，λ 是需要极大化的隐马尔可夫模型参数。

由于

$$P(O, I \mid \lambda) = \pi_{i_1} b_{i_1}(o_1)a_{i_1 i_2} b_{i_2}(o_2)\cdots a_{i_{T-1} i_T} b_{i_T}(o_T) \tag{6-42}$$

于是函数 $Q(\lambda, \bar{\lambda})$ 可以写为

$$Q(\lambda, \bar{\lambda}) = \sum_I \log\pi_{i_1} P(O, I \mid \bar{\lambda}) + \sum_I \left(\sum_{t=1}^{T-1}\log a_{i_t} a_{i_{t+1}}\right)P(O, I \mid \bar{\lambda}) + \sum_I \left(\sum_{t=1}^{T}\log b_{i_t}(o_t)\right)P(O, I \mid \bar{\lambda}) \tag{6-43}$$

式中的求和是对所有训练数据的序列总长度 T 进行的。

(3) EM 算法的 M 步：通过极大化函数 $Q(\lambda, \bar{\lambda})$ 求模型参数 A、B、$\boldsymbol{\Pi}$。由于需要求解的模型参数在式(6-43)中分别出现在了不同的三项中，所以只需要分别对各项极大化即可求出这些模型参数。式(6-43)中的三项分别可以表示为如下的表达形式。

① 式(6-43)中的第一项可以写成(注意到 π_i 满足约束条件 $\sum_{i=1}^{N}\pi_i=1$)：

$$\pi_i = \frac{P(O, i_1 = i \mid \bar{\lambda})}{P(O \mid \bar{\lambda})} \tag{6-44}$$

② 式(6-43)中的第二项可以写成(注意到约束条件 $\sum_{j=1}^{N}a_{ij} = 1$)：

$$a_{ij} = \frac{\sum_{t=1}^{T-1} P(O, i_t = i, i_{t+1} = j \mid \bar{\lambda})}{\sum_{t=1}^{T-1} P(O, i_t = i \mid \bar{\lambda})} \tag{6-45}$$

③ 式(6-43)中的第三项可以写成(注意到约束条件 $\sum_{k=1}^{M} b_j(k) = 1$):

$$b_j(k) = \frac{\sum_{t=1}^{T} P(O, i_t = j \mid \bar{\lambda}) I(o_t = v_k)}{\sum_{t=1}^{T} P(O, i_t = j \mid \bar{\lambda})} \tag{6-46}$$

3. Viterbi 算法

Viterbi 算法实际采用了动态规划的方法来求解隐马尔可夫模型的预测问题，即用动态规划求概率最大路径(最优路径)，此时的一条路径对应着一个状态序列。

根据动态规划原理，最优路径应具有这样的特性：如果最优路径在时刻 t 通过节点 i_t^*，那么，对于从 i_t^* 到 i_T^* 的所有可能的部分路径来说，这一路径从节点 i_t^* 到 i_T^* 的部分路径必须是最优的。因为如果从 i_t^* 到 i_T^* 存在另一条更好的部分路径，则把该部分路径和从 i_1^* 到 i_t^* 的部分路径连接起来，就会形成一条比原来的路径更优的路径，从而与该路径是最优路径的结论相矛盾。依据这一原理，我们只需要从时刻 $t=1$ 开始，递推地计算 t 时刻状态为 i 的各条部分路径的最大概率，直至得到时刻 $t=T$、状态为 i 的各条路径的最大概率。时刻 $t=T$ 的最大概率即最优路径的概率 P^*，同时也得到了最优路径的终点 i_T^*。随后，为了找到最优路径的各个节点，从终点 i_T^* 开始由后向前即可逐步求得节点 i_{T-1}^*，i_{T-2}^*，…，i_T^*，从而得到最优路径 $I^*=(i_1^*, i_2^*, \cdots, i_T^*)$。这就是 Viterbi 算法的基本方法。

描述 Viterbi 算法需要引入两个变量 δ 和 ψ，并定义 t 时刻状态为 i 的所有单个路径 $(i_1, i_2, \cdots, i_t)$ 中概率的最大值为

$$\delta_t(i) = \max_{i_1, i_2, \cdots, i_{t-1}} P(i_t = i, i_{t-1}, \cdots, o_t, \cdots, o_1 \mid \lambda), i = 1, 2, \cdots, N \tag{6-47}$$

由定义可得变量 δ 的递推公式：

$$\begin{aligned}\delta_{t+1}(i) &= \max_{i_1, i_2, \cdots, i_t} P(i_{t+1} = i, i_t, \cdots, i_1, o_t, \cdots, o_1 \mid \lambda) \\ &= \max_{1 \leqslant j \leqslant N} [\delta_t(j) a_{ji}] b_t(o_{t+1}), i = 1, 2, \cdots, N\end{aligned} \tag{6-48}$$

同时，在时刻 t 状态为 i 的所有单个路径 $(i_1, i_2, \cdots, i_t)$ 中，定义概率最大的路径的第 $t-1$ 个节点为

$$\psi_t(i) = \arg\max_{1 \leqslant j \leqslant N} [\delta_{t-1}(j) a_{ji}], i = 1, 2, \cdots, N \tag{6-49}$$

则 Viterbi 算法可以描述如下。

Viterbi 算法的输入为模型 $\lambda=(A, B, \boldsymbol{\Pi})$ 和观测序列 $O=(o_1, o_2, \cdots, o_T)$，输出为最优路径 $I^*=(i_1^*, i_2^*, \cdots, i_T^*)$，具体步骤如下：

(1) 初始化：

$$\delta_1(i) = \pi_i b_i(o_1), \quad i = 1, 2, \cdots, N \tag{6-50}$$

$$\psi_1(i) = 0, \quad i = 1, 2, \cdots, N \tag{6-51}$$

(2) 递推：对 $t=2, 3, \cdots, T$，有

$$\delta_1(i) = \arg\max_{1\leqslant j\leqslant N}[\delta_{t-1}(j)a_{ji}]b_i(o_t), \ i = 1, 2, \cdots, N \tag{6-52}$$

$$\psi_t(i) = \arg\max_{1\leqslant j\leqslant N}[\delta_{t-1}(j)a_{ji}], \ i = 1, 2, \cdots, N \tag{6-53}$$

(3) 终止：

$$P^* = \max_{1\leqslant j\leqslant N}\delta_T(i) \tag{6-54}$$

$$i_t^* = \arg\max_{1\leqslant j\leqslant N}[\delta_T(i)] \tag{6-55}$$

(4) 最优路径回溯：对 $t=T-1, T-2, \cdots, 1$，有

$$i_t^* = \psi_{t+1}(i_{t+1}^*) \tag{6-56}$$

求得最优路径 $I^*=(i_1^*, i_2^*, \cdots, i_T^*)$。

6.3 隐马尔可夫模型的优化

事实上，上一节中关于 HMM 的两种假设并不合理，因为任一时刻出现的观测输出矢量概率不仅依赖于系统当前所处的状态，而且依赖于系统在前一时刻所处的状态。为了弥补这一缺点，本节对经典 HMM 的状态转移和输出观测值的 Markov 假设条件作了改进，并在经典隐马尔可夫模型的基础上导出了新模型的前向-后向算法。

6.3.1 问题描述

假设隐藏的状态序列是一个二阶马尔可夫链，即 t 时刻的状态向 $t+1$ 时刻的状态转移的状态转移概率不仅依赖于 t 时刻的状态，而且依赖于 $t-1$ 时刻的状态：

$$\begin{aligned} a_{ijk} &= P(q_{t+1} = s_k \mid q_t = s_j, q_{t-1} = s_i, q_{t-2} = \cdots) \\ &= P(q_{t+1} = s_k \mid q_t = s_j, q_{t-1} = s_i) \end{aligned} \tag{6-57}$$

其中，$\sum_{k=1}^{N} a_{ijk} = 1$，$a_{ijk} \geqslant 0$；$1 \leqslant i, j \leqslant N$，$N$ 表示模型中的状态个数。同样，特征观测矢量的概率不仅依赖于系统当前所处的状态，而且依赖于系统前一时刻所处的状态，即

$$b_{ij}(l) = P(o_t = v_t \mid q_t = s_j, q_{t-1} = s_i), \ 1 \leqslant i, j \leqslant N; \ 1 \leqslant l \leqslant M \tag{6-58}$$

6.3.2 改进的 HMM 学习算法

在假设条件式(6-57)和(6-58)的基础上，本节将更深入地探讨改进的 HMM 学习算法，得到改进后的前向-后向算法。前向-后向算法是在给定模型 λ 的条件下计算产生观测序列 $O=\{o_1, o_2, \cdots, o_T\}$ 的概率，即 $P(O|\lambda)$。由式(6-59)可知，给定模型 λ，产生某一状态序列 $O=\{o_1, o_2, \cdots, o_T\}$ 的概率为

$$\begin{aligned} P(O \mid \lambda) &= P(q_1 \mid \lambda)P(q_2 \mid q_1, \lambda)P(q_3 \mid q_1, q_2, \lambda)\cdots P(q_T \mid q_{T-2}, q_{T-1}, \lambda) \\ &= \pi_{q_1} a_{q_1 q_2} \prod_{t=3}^{T} a_{q_{t-2}} a_{q_{t-1}} a_{q_t} \end{aligned} \tag{6-59}$$

而由下式可计算状态序列 Q 与观测序列 O 同时发生的概率：

$$P(O, Q \mid \lambda) = P(O, Q \mid \lambda)P(Q \mid \lambda) = \pi_{q_1} b_{q_1}(o_1) a_{q_1 q_2}(o_2) \prod_{t=3}^{T} a_{q_{t-2}} a_{q_{t-1}} a_{q_t}(o_t) \tag{6-60}$$

所以，在给定模型 λ 下产生给定序列 O 的概率为

$$P(O \mid \lambda) = \sum_{Q} P(O, Q \mid \lambda) = \sum_{Q} \pi_{q_1} b_{q_1}(o_1) a_{q_1 q_2}(o_2) \prod_{t=3}^{T} a_{q_{t-2}} a_{q_{t-1}} a_{q_t}(o_t) \tag{6-61}$$

按照式(6-61)直接计算 $P(O|\lambda)$ 的运算量非常大，因此，为使问题的求解变得更加简单和实际，我们需寻求更为简便的算法，而前向-后向算法就是一种高效的算法。

1. 改进 HMM 的前向算法

首先定义前向变量 $a_t(i, j)=P(o_1, o_2, \cdots, o_t, q_{t-1}=s_i, q_t=s_j|\lambda)$，该变量是指在给定模型 λ 的条件下，产生 t 以前的部分观测序列 $o_1, o_2, \cdots, o_t$ 且在 $t-1$ 时状态为 s_i、t 时状态为 s_j 的概率。

前向变量 $a_t(i, j)$ 可按如下步骤通过迭代计算求得。

(1) 初始化：

$$\begin{aligned}a_2(i, j) &= P(o_1, o_2, q_1 = s_i, q_2 = s_j \mid \lambda) \\ &= P(o_1, q_1 = s_i \mid \lambda)P(o_2, q_2 = s_j \mid q_1 = s_i, \lambda) \\ &= \pi_i b_i(o_i)P(q_2 = s_j \mid q_1 = s_i, \lambda)P(o_2 \mid q_1 = s_i, q_2 = s_j, \lambda) \\ &= \pi_i b_i(o_i) a_{ij} b_{ij}(o_2), 1 \leqslant i, j \leqslant N\end{aligned} \tag{6-62}$$

(2) 迭代计算：

$$\begin{aligned}a_{t+1}(j, k) &= P(o_1, o_2, \cdots, o_t, o_{t+1}, q_t = s_j, q_{t+1} = s_k \mid \lambda) \\ &= \sum_{i=1}^{N} P(o_1, o_2, \cdots, o_t, o_{t+1}, q_{t-1} = s_i, q_t = s_j, q_{t+1} = s_k \mid \lambda) \\ &= \sum_{i=1}^{N} P(o_1, o_2, \cdots, o_t, q_{t-1} = s_i, q_t = s_j \mid \lambda)P(o_{t+1}, q_{t+1} = s_k \mid q_{t-1} = s_i, q_t = s_j, \lambda) \\ &= \sum_{i=1}^{N} \alpha_t(i, j)P(q_{t+1} = s_k \mid q_{t-1} = s_i, q_t = s_j, \lambda)P(o_{t+1} \mid q_t = s_j, q_{t+1} = s_k, \lambda) \\ &= \sum_{i=1}^{N} \alpha_t(i, j) a_{ijk} b_{ijk}(o_{t+1}), 2 \leqslant t \leqslant T-1; 1 \leqslant j, k \leqslant N\end{aligned} \tag{6-63}$$

2. 改进 HMM 的后向算法

与前向算法相似，定义后向变量 $\beta_t(i, j)=P(o_{t+1}, o_{t+2}, \cdots, o_T|q_{t-1}=s_i, q_t=s_j, \lambda)$，即在给定模型 λ 和 $t-1$ 时刻的状态 s_i 的条件下，从 $t+1$ 时刻到最后的部分观测序列的概率，该变量可按如下步骤进行迭代计算。

(1) 初始化：

$$\beta_T(i, j) = 1, 1 \leqslant i, j \leqslant N \tag{6-64}$$

（2）迭代公式：

$$\begin{aligned}\beta_t(i,\ j) &= P(o_{t+1},\ o_{t+2},\ \cdots,\ o_T \mid q_{t-1}=s_i,\ q_t=s_j,\ \lambda)\\ &= \sum_{k=1}^{n} P(o_{t+1},\ o_{t+2},\ \cdots,\ o_T \mid q_{t-1}=s_i,\ q_t=s_j,\ \lambda)\\ &= \sum_{k=1}^{n} P(o_{t+1},\ q_{t+1}=s_k \mid q_{t-1}=s_i,\ q_t=s_j,\ \lambda)P(o_{t+2},\ \cdots,\ o_T \mid q_t=s_j,\ q_{t+1}=s_k,\ \lambda)\\ &= \sum_{k=1}^{N} P(q_{t+1}=s_k \mid q_{t-1}=s_i,\ q_t=s_j,\ \lambda)P(o_{t+1} \mid q_t=s_j,\ q_{t+1}=s_k,\ \lambda)\beta_{t+1}(i,\ k)\\ &= \sum_{k=1}^{N} a_{ijk}b_{ijk}(o_{t+1})\beta_{t+1}(j,\ k),\ t=T-1,\ T-2,\ \cdots,\ 2;\ 1\leqslant i,\ j\leqslant N \end{aligned} \tag{6-65}$$

根据前向变量和后向变量的定义可得

$$\begin{aligned}P(O \mid \lambda) &= P(o_1,\ o_2,\ \cdots,\ o_T \mid \lambda)\\ &= \sum_{i=1}^{N}\sum_{j=1}^{N} P(o_1,\ o_2,\ \cdots,\ o_t,\ o_{t+1},\ \cdots,\ o_T,\ q_{t-1}=s_i,\ q_t=s_j \mid \lambda)\\ &= \sum_{i=1}^{N}\sum_{j=1}^{N} \alpha_t(i,\ j)\beta_t(i,\ j),\ 2\leqslant t\leqslant T-1 \end{aligned} \tag{6-66}$$

特别地，

$$P(O \mid \lambda) = \sum_{i=1}^{N}\sum_{j=1}^{N} P(o_1,\ o_2,\ \cdots,\ o_t,\ o_T,\ o_{T-1}=s_i,\ q_T=s_j \mid \lambda) = \sum_{i=1}^{N}\sum_{j=1}^{N} \alpha_T(i,\ j) \tag{6-67}$$

以上方法可以推广到 Viterbi 算法和 Baum-Welch 算法。这些新算法避免了在计算状态转移概率和输出观测值概率时只考虑当前状态而不考虑历史状态的简单假设，在实际问题中更具有合理性。

6.4 循环神经网络及其优化

当前对深度学习的研究正处于一个火热的阶段，循环神经网络等引入时间序列的深度学习网络结构的方法也随之兴起。本节将着重介绍循环神经网络的基本原理。

6.4.1 循环神经网络概述

循环神经网络(Recurrent Neural Network，RNN)是一种特殊的神经网络结构，它根据“人的认知是基于过往的经验和记忆”这一观点提出。该网络与深度神经网络(DNN)、卷积神经网络(CNN)不同之处在于：它不仅考虑前一时刻的输入，而且赋予网络对前面内容的一种“记忆”功能，即一个序列当前的输出与前面的输出也有关。其具体表现为网络会对前面的信息进行记忆并应用于当前输出的计算中，即隐藏层之间的节点也有连接，并且隐藏层的输入包括了输入层的输出以及上一时刻隐藏层的输出。

RNN 的应用领域很多，常见的应用领域包括自然语言处理(NLP)、机器翻译、语音识别、图像描述生成、文本相似度计算和音乐推荐。

6.4.2　循环神经网络模型结构

RNN 具有的时间“记忆功能”是怎么实现的呢？从图 6.1 可以看出，RNN 的层级结构较之于 CNN 简单，它主要由输入层(Input Layer)、隐藏层(Hidden Layer)和输出层(Output Layer)组成；并且，隐藏层中有一个箭头表示数据的循环更新，这就是实现时间记忆功能的方法。图 6.2 是隐藏层的层级展开图。

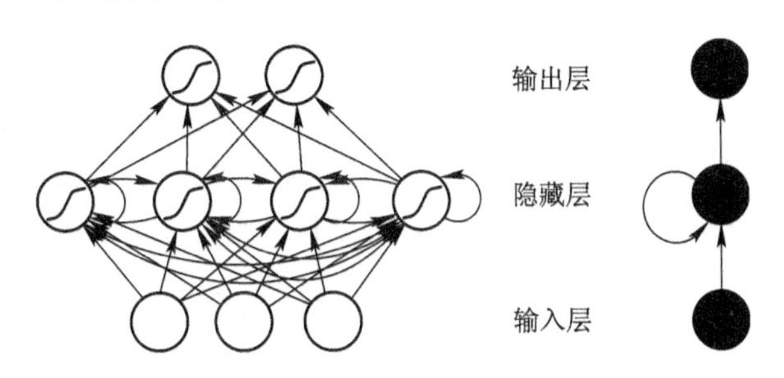

图 6.1　RNN 结构图

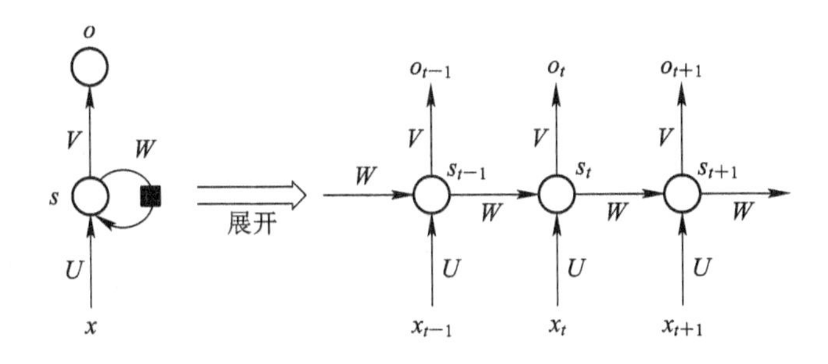

图 6.2　隐藏层的层级展开图

在图 6.2 中，假设 $t-1$，t，$t+1$ 表示时间序列；$\boldsymbol{x}$ 表示输入的样本；s_t 表示样本在时间 t 处的记忆；W 表示输入的权重；U 表示此刻输入的样本的权重；V 表示输出的样本权重。其中，$s_t=f(W*s_t-1+U*\boldsymbol{x}_t)$。

首先初始化输入 $s_0=0$ 并随机初始化 W、U、V，然后在 $t=1$ 时刻按照下述公式进行计算：

$$\begin{cases} h_1 = Ux_1 + Ws_0 \\ s_1 = f(h_1) \\ o_1 = g(Vs_1) \end{cases} \tag{6-68}$$

其中，f 和 g 均为激活函数，f 可以是 tanh、relu、sigmoid 等激活函数，g 通常是 softmax 函数。随着时间的向前推进，状态 s_1 作为时刻 1 的记忆状态参与下一个时刻的预测活动：

$$\begin{cases} h_2 = U\boldsymbol{x}_2 + Ws_1 \\ s_2 = f(h_2) \\ o_2 = g(Vs_2) \end{cases} \tag{6-69}$$

以此类推，可以得到最终的输出值为

$$\begin{cases} h_1 = U\boldsymbol{x}_t + Ws_{t-1} \\ s_t = f(h_t) \\ o_t = g(Vs_t) \end{cases} \tag{6-70}$$

注意，每个时刻的 W、U、V 都是相等的(即权值共享)，而隐藏状态可以理解为 $s=f$(现有的输入＋过去的记忆总结)。

前述介绍了 RNN 的前向传播方式，那么如何更新 RNN 的权重参数 W、U、V 呢？

每一次的输出 o_t 都会产生一个误差 e_t，则总的误差可以表示为 $E=\sum_t e_t$。同时，损失函数可以使用交叉熵损失函数或者平方误差损失函数。由于每一步的输出不仅依赖于当前步骤的网络，而且还依赖于前若干步网络的状态，因此需要对基础的 BP 算法进行改进，这种改进后的 BP 算法称为 Backpropagation Through Time(BPTT)。假设待求参数的梯度表示如下：

$$\begin{cases} \nabla U = \dfrac{\partial E}{\partial U} = \sum\limits_t \dfrac{\partial e_t}{\partial U} \\ \nabla V = \dfrac{\partial E}{\partial V} = \sum\limits_t \dfrac{\partial e_t}{\partial V} \\ \nabla W = \dfrac{\partial E}{\partial W} = \sum\limits_t \dfrac{\partial e_t}{\partial W} \end{cases} \tag{6-71}$$

首先推导 W 的更新方法。由式(6-71)可以看出，W 的梯度是每个时刻的偏差对 W 的偏导数之和，若以 $t=3$ 时刻为例，则根据链式求导法可以得到 $t=3$ 时刻的 W 的偏导数：

$$\frac{\partial E_3}{\partial W} = \frac{\partial E_3}{\partial o_3}\frac{\partial o_3}{\partial s_3}\frac{\partial s_3}{\partial W} \tag{6-72}$$

此时，根据公式 $s_t=f(U\boldsymbol{x}_t+Ws_{t-1})$，可以发现，$s_3$ 除了和 W 相关之外，还和前一时刻的 s_2 有关，于是对 s_3 直接展开可以得到

$$\frac{\partial s_3}{\partial W} = \frac{\partial s_3}{\partial s_3} * \frac{\partial s_3^+}{\partial W} + \frac{\partial s_3}{\partial s_2} * \frac{\partial s_2}{\partial W} \tag{6-73}$$

而对于 s_2 直接展开可以得到

$$\frac{\partial s_2}{\partial W} = \frac{\partial s_2}{\partial s_2} * \frac{\partial s_2^+}{\partial W} + \frac{\partial s_2}{\partial s_1} * \frac{\partial s_1}{\partial W} \tag{6-74}$$

同样地，对于 s_1 直接展开可以得到

$$\frac{\partial s_1}{\partial W} = \frac{\partial s_1}{\partial s_1} * \frac{\partial s_1^+}{\partial W} + \frac{\partial s_1}{\partial s_0} * \frac{\partial s_0}{\partial W} \tag{6-75}$$

合并上述三个式子得到

$$\frac{\partial s_3}{\partial W} = \sum_{k=0}^{3} \frac{\partial s_3}{\partial s_k} * \frac{\partial s_k^+}{\partial W} \tag{6-76}$$

从而可得公式

$$\frac{\partial E_3}{\partial W} = \sum_{k=0}^{3} \frac{\partial E_3}{\partial o_3}\frac{\partial o_3}{\partial s_3}\frac{\partial s_3}{\partial s_k}\frac{\partial s_k^+}{\partial W} \tag{6-77}$$

需要注意的是，$\dfrac{\partial s_k^+}{\partial W}$ 表示 s_3 对 W 直接求导，没有考虑 s_2 的影响。参数 U 的更新方法和 W 类似，这里就不再赘述，其最终得到的公式为

$$\frac{\partial E_3}{\partial U}=\sum_{k=0}^{3}\frac{\partial E_3}{\partial o_3}\frac{\partial o_3}{\partial s_3}\frac{\partial(W^{3-k}s_2^k)}{\partial U} \tag{6-78}$$

同样的，V 的更新公式(V 只和输出 O 有关)为

$$\frac{\partial E_3}{\partial V}=\frac{\partial E_3}{\partial o_3}*\frac{\partial s_3}{\partial V} \tag{6-79}$$

6.4.3 改进的循环神经网络

1. 双向 RNN

有时不仅仅需要通过学习过去以预测未来，而且可能需要通过展望未来以修正过去。例如，在语音识别和手写识别任务中，如果仅给出输入的一部分，可能会存在相当大的模糊性，我们需要知道接下来发生什么以帮助我们更好地理解上下文并检测当前状态。图6.3为双向 RNN 隐藏层结构的展开图。

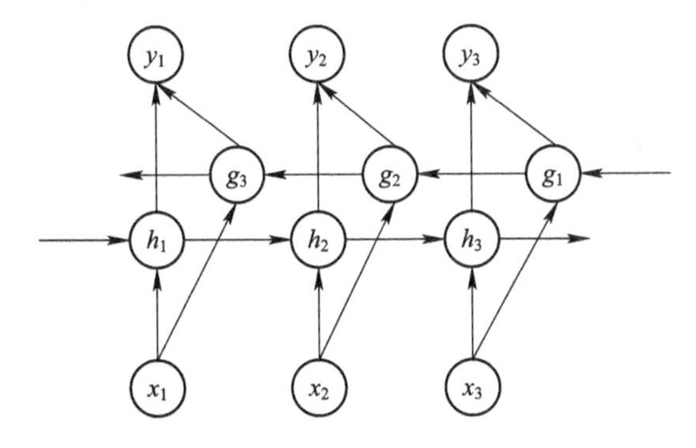

图 6.3 双向 RNN 隐藏层结构的展开图

这确实引入了一个明显的挑战，因为如果我们必须等待查看所有的输入，那么整个操作将变得非常复杂。因此，根据应用需求的不同，如果是对近邻的敏感度较高且输入距离较远，而且比来自更远的输入的敏感性更高的话，则可以只对有限的未来/过去的变体进行建模。

2. 递归神经网络

递归神经网络是循环神经网络的一种更为普遍的形式，它可以运行在任何层次的树结构之上。图 6.4 为递归神经网络的结构图，该树形结构通过分析输入节点，将子节点组合到父节点并将之与其他子节点组合在一起来创建。

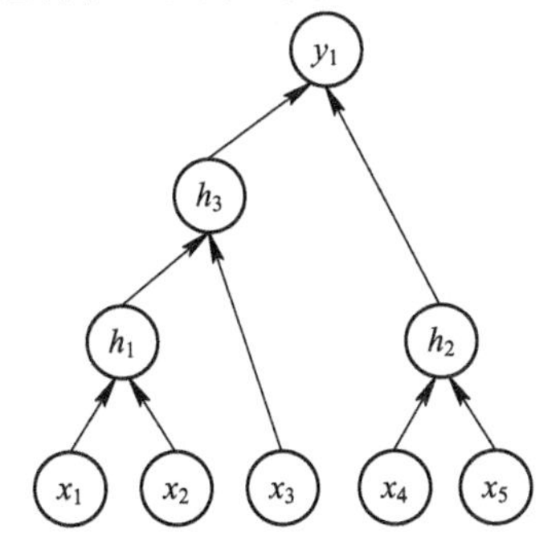

图 6.4 递归神经网络结构

6.5　长短期记忆网络及其改进

基本的循环神经网络(RNN)在神经网络的基础上引入了时间轴，能够实现对前一层训练信息的记忆，但是容易造成梯度消失的问题。本节将介绍梯度消失问题及其解决方法和为此而提出的长短期记忆网络模型。

6.5.1　RNN梯度消失问题

由前一节分析可知，循环神经网络的最大特点就是能够利用数据的上下文信息。RNN隐藏层的输入随着时间的递推覆盖了原有的数据信息，这将导致上下文信息的丢失。因此，在实际应用中，标准循环神经网络结构能够使用的上下文信息的范围是有限的，从而可能造成梯度消失的问题。RNN梯度消失问题如图6.5所示。

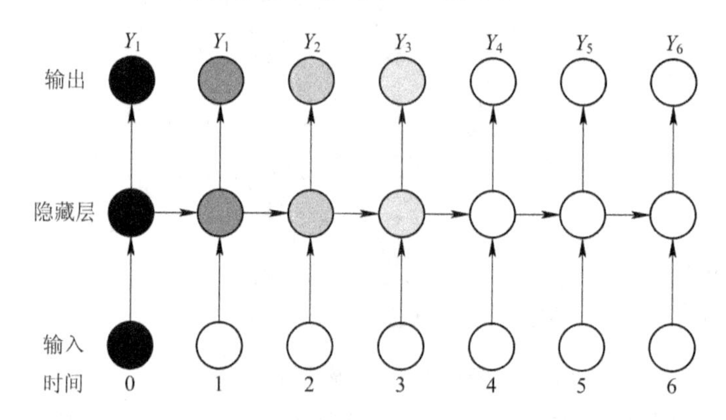

图6.5　循环神经网络的梯度消失问题

在图6.5中，神经元节点的阴影深度表示各节点与0时刻输入的敏感程度。例如，在实际应用中，假设输出Y_3与0时刻之间的输入敏感度较高，但应用传统RNN网络结构进行训练会导致Y_3与0时刻输入之间的敏感度减弱，出现梯度消失问题，导致网络性能不佳。梯度消失的原因是前一时刻向后一时刻传播时，由于受到前一时刻输入的影响，导致前一时刻的相关信息丢失。因此，解决梯度消失问题的关键在于避免后一时刻的输入对前一时刻隐藏层输出的影响。基于循环神经网络梯度消失问题的本质原因，Hochreiter等人提出了长短期记忆单元作为隐藏层的神经元节点。

6.5.2　长短期记忆型循环神经网络

长短期记忆(Long Short-Term Memory，LSTM)单元包含一系列循环连接的子单元，存储单元的LSTM结构如图6.6所示。LSTM单元包括输入门、输出门、遗忘门。门结构的存在保证了LSTM单元能够保存和获取较长时间周期的上下文信息。例如，当输入门保持关闭状态时，记忆单元的状态值就不会被下一时刻的输入所覆盖；当输出门保持打开状态时，这一时刻LSTM单元的输出就可以传输到后续时刻的节点上。

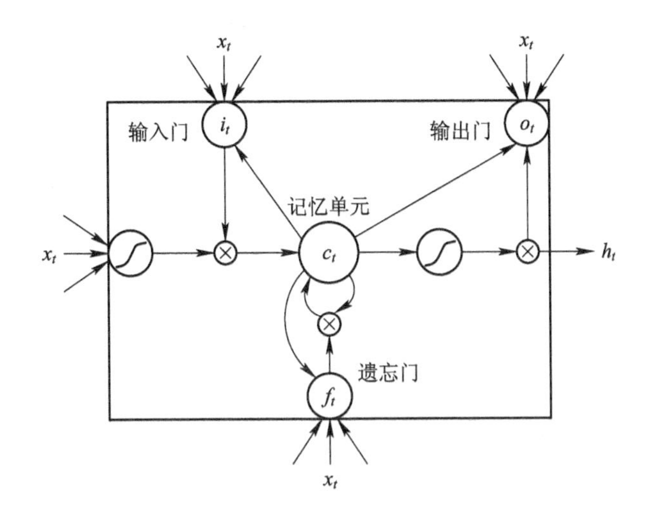

图 6.6　LSTM 单元结构

6.5.3　LSTM 型 RNN 训练过程

LSTM 网络模型

LSTM 型 RNN 的训练过程包括前向传播和反向传播两个过程。前向传播过程是指对长度为 T 的序列 X，从 $t=0$ 时刻到 $t=T$ 时刻按照时间步长进行递归计算。反向传播过程是指从 $t=T$ 时刻到 $t=0$ 时刻采用 BPTT 算法进行反向误差传播。RNN 初始化将所有单元的状态置 0，权值修正项 δ 在 $t=T$ 时刻置 0。

分析网络训练过程之前首先说明下面将要使用的参数。ω_{ij} 表示节点 i 到节点 j 的连接权值，a_j^t 表示 t 时刻单元 j 的输入，b_j^t 表示 t 时刻单元 j 的激活函数值，s_j^t 表示 t 时刻单元 j 的状态值，l、φ、ω、c 分别表示输入门、输出门、遗忘门和记忆单元，记忆单元到输入门、输出门和遗忘门的连接权值分别为 ω_{cl}、$\omega_{c\varphi}$、$\omega_{c\omega}$，I、K、H 分别表示输入节点数、输出节点数和 LSTM 单元个数，h 表示与 LSTM 单元连接的其他 LSTM 单元数。不同于标准的 RNN，LSTM 单元的输入个数多于输出个数，如图 6.6 所示，输入门、输出门以及遗忘门均是 LSTM 单元的输入，只有单个输出供网络其他单元使用。假设定义 G 表示隐藏层的输入个数，该个数包括了记忆单元以及 LSTM 门单元的所有输入，并且假设当不需要区分输入类别时，使用 g 表示输入变量。$f(x)$、$g(x)$ 表示激活函数，ι 表示训练时的损失函数。

1. 前向传播过程

LSTM 型循环神经网络除了隐藏层的输入不仅包括当前时刻的输入还包括前一时刻网络的状态之外，前向传播过程的基本原理与一般神经网络的前向传播过程类似。例如，长度为 T 的序列输入到由 I 个输入单元、H 个隐藏层单元以及 K 个输出单元组成的循环神经网络进行计算，假设用 $\boldsymbol{x}_i^t$ 表示 t 时刻的输入 i，则隐藏层单元的计算如公式(6-80)和(6-81)所示，其中 $\theta_h(x)$ 表示隐藏层的非线性激活函数。

$$a_h^t = \sum_{i=1}^{I}\omega_{ih}\boldsymbol{x}_i^t + \sum_{h'}^{H}\omega_{h'h}b_{h'}^{t-1} \tag{6-80}$$

$$b_h^t = \theta_h(a_h^t) \tag{6-81}$$

前向传播过程依次经过输入门、遗忘门、记忆单元、输出门和单元输出，以下分别给出了每一部分的公式。

输入门的输入 a_l^t 和输出 b_l^t 分别为

$$a_l^t = \sum_{i=1}^{I} \omega_{il} \boldsymbol{x}_i^t + \sum_{h=1}^{H} \omega_{hl} b_h^{t-1} + \sum_{c=1}^{C} \omega_{cl} s_c^{t-1} \tag{6-82}$$

$$b_l^t = f(a_l^t) \tag{6-83}$$

遗忘门的输入 a_φ^t 和输出 b_φ^t 分别为

$$a_\varphi^t = \sum_{i=1}^{I} \omega_{i\varphi} \boldsymbol{x}_i^t + \sum_{h=1}^{H} \omega_{h\varphi} b_h^{t-1} + \sum_{c=1}^{C} \omega_{c\varphi} s_c^{t-1} \tag{6-84}$$

$$b_\varphi^t = f(a_\varphi^t) \tag{6-85}$$

记忆单元的输入 a_c^t 和状态值 s_c^t 分别为

$$a_c^t = \sum_{i=1}^{I} \omega_{ic} \boldsymbol{x}_i^t + \sum_{h=1}^{H} \omega_{hc} b_h^{t-1} \tag{6-86}$$

$$s_c^t = b_\varphi^t s_c^{t-1} + b_l^t g(a_c^t) \tag{6-87}$$

输出门的输入 a_γ^t 和状态值 b_γ^t 分别为

$$a_\gamma^t = \sum_{i=1}^{I} \omega_{i\gamma} \boldsymbol{x}_i^t + \sum_{h=1}^{H} \omega_{h\gamma} b_h^{t-1} + \sum_{c=1}^{C} \omega_{c\gamma} s_c^{t-1} \tag{6-88}$$

$$b_\gamma^t = f(a_\gamma^t) \tag{6-89}$$

单元输出为

$$b_c^t = b_\gamma^t f(s_c^t) \tag{6-90}$$

2. 反向传播过程

循环神经网络在完成前向传播后，采用误差反向传播的方法进行权值更新。典型的反向传播算法有实时递归学习(Real Time Recurrent Learning，RTRL)算法和 BPTT 算法。与 RTRL 算法相比，BPTT 算法更简单，能够更有效地处理时序信息。

类似于标准的反向传播算法，BPTT 算法本质上是链式规则的复用。该算法中的损失函数不仅依赖于隐藏层激活值对输出层的影响，而且依赖于隐藏层激活值对下一时刻隐藏层的影响。因此，权值修正项 δ_h^t 如公式(6-91)所示，其中，$\delta_j^t \stackrel{\Delta}{=} \frac{\partial l}{\partial a_j^t}$。

$$\delta_h^t = \theta'(a_h^t)\left(\sum_{k=1}^{K} \delta_k^t \omega_{hk} + \sum_{h'=1}^{K} \delta_{h'}^{t+1} \omega_{hh'}\right) \tag{6-91}$$

对权值修正项 δ 的完整序列，利用公式(6-91)依次从 $t=T$ 时刻按照时间步长进行递归计算，直到 $t=0$ 时刻为止，最后对权值修正项 δ 序列进行求和，得到最终的权值修正项。

反向传播过程是前向传播过程的逆过程，因此计算过程反过来依次经过单元输出、输出门、记忆单元、遗忘门和输入门。假设 ε_c^t、ε_s^t 分别代表损失函数对单元输出和存储单元状态的偏导数。

$$\varepsilon_c^t \stackrel{\Delta}{=} \frac{\partial l}{\partial b_c^t} \qquad \varepsilon_s^t \stackrel{\Delta}{=} \frac{\partial l}{\partial s_c^t} \tag{6-92}$$

首先，RNN 反向传播过程在单元输出进行 ε_c^t 的计算：

$$\varepsilon_c^t = \sum_{k=1}^{K} \omega_{ck}\delta_k^t + \sum_{g=1}^{G} \omega_{cg}\delta_g^{t+1} \tag{6-93}$$

其次，在输出门计算该单元的权值修正项：

$$\delta_\gamma^t = f'(a_\gamma^t)\sum_{c=1}^{C} h(s_c^t)\varepsilon_c^t \tag{6-94}$$

再次，在记忆单元计算该单元的权值修正项：

$$\varepsilon_s^t = b_\gamma^t h'(s_c^t)\varepsilon_c^t + b_\varphi^{t+1}\varepsilon_s^{t+1} + \omega_{cl}\delta_l^{t+1} + \omega_{c\varphi}\delta_\varphi^{t+1} + \omega_{c\gamma}\delta_\gamma^t \tag{6-95}$$

$$\delta_c^t = b_l^t g'(a_c^t)\varepsilon_s^t \tag{6-96}$$

接着，在遗忘门计算该单元的权值修正项：

$$\delta_\varphi^t = f'(a_\varphi^t)\sum_{c=1}^{C} s_c^{t-1}\varepsilon_s^t \tag{6-97}$$

最后，在输入门计算该单元的权值修正项：

$$\delta_\varphi^t = f'(a_l^t)\sum_{c=1}^{C} g(a_c^t)\varepsilon_s^t \tag{6-98}$$

6.5.4 LSTM 改进算法——GRU 算法

门控循环单元(Gated Recurrent Unit，GRU)是 2014 年研究者提出的一种改进 LSTM 算法。该算法将遗忘门和输入门合并成为一个单一的更新门，同时合并了数据单元状态和隐藏状态，使得模型结构比 LSTM 更为简单。GRU 算法结构如图 6.7 所示。

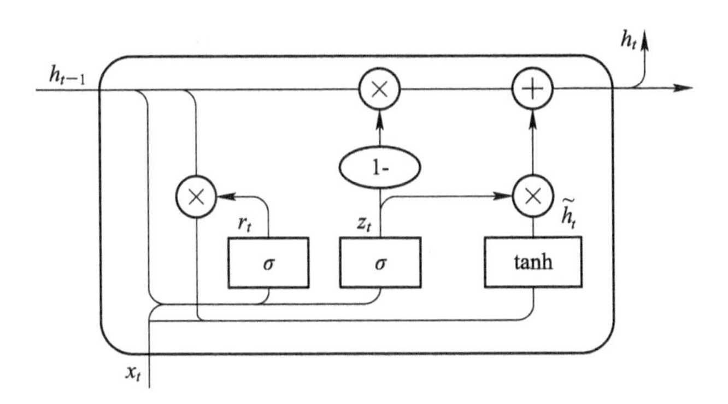

图 6.7　GRU 算法结构

其各个部分满足如下关系：

$$\begin{cases} z_t = \sigma(\boldsymbol{W}_z \cdot [h_{t-1}, x_t]) \\ r_t = \sigma(\boldsymbol{W}_r \cdot [h_{t-1}, x_t]) \\ \tilde{h}_t = \tanh(W \cdot [r_t * h_{t-1}, x_t]) \\ h_t = (1 - z_t) * h_{t-1} + z_t * \tilde{h}_t \end{cases} \tag{6-99}$$

式中，$\boldsymbol{W}_z$ 和 $\boldsymbol{W}_r$ 分别表示更新门和重置门的权重参数矩阵。

在图 6.7 中，z_t 和 r_t 分别表示更新门和重置门。更新门用于控制前一时刻的状态信息被带入到当前状态中的程度，更新门的值越大表明前一时刻的状态信息被带入越多。重置门控制前一状态有多少信息被写入到当前的候选集 $\tilde{h}_t$ 上，重置门越小则前一状态的信息被写入得越少。

本章小结

本章首先引入时序分析，介绍了时序分析中的基本概念，并对时间序列数据的研究进行了综述，使得读者对于时序模型有了一个初步的认识。

接着，本章引入了处理时序模型问题时使用的 HMM。随着当前深度学习的崛起，尤其是 RNN 以及 LSTM 等神经网络序列模型研究的火热，HMM 的地位有所下降。但作为一个经典模型，对 HMM 及相应算法的学习有利于提高我们建模的能力以及拓展算法设计思路。

随后，本章介绍了循环神经网络。相较于其他神经网络，经典的 RNN 在处理时间序列问题时有着较大的优势。但是，经典的 RNN 具有长期依赖性，容易造成梯度消失的问题，因此，出现了用于解决该问题的 LSTM 型 RNN 结构。本章介绍了 LSTM 型 RNN 训练过程中的前向传播和反向传播的计算公式。最后，本章简单介绍了改进的 LSTM 算法——GRU 算法。

习　题

习题答案

1. 请阐述时间序列的特点。

2. 考虑盒子和球组成的隐马尔可夫模型 $\lambda=(\boldsymbol{A}, \boldsymbol{B}, \boldsymbol{\Pi})$，其中，

$$\boldsymbol{A}=\begin{bmatrix}0.5 & 0.1 & 0.4\\0.3 & 0.5 & 0.2\\0.2 & 0.2 & 0.6\end{bmatrix}, \boldsymbol{B}=\begin{bmatrix}0.5 & 0.5\\0.4 & 0.6\\0.7 & 0.3\end{bmatrix}, \boldsymbol{\Pi}=(0.2, 0.3, 0.5)^{\mathrm{T}}$$

$$P(O \mid \lambda)=\sum_{i=1}^{N}\sum_{j=1}^{N}\alpha_t(i)a_{ij}b_{ij}(o_{t+1})\beta_{t+1}(j), \quad t=1, 2, \cdots, T-1$$

设 $T=8$，$O=$(红，白，红，红，白，红，白，白)，使用前向后向概率计算 $P(i_4=q_3 \mid O, \lambda)$。

3. 在习题 2 中，试用 Viterbi 算法求最优路径 $I^*=(i_1^*, i_2^*, i_3^*, i_4^*)$。

4. 试用前向概率和后向概率推导

$$P(O \mid \lambda)=\sum_{i=1}^{N}\sum_{j=1}^{N}\alpha_t(i)a_{ij}b_{ij}(o_{t+1})\beta_{t+1}(j), \quad t=1, 2, \cdots, T-1$$

5. 请描述截断梯度的更新方式，并根据截断梯度更新方式说明为何截断梯度可以优化长期依赖。

6. LSTM 架构中有哪些门控？其作用如何？

计算机视觉应用篇

第七章　图像匹配

图像匹配是通过分析图像的内容、特征、结构、关系、纹理及灰度等的对应关系、相似性和一致性，寻找相似图像的一种方法。图像匹配是计算机视觉的重要技术之一，本章将从图像匹配的要素和常用方法等方面介绍图像匹配的相关知识。

7.1　图像匹配及其应用

图像匹配通过一定的匹配算法在两幅或多幅图像之间确定同名点。例如，二维图像匹配通过比较目标区和搜索区内相同大小窗口的相关系数，以搜索区中相关系数最大值所对应的窗口中心点作为同名点。图像匹配的实质是一个在基元相似性条件下运用匹配准则的最佳搜索问题。

图像匹配的基本原理是利用相关的空间与灰度变换寻找两幅图像或者多幅图像在空间上的一致关系。例如，存储图像 A 和图像 B 的灰度值的二维数组分别记为 $I_1(\boldsymbol{x}, \boldsymbol{y})$和 $I_2(\boldsymbol{x}, \boldsymbol{y})$，如果将图像 A 中的像素点 $I_1(\boldsymbol{x}, \boldsymbol{y})$映射到图像 B，则 $I_2(\boldsymbol{x}, \boldsymbol{y})$称为图像 A 在图像 B 中的成像，它们之间的映射关系可以表示为

$$I_2(\boldsymbol{x}, \boldsymbol{y}) = g(I_1(f(\boldsymbol{x}, \boldsymbol{y}))) \tag{7-1}$$

其中，f 表示空间变换，g 表示灰度变换。在一般的匹配算法研究中，对灰度变换考虑得较少，研究的重点在于进行空间变换的函数 f。

图像匹配是一种应用广泛的图像处理技术，用于解决众多领域的实际问题，例如，用于诊断治疗中的医学图像匹配，不同时间、空间等情况下获得的图像的差异检测，成像系统或物体场景变化情况下的图像信息获取等。图像匹配是利用机器识别技术得到对图像某些特征的解释，是在图像检测的基础上通过相关算法来实现的。

目前，图像匹配技术的研究和应用主要集中在图像融合、复杂背景下对运动目标的检测跟踪、地图匹配、导弹制导中的自动目标识别定位、基于模板匹配的图像识别和医学的诊断治疗等领域。

7.2　图像匹配的要素

图像匹配包含四个要素：特征空间、搜索空间、相似性测度和搜索策略。这四个要素构成了匹配算法实现步骤的基本框架和流程。但是，选择哪一种具体的图像匹配算法则是由图像变换模型、图像间的灰度映射关系和参数计算方法等共同决定的。

1. 特征空间和特征选取

特征空间是从图像中提取的信息的集合，可以是灰度值空间、结构特征值空间(边缘、

表面)、显著特征空间(角点、线交叉点、高曲率的点等)或统计特征空间(矩变量、中心点等)。在选取特征时要考虑三个因素:

(1) 选取的特征要对算法敏感,并且必须是原始图像和待配准图像共同具有的特征。

(2) 特征集要能被匹配,要包含足够多的分布均匀的特征。

(3) 要确保算法的执行效率,所选取的特征要易于特征匹配的计算。

2. 搜索空间

搜索空间是指在输入特征与原始特征之间建立对应关系的一系列变换的集合。几何变换的主要因素是变化、成像畸变的类型与强度,这些因素决定了搜索空间的组成与范围。例如,若图像之间仅存在平移变换,则由水平与垂直方向组成二维搜索空间即可;若还存在旋转变换,则需要增加角度参数;若还有缩放变换,则搜索空间需要进一步添加缩放比例因子。匹配算法会从搜索空间找到一个最佳位置,该位置的变换参数使图像之间的相似性测度达到最佳值。因此,在某个特定的应用场合,可以将变换类型当作先验知识,限制搜索空间可能出现的变换类型;若没有应用可以参考,则需要考虑所有可能出现的变换类型。

3. 相似性测度

相似性测度用于衡量多个图像间特征的相似性程度,是对搜索空间中所定义的输入数据与参考数据之间匹配程度的评估。常见的相似性度量有灰度相关、相位相关、欧式距离、马氏距离等。

4. 搜索策略

搜索策略是使相似性测度达到最佳匹配的计算方式,由搜索空间与相似性测度的方法共同决定,即采用合适的方法在搜索空间中找到平移、旋转等变换参数的最优估计,使得相似性测度达到最大值。常见的搜索策略有穷举、动态规划、序贯判决、共轭梯度法、松弛算法、启发性搜索和智能算法等。

7.3 图像匹配的常用方法

总体而言,图像匹配的方法可分为三类:

- 基于图像特征点的匹配方法;
- 基于图像灰度信息的匹配方法;
- 基于相位相关的匹配方法。

图像匹配算法

7.3.1 基于图像特征点的匹配方法

基于图像特征点的匹配方法是以提取的特征元素为基元对特征进行描述,然后依据相似性原则,利用特征参数对图像的特征元素进行匹配的一种方法。这种方法的优势在于不需要直接采用图像像素的灰度信息,就能够针对整幅图像进行各类分析处理,可以减少计算量,同时能较好地在图像偏移、旋转和灰度变化等情况下匹配;缺点是这样的特征匹配通常需要人工进行相关处理。

特征匹配

常见的特征匹配方法主要是点匹配算法，可以分为两类。一类是基于特征点集之间的对应关系，通过相似性度量来进行匹配，这类算法精度高，但计算量大；另一类是利用特征点集之间的最大距离来进行匹配，这类算法可以大大提高匹配的速度，常见方法有最小均方误差匹配方法、Hausdorff 距离匹配方法等。

1. SUSAN 特征点算法

SUSAN(Smallest Univalue Segment Assimilating Nucleus，最小吸收同值核区)算法的基本原理是：在以一个点为中心的局部区域内，根据像素点亮度值的分布来判断平滑区域、边缘及角点。我们把在图像上移动的图形模板的中心称为核心，将图像一定区域内的每个像素的亮度值与核心点的亮度值进行比较，把比较结果相似或相同的点组成的区域称为 USAN(单值分割相似核心)。USAN 区域含有图像在某个局部区域的结构信息，其大小反映了图像局部特征的强度。

SUSAN 算子使用圆形模板探测角点，模板的半径一般为 3～4 个像素。通过在图像上滑动模板，对每一个位置计算亮度相似比较函数的值，并通过计算合计值得到 USAN 区域的面积，而后再跟一个给定阈值进行比较。接着，计算 USAN 区域的重心并求出模板核心到重心的距离，若对应正确角点，则其重心应该距离核心较远，因此，能以距离消除虚假角点的影响。最后使用最大值抑制方法就可以找出角点。

若忽略图像旋转的问题，基于 SUSAN 的图像匹配方法的步骤如下：

(1) 在基准图像和后续图像中，把找到的角点按照 y 和 x 的顺序进行编号，使图像上的点成为有序的角点队列。

(2) 假设基准图像和后续图像中的第 n 个角点是正确的配对点，计算出它们之间的位移量，包括 x 坐标上的位移量 Δx 和 y 坐标上的位移量 Δy，并将位移量恢复到后续图像。

(3) 然后对基准图像的第 $n+1$ 个角点(假设其坐标为(x_{n+1}, y_{n+1}))，在后续图像中按照角点的顺序依次检测找到与其相匹配的点。

(4) 重复第(3)步，直至处理完基准图像的最后一个角点为止。

(5) 如果基准图像和后续图像的第 n 个角点之间的位移量 Δx、Δy 恢复到后续图像之后，在基准图像第 n 个角点之后的所有角点(即第 $n+1$ 个到最后一个)之中，有半数以上的角点都能在后续图像上找到对应的点，那么，第 n 个角点才算匹配成功。如果匹配成功，则记录下点对的位置；如果匹配不成功，则删除该点。

(6) 令 $n=n+1$，返回第(2)步重复上述步骤，直到完成基准图像之中所有点的匹配为止。

2. SIFT 特征点算法

SIFT(Scale-Invariant Feature Transform，尺度不变特征变换)特征点匹配算法是由 David Lowe 在 1999 年提出，并在 2004 年总结了现有的基于不变量技术的特征检测方法的基础上再次提出的一种基于尺度空间的特征匹配算法。SIFT 特征匹配算法首先通过求取尺度空间极值点，确定关键点位置，为关键点指定方向参数和生成关键点的特征描述等步骤提取图像的 SIFT 特征，然后利用 SIFT 特征，采用欧氏距离作为相似性测度进行匹配。匹配的方法是：对图像中的某个关键点，在匹配图像中找到与其欧氏距离最近的前两个关键点，若这两个关键点中的最近距离与次近距离的比值小于某个阈值，则接收这一对匹配点。通过降低比例阈值减少了 SIFT 匹配点的数目，但可以提高匹配的稳定性与可靠性。

3. SURF 特征点算法

2006 年，Herbert Bay 提出了 SURF(Speeded Up Robust Features，加速稳健特征)算法，该算法中的特征点检测理论也是基于尺度空间，其整体思路同 SIFT 算法相似，但采用了与 SIFT 算法不同的方法。首先，在尺度 σ 上定义 Hessian(海森)矩阵，利用该矩阵的行列式计算图像上特征点的位置和尺度信息；其次，通过积分图像简化计算；最后，通过确定特征点的主方向来保持旋转不变性。SURF 算法以特征点为中心，将坐标轴旋转到主方向，并将其划分为 4×4 的子区域，在每个子区域分别形成一个四维矢量。因此，每一个特征点都形成了 4×(4×4)=64 维的描述向量，然后通过归一化保证了特征对光照的鲁棒性。SURF 在各方面的性能均接近或者超越了 SIFT 的性能，但计算速度是 SIFT 的 3 倍左右。在进行特征点匹配时，SURF 也是通过计算两个特征点的特征向量之间的欧氏距离来确定匹配度，越小的欧式距离代表两个特征点的匹配度越好。不同之处在于 SURF 加入了对 Hessian 矩阵迹的判断，如果两个特征点的矩阵迹的符号相同，则表明这两个特征点具有相同方向上的对比度变化；如果不同，则表明这两个特征点的对比度方向相反，此时，即使它们的特征向量之间的欧氏距离为 0，也将直接剔除这两个特征点。

7.3.2 基于图像灰度信息的匹配方法

基于图像灰度信息的匹配方法一般不需要对图像进行预处理，而是利用整幅图像包含的灰度信息直接在两幅图像之间建立相似性度量，并采用搜索算法求得变化模型的参数。此类算法的特点是实现较为简单，不需要对图像进行特征提取，从而回避了特征匹配这个难点。并且由于该类算法使用了图像的所有信息，因此匹配的精度和鲁棒性大幅提高，但这种方法计算量大、速度较慢。目前，在基于图像灰度的匹配方法中经常应用的相似性度量方法包括互相关法、基于序列相关的方法和基于互信息量的方法等。

1. 互相关法

互相关法通过计算模板和待匹配图像的互相关值来确定匹配的程度，互相关值最大时的搜索窗口的位置决定了模板图像在待匹配图像中的位置。互相关法不像是一种图像匹配的完整方法，更像是一种匹配程度或者相似性度量的表现形式。把互相关的思想作为度量测度是互相关法广泛应用的原因，它是一种经常应用于各种匹配的方法。

首先定义一幅图像 $f(\boldsymbol{x}, \boldsymbol{y})$和模板 T(尺度比图像小)，模板在图像里每一个位移的相似程度用归一化的二维交叉相关函数 $C(\boldsymbol{u}, \boldsymbol{v})$表示，该函数定义如下：

$$C(\boldsymbol{u}, \boldsymbol{v}) = \frac{\sum_{x}\sum_{y} T(\boldsymbol{x}, \boldsymbol{y}) f(\boldsymbol{x}-\boldsymbol{u}, \boldsymbol{y}-\boldsymbol{v})}{\left[\sum_{x}\sum_{y} f^{2}(\boldsymbol{x}-\boldsymbol{u}, \boldsymbol{y}-\boldsymbol{v})\right]^{1/2}} \tag{7-2}$$

上述交叉相关函数会在图像 $f(\boldsymbol{x}, \boldsymbol{y})$和模板 T 匹配的位置出现峰值。但要特别注意是否对交叉相关函数进行了归一化，在没有归一化的情况下，局部图像灰度会对相似度的度量产生较大影响。

实验表明，按照如下方式定义的相关系数在一些条件下的度量效果会更好：

$$\frac{\text{covariance}(f, T)}{\delta_f \delta_T} = \frac{\sum_x \sum_y [T(\boldsymbol{x}, \boldsymbol{y}) - \mu_T][f(\boldsymbol{x}, \boldsymbol{y}) - \mu_f]}{\left[\sum_x \sum_y [f(\boldsymbol{x}, \boldsymbol{y}) - \mu]^2 \sum_x \sum_y [T(\boldsymbol{x}, \boldsymbol{y}) - \mu_T]^2\right]^{1/2}} \tag{7-3}$$

相关系数的取值始终位于$[-1, 1]$，同时在适当的假设条件之下，相关系数的取值与两幅图像之间的相似性具有线性关系。再根据卷积原理，我们可以通过快速傅氏变换计算相关度，从而大幅提高图像相关度的计算效率。

2. 基于序列相关的方法

1972 年，Barnea 等人根据传统相关方法提出了一种行之有效的序列相关算法——序贯相似性检测算法(Successire Similarity Detection Algorithm，SSDA)，得到了很好的效果。这种算法也称为序贯相似性算法，它在两个方面存在显著的改进。

(1) 简化了计算。该算法利用图像 f 和模板 T 之间的差值来表示变化，即

$$e(\boldsymbol{u}, \boldsymbol{v}) = \sum_x \sum_y |T(\boldsymbol{x}, \boldsymbol{y}) - f(\boldsymbol{x} - \boldsymbol{u}, \boldsymbol{y} - \boldsymbol{v})| \tag{7-4}$$

经过归一化可得

$$e(\boldsymbol{u}, \boldsymbol{v}) = \sum_x \sum_y |T(\boldsymbol{x}, \boldsymbol{y}) - E(T) - f(\boldsymbol{x} - \boldsymbol{u}, \boldsymbol{y} - \boldsymbol{v}) + E(f)| \tag{7-5}$$

其中，$E(f)$和 $E(T)$表示图像 f 和模板 T 的均值。这种处理方法与互相关法的处理效果相似，但能够显著地减小计算量，提高运算速度。

(2) 使用了一种序列搜索的策略。该算法根据检测范围和模板的大小定义了一系列窗函数和阈值，把每一个窗函数作用到图像中，当相似性超过阈值后进行次数累加，并在次数最多的窗口里进行匹配，同时通过反复迭加来细化匹配直至取得所需要的结果。

序列相关算法能够提高相关方法的搜索效率，但是随着变换空间的复杂化，算法也变得复杂；同时，由于该算法注重于减少计算量，因此会影响计算结果的精度。近年来，为了更好地满足图像匹配的要求，研究者对该算法进行了较多的改进，提出了诸如改进的快速 SSDA 算法、双阈值快速 SSDA 算法(DTSSDA)等方法，取得了更好的效果。

3. 基于互信息量的方法

Viola 等人在 1995 年将互信息量引入图像匹配领域，互信息量是基于信息理论的一种相似性准则。假设 A、B 是两个随机量，则互信息量的熵定义如下：

$$\begin{aligned} I(A, B) &= H(A) + H(B) - H(A, B) \\ &= H(A) - H(A|B) \\ &= H(B) - H(B|A) \end{aligned} \tag{7-6}$$

式中，$H(A)$和 $H(B)$表示随机变量 A、B 的熵，$H(A, B)$表示 A、B 的联合熵，$H(A|B)$表示给定 B 时 A 的条件熵，$H(B|A)$表示给定 A 时 B 的条件熵。互信息量表示了两幅图像的统计依赖性，它的关键思想是：如果两幅图像实现匹配，则它们的互信息量达到最大值。

在此基础上，Maes 等人进行了全面的研究，将图像匹配的精度提高到了亚像素级；Pluim 等人利用图像的空间信息将互信息量与梯度结合起来，有效地提高了图像匹配方法的鲁棒性；Tsao 讨论了基于互信息量的多模图像匹配受不同插值方法的影响；Jue Wu 等

人将互信息量和灰度差值之和作为测度来提高匹配的鲁棒性和精度。

7.3.3 基于相位相关的匹配方法

图像匹配的另一种有效方法是相位相关法(Phase Correlation)，该方法基于傅氏变换的平移定理。这一方法的原理是假设在两幅图像 $I_1(x, y)$和 $I_2(x, y)$之间存在一个平移量(d_x, d_y)，则

$$I_2(x, y) = I_1(x - d_x, y - d_y) \tag{7-7}$$

经过傅氏变换后，F_1 与 F_2 在频域上存在以下的相互关系，其中，$F_1(\xi, \eta)$和 $F_2(\xi, \eta)$分别表示对应的两幅图像：

$$F_2(\xi, \eta) = e^{-j(\xi d_x + \eta d_y)} F_1(\xi, \eta) \tag{7-8}$$

由式(7-8)可知，经过傅氏变换后，两幅图像在频域中的幅值是相同的，但平移量存在一个相位差。因此，两幅图像的相位差可以由图像间的平移量直接决定。按照平移定理，这一相位差等于两幅图像互功率谱上的相位：

$$\frac{F_1(\xi, \eta)F_2^*(\xi, \eta)}{|F_1(\xi, \eta)F_2^*(\xi, \eta)|} = e^{j2\pi(\xi d_x + \eta d_y)} \tag{7-9}$$

式(7-9)的右侧是虚指数，如果对其进行傅氏反变换，将会得到一个冲击函数，该函数只有在峰值点也就是平移量(d_x, d_y)处的取值不为零，而在其他各处的取值几乎为零，而该函数取值不为零的位置就是需要寻找的匹配位置。因此，通过寻找冲击函数的峰值点即可找到匹配位置。

7.4 特征分布不均匀的图像精配准算法

对于一般情形的图像匹配，上节介绍的图像匹配方法是十分有效的。但若采集的图像出现特征分布不均匀的情况，如星载雷达获取的图像，则由于传统的图像配准方法是通过全图匹配进行配准，在特征稀少的区域只能提取到少量甚至无法提取到特征，从而会极大地影响配准精度。

针对上述问题，本节介绍的方法将一次全图配准作为一种粗层次配准，在经过网格化后再进行二次精配准，从而提高这类特征不均匀图像的配准精度。

7.4.1 常见图像配准方法的一般过程及存在问题

1. 常见图像配准方法的一般过程

一般的图像配准方法是对全图进行一次特征提取、匹配，最后实现配准，例如基于 SIFT 特征点的图像配准算法的流程如图 7.1 所示。

当两幅或者多幅图像需要配准时，首先运用特征点提取方法进行特征检测、描述，生成相对应的两个或者多个特征点集，然后根据特征点的信息进行匹配，最后对图像作变换，插值实现配准。

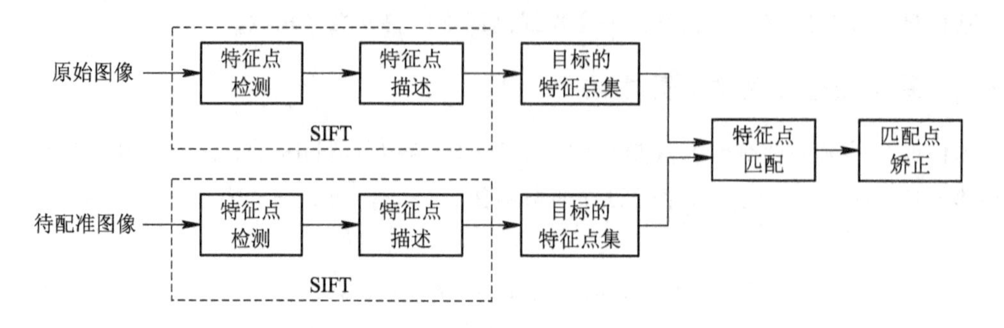

图 7.1 基于 SIFT 特征点的图像配准算法流程

2. 常见图像配准方法存在的问题

常见的图像配准方法能够处理特征点分布均匀的图像，但星载雷达获取的图像难以做到特征点分布均匀，例如，在遥感图像中出现的海洋、沙漠和森林都会造成特征点分布不均匀。在此类区域，由于能够提取的特征点较少，从而会导致匹配精度降低，误匹配或者漏匹配的概率增加，这是常见图像配准方法无法解决的问题。下面简要介绍均匀性及其对图像配准的影响。

均匀性常用来描述特征点的分布情况。特征点在图像中的分布均匀与否，一般是以人的直观视觉来估计的，即观看图像不同范围内的特征点数量是否相近或相等。如果图像不同范围内的特征点数量相差较大，则可以认为特征点分布不均匀，反之可以认为特征点分布较均匀。如图 7.2 所示，图像下方区域的特征点较为集中，明显多于图像的其他区域，而图像上方区域的特征点相对较少，这就是典型的特征点分布不均匀的情况。特征点分布不均匀的情况会造成在特征点稀少区域能够提取的特征点较少，甚至提取不到特征点，从而影响该区域匹配的情况，进而影响到全图的配准精度。

图 7.2 特征点分布不均匀的实例图

7.4.2　层次配准方法

针对常见图像配准方法存在的问题，本节简要介绍针对特征分布不均匀的图像提出的层次配准方法的思想，后续小节将进一步详细介绍层次配准的方法。层次配准的思路是首先选取某种图像配准方法对全图作粗层次的配准，然后针对特征点分布不均匀的问题，对全图进行网格化，在网格内进行局部的配准，以解决在特征点稀少区域提取特征点少的问题，最终实现全图的精配准。图 7.3 给出了粗层次配准到精配准的流程，该方法的重点在于进行两次配准，关键在于两次配准之间的网格化处理。

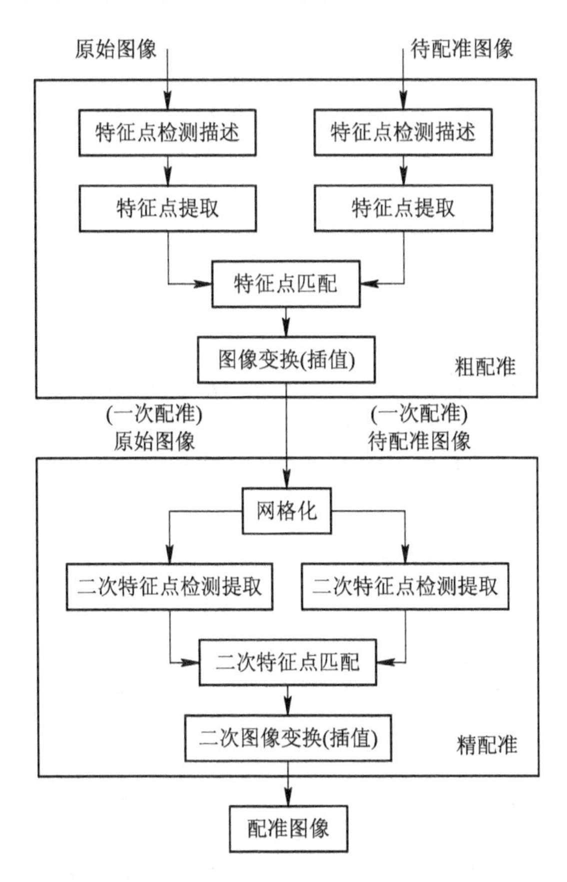

图 7.3　粗配准到精配准流程

从图 7.3 可以看出，两次配准的流程同一般图像配准方法的流程是一样的，其关键是通过网格化的方法能够很好地将一个全局性问题转化为局部性问题予以解决。

7.4.3　粗层次配准算法

虽然在图像匹配过程中进行一些预处理会导致处理步骤有所增加，但这种做法能够在保证匹配精度的前提下，尽可能地减少整个匹配算法的计算量，提高算法效率。因此，在进行算法匹配之前，首先需要对图像进行预处理，在完成特征匹配之后再还原图像，最后进行一次全图配准。

1. 图像分层方法

作为基准的原始图和待匹配的目标图称为零级(底层)图，对图像用 2×2 模板进行邻域平均，确保各个模板计算时的区域不能重叠。这样，本层的均值就成为上层图像的灰度值，如此反复就能得到新的图像。如图 7.4 所示，将每 2×2 个像元加权平均为一个像元构成第一级图像，如此下去可构成一系列的图像。

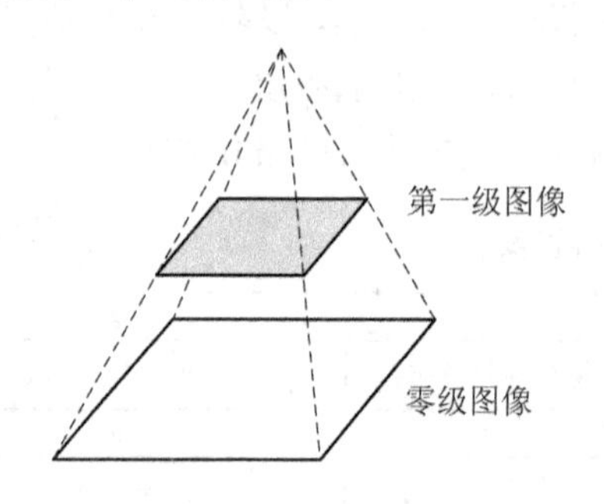

图 7.4　图像分层预处理

2. 匹配过程

以第一级图像为例，分层后构成的第一级图像的维数是零级的一半，由于像元数减少，搜索速度将增快。但由于本层损失了一部分高频信息，因此将产生多个可能的粗匹配位置，使得能够正确匹配的概率不大，所以，下一步的精匹配需要且仅需对这些粗匹配位置进行匹配纠正即可。如此就能实现目标图在原始图中的快速定位。

3. SUSAN 角点提取算法

在进行图像粗层次配准时需要选择相应的特征点提取算法，本书使用 SUSAN 算法提取图像的角点作为特征点。与其他角点提取算法相比，SUSAN 算法最突出的优势就是具有很好的抗噪能力，并且，SUSAN 算法速度快、定位准，能够满足粗层次配准的需求。根据 SUSAN 算法提取的角点进行一次全局配准，使待配准图像能够迅速被初步配准并能取得较好的效果，为下一步精确配准奠定良好的基础。

4. 角点匹配

在找到两幅图像所有的角点之后，下一步是实现角点之间的匹配，而后才能实现配准。上一步提取的特征点中有一些角点可能非常相近，这会导致出现一对多的匹配关系，即伪匹配点；同时，也可能存在部分角点在另一幅图像上没有找到匹配点，或者出现多对多的匹配关系。针对这些问题，我们可以通过提纯处理来解决，即首先对角点进行一次粗匹配，再进行精匹配。

角点匹配的问题一般来说是相关性的问题。如何将两幅图像内的角点进行匹配并减少匹配误差是匹配的难点之一。通常，角点匹配的流程是：在一幅图像中选取一个角点，同时找到角点附近小范围内的像素，将它们与另一幅图像内提取的点及其附近相近范围内的像素进行比较，求得一系列相似性的度量值，通过这些度量值来确定相对准确的匹配点。具体方法如下：

首先以角点为圆心选取一个圆形邻域作为特征区域，利用公式(7-10)计算特征区域的质心位置；若是两幅图像中的特征区域的质心到圆心(即角点)的距离之差在给定范围之内，则依据这两个质心与圆心的斜率差进行归一化互相关计算；若求得的互相关结果大于设定阈值，则认为当前两个角点相似，从而判定为粗匹配产生的一对角点。

$$\begin{cases} Z_{1m} = \begin{bmatrix} x_{1m} \\ y_{1m} \end{bmatrix} = \left[\dfrac{\sum\limits_i \sum\limits_j x_{ij} f(i,\ j)}{\sum\limits_i \sum\limits_j f(i,\ j)},\ \dfrac{\sum\limits_i \sum\limits_j y_{ij} f(i,\ j)}{\sum\limits_i \sum\limits_j f(i,\ j)} \right] \\ Z_{2n} = \begin{bmatrix} x_{2n} \\ y_{2n} \end{bmatrix} = \left[\dfrac{\sum\limits_i \sum\limits_j x_{ij} f(i,\ j)}{\sum\limits_i \sum\limits_j f(i,\ j)},\ \dfrac{\sum\limits_i \sum\limits_j y_{ij} f(i,\ j)}{\sum\limits_i \sum\limits_j f(i,\ j)} \right] \end{cases} \tag{7-10}$$

式中，Z_{1m}、Z_{2n} 表示两幅图像中以某个角点为圆心形成的特征区域的质心坐标；x_{ij}、y_{ij} 表示该特征区域内的像素点坐标(以角点作为坐标系原点)；$f(i,\ j)$表示该像素点的灰度值。

然后计算质心到角点的距离：

$$d_{1m} = \sqrt{x_{1m}^2 + y_{1m}^2},\ d_{2n} = \sqrt{x_{2n}^2 + y_{2n}^2} \tag{7-11}$$

式中，d_{1m}、d_{2n} 表示两个质心到角点的距离。假设 d_k 表示两者之差，则

$$d_k = d_{1m} - d_{2n} \tag{7-12}$$

若 $d_k < 1$，计算两个质心的偏移角度：

$$\theta_{1m} = \arctan \frac{y_{1m}}{x_{1m}},\ \theta_{2n} = \arctan \frac{y_{2n}}{x_{2n}} \tag{7-13}$$

则两个质心偏移角度之差 θ_1 为

$$\theta_1 = \theta_{2n} - \theta_{1m} \tag{7-14}$$

把待匹配图像的第 n 个特征区域旋转 θ_1 角度，然后对这两个特征区域展开归一化互相关计算，通过比较互相关计算的结果与阈值确定两个角点是否粗匹配。

在完成角点的粗匹配之后，角点的精匹配过程其实就是一个全局优化过程，通过对候选角点的计算来找到正确匹配的角点。此阶段采用的优化算法是松弛算法，主要步骤包括计算匹配强度，根据松弛算法进行迭代计算，寻找正确匹配的角点。

(1) 计算匹配强度。假设候选角点为$(x,\ x')$，x 和 x'分别表示图像 1 和图像 2 上的角点。同时，假设以 R 为半径的 x 和 x'的邻域分别表示为 $N(x)$和 $N(x')$。其主要步骤如下：

① 若$(x,\ x')$是定义正确的对应角点，则在它们的邻域内能够找到许多对应角点$(y,\ y')$，其中 $y \in N(x)$，$y' \in N(x')$，这些角点都具有相互支持的特性。

② 若$(y,\ y')$是所得的对应角点，则$(y,\ y')$对应 $(x,\ x')$的充分条件是：xy 与 $x'y'$之间的角度小于θ。

③ 在邻域 $N(x)$和 $N(x')$内进行搜索，累加支持强度以计算匹配强度。由于正确的角点一般同多个候选角点互相对应，并且，每个候选角点对都有支持强度，因此需要计算在 $N(x)$与 $N(x')$中的最大的支持强度 $\max[S(x,\ x',\ y,\ y')]$：

$$S(x,\ x') = \sum_{y \in N(x)} \max_{(y,\ y')} [S(x,\ x',\ y,\ y')] + \sum_{y' \in N(x')} \max_{(y,\ y')} [S(x,\ x',\ y,\ y')] \tag{7-15}$$

式中，定义支持强度 $S(x,\ x',\ y,\ y') = \dfrac{\rho(x,\ x') \cdot \rho(y,\ y') \cdot \delta(x,\ x',\ y,\ y')}{1 + d(x,\ x',\ y,\ y')}$，其中 ρ 表

示相关系数，计算公式为

$$\rho(x, x')=\frac{\sum_{i=-n}^{n}\sum_{i=-m}^{m}[I(u+i, v+j)-E(x)][I'(u'+i, v'+j-E(x'))]}{\sqrt{\sum_{i=-n}^{n}\sum_{i=-m}^{m}[I(u+i, v+j)-E(x)]^2\cdot\sum_{i=-n}^{n}\sum_{i=-m}^{m}[I'(u'+i, v'+j-E(x'))]^2}} \tag{7-16}$$

特征点 x 在 (u, v) 处相关领域窗的均值。领域窗是以特征点为中心、大小为 $(2n+1)(2m+1)$ 的子图窗口。

$$E(x)=\frac{\sum_{i=-n}^{n}\sum_{i=-m}^{m}[I(u+i, v+j)]}{(2n+1)(2m+1)} \tag{7-17}$$

假设 $d(x, x', y, y')$ 表示两个点对之间的平均距离，$d(x, y)=\|x-y\|$ 表示 x 与 y 之间的欧氏距离，则

$$d(x, x', y, y')=\frac{d(x, y)+d(x', y')}{2} \tag{7-18}$$

$$\delta(x, x', y, y')=\begin{cases}e^{-r/\varepsilon_r}, & 若\ r<\varepsilon_r\\ 0, & 其他\end{cases} \tag{7-19}$$

$$r=\frac{|d(x, y)-d(x', y')|}{d(x, x', y, y')} \tag{7-20}$$

由上所述公式可求得邻域内最大的匹配支持强度为 $\sum_{y\in N(x)}\max_{(y, y')}[S(x, x', y, y')]$。若 $S=0$，即其他角点不能支持候选对应角点，则删除该候选对应角点。

(2) 松弛处理。松弛处理是一种迭代的方法，主要步骤如下：

① 计算候选特征角点的匹配强度 $S(x, x')$。

② 由于每个角点可能会存在一个以上的候选匹配点，而这些匹配点又分别具有自身的匹配强度，因此，除了计算最大匹配强度之外，还需要计算一个明确度，具体定义为

$$U(x)=1-\frac{S_2(x, x')}{S_1(x, x')} \tag{7-21}$$

式中，$S_1(x, x')$ 表示最大匹配强度，$S_2(x, x')$ 表示次强匹配强度，U 的取值范围为 $[0, 1]$。根据最大匹配强度与明确度排列图像 1 和图像 2 中的角点，并定义最高百分比 q，若角点的最大匹配强度与明确度都在最高百分比范围之内，则该点被称为优胜角点。

③ 删除虚假角点。进一步判断优胜角点是否满足以下两个条件：一是两个匹配角点都是优胜角点；二是必须有一个是最大强度匹配。若不能满足这两个条件，就会被判定为虚假匹配而被删除。

④ 返回①进行下一轮迭代。最后根据如下两个条件判断对应的角点是否为最终需要的角点：一是相关的所有角点都是优胜角点；二是所得的两个最大强度匹配角点是同一个角点。

5. 图像的变换参数估计

根据前面得到的图像匹配，采用基于投影变换的方法来估计变换参数，变换模型表示为

$$H\begin{bmatrix}x'_i\\y'_j\\1\end{bmatrix}=\begin{bmatrix}a_{11} & a_{12} & a_{13}\\a_{21} & a_{22} & a_{23}\\a_{31} & a_{32} & 1\end{bmatrix}\begin{bmatrix}x_i\\y_j\\1\end{bmatrix}$$

即

$$\begin{cases}x'_i=\dfrac{a_{11}x_i+a_{12}y_j+a_{13}}{a_{31}x_i+a_{32}y_j+1}\\y'_j=\dfrac{a_{21}x_i+a_{22}y_j+a_{23}}{a_{31}x_i+a_{32}y_j+1}\end{cases}\tag{7-22}$$

在式(7-17)表示的变换模型中，(x_i, y_j)表示原始图像中像素点的位置，(x'_i, y'_j)表示投影变换后的坐标位置。由于矩阵$\boldsymbol{H}$有8个未知参数，因此至少需要4对对应点联立方程才能进行求解。在求得所需的变换参数后，就能将待配准图像投影到原始图像空间中。

经过前面的图像处理后，原始图像与待配准图像通常不在相同的坐标系中，可能只有图像的某部分或者图像发生了放大或者缩小；各像素点的坐标也可能不是整数，即没有落到坐标点上。为了得到更好的配准效果，需要对配准图像进行重采样，统一两幅图像的坐标系。

所谓重采样，就是采用插值的方法将新像素的灰度值插入到原来数字图像阵列的像素灰度中，包括直接法与间接法两种方法。直接法是以原始图像的像素点坐标为基础，通过计算得到待配准图像对应像素点的坐标位置，再将原始图像像素点的灰度值赋于对应图像的像素点；间接法正好相反，是以配准后图像像素点的坐标为基础，求出原始图像上对应像素点的坐标位置，然后将原始图像上像素点的灰度值赋于对应图像的像素点。由于机器识别通常采用离散矩阵表示图像，因此，若采用直接法进行重采样，原始图像的输入像素值可能无法映射到配准后的图像中，所以，在图像配准中多用间接法进行重采样。计算像素灰度值的插值方法一般有最近邻法、双线性插值法和样条插值法。这三种方法的插值精度从高到低依次为样条插值法、双线性插值法和最近邻法，而运算速度则正好相反。

7.4.4 网格化下精配准算法

图像的某种特征有时仅仅只能反映某一方面的特征，在匹配时容易造成局部误差。为了实现图像的细化配准，应将原有的匹配方法尽量做到像素级别甚至亚像素级别，一种可用的方法是采用多种特征进行联合匹配，即在匹配过程中兼顾两类或几类特征，使误差尽量最小，从而获得较好的配准效果。但目前诸多的特征提取方法，如SUSAN、Harris、SIFT、SURF等都是全图特征提取的方法，如果没有对其特征联合的过程进行相应规划，就会出现特征提取上的相互影响甚至冲突。对于这个问题，我们可以将原有图像利用网格的形式进行划分，根据图像大小和需求的不同，将全图划分为10×10、20×20个或者更多的网格，这样就形成了100个、400个、……的子网格，从而将全局配准的问题转化为每个子网格的局部配准问题。特别是针对特征点分布不均匀的情况，从特征点较少的地方也能提取出更多的特征信息进行匹配，从而将全图配准做到细化、精准。

1. 网格分割

假设图7.5为一幅待配准的图像，此处我们采用10×10的分割，即将该图像分成100

个子图像，其分割形式如图 7.5 所示，图 7.6 为其中的某几个子图区。

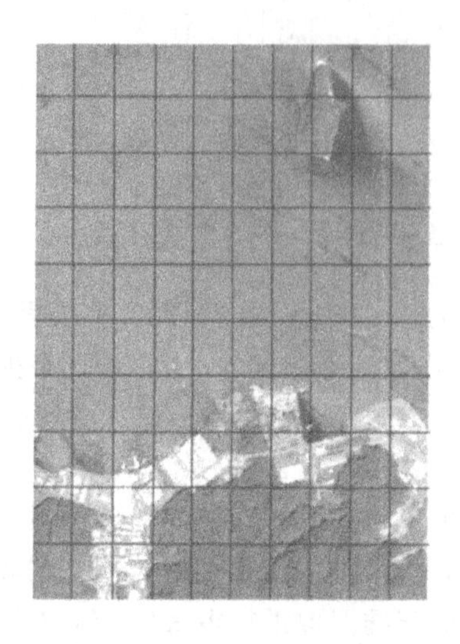

图 7.5　10×10 网格分割图

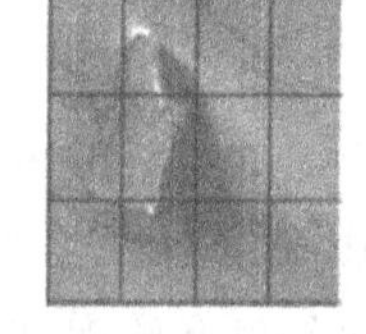

图 7.6　局部网格区域图

我们可以为图 7.6 中的每个局部网格进行编号，假设编号结果如表 7.1 所示。

表 7.1　局部网格编号

6	7	8	9
16	17	18	19
26	27	28	29

在经过前一小节的粗层次配准后，图像已经大致配准，下一步只需要从每个子网格提取图像的特征信息，然后根据对应序号对每个子图进行匹配。

2. SURF 提取特征算法

对网格化后的局部图像提取特征时，我们采用了 SURF 算法。与同类算法(例如 SIFT 算法)相比，SURF 算法具有尺度和旋转不变等特性，精度高、鲁棒性强，性能上接近甚至超越了同类算法，并且具有较快的计算速度。由于已经进行了一次全图配准，所得到的待配准图像已经具有了较好的适应性，此时采用 SURF 算法从局部提取特征点，可以通过调整特征点获取的阈值弥补 SUSAN 算法在全图配准中的不足，完成全局到局部的转换。

下面介绍 SURF 算法的原理与实现步骤，并用实例展示二次提取图像特征点进行匹配、最终实现配准的效果。SURF 算法的第一步是检测特征点，为后续的匹配做好准备。其主要步骤如下：

(1) 构建尺度空间。SURF 算法的尺度空间不是在图像慢慢变小的情况下构建的，而是通过大小不一的滤波器操作来求得，因此能够留存图像的高频信息。

(2) 计算近似 Hessian 矩阵的行列式的值。SURF 算法利用积分图像原理提高运算速度。

框式卷积滤波器(Box Type Convolution Filters)在积分图像的应用下能提高计算效率。

假设在积分图像中定义一个点 $X=(x, y)$，用 $I_{\Sigma}(X)$ 表示这个点的值：

$$I_{\Sigma}(X)=\sum_{i=0}^{i\leqslant x}\sum_{j=0}^{j\leqslant y}I(i, j) \tag{7-23}$$

$I_{\Sigma}(X)$ 代表了原点和点 X 围成的区域内所有像素值的总和。

一旦将积分图像建立好，就能在积分图像内计算矩形区域内的像素之和，这可以利用矩形的 4 个顶点来计算。如图 7.7 所示，$S=A-B-C+D$。

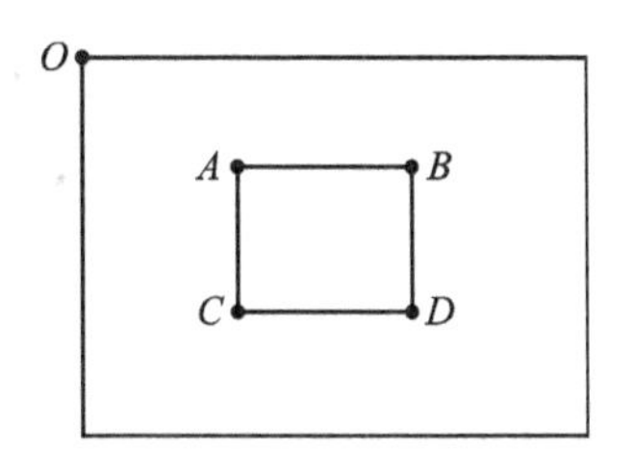

图 7.7　积分图像的示意图

SURF 算法基于 Hessian 矩阵来检测特征点，它利用 Hessian 矩阵的行列式的局部最大值来判断某点是否是极值点。假设已知一个二阶可微的函数 $f(x, y)$，它的 Hessian 矩阵可表示为

$$\boldsymbol{H}(f(x, y))=\begin{bmatrix}\dfrac{\partial^2 f}{\partial x^2} & \dfrac{\partial^2 f}{\partial x\partial y}\\ \dfrac{\partial^2 f}{\partial x\partial y} & \dfrac{\partial^2 f}{\partial y^2}\end{bmatrix} \tag{7-24}$$

根据该 Hessian 矩阵的行列式可计算出图像特征点的位置和尺度信息。

在尺度空间中比较适合应用高斯函数进行分析，但必须将高斯函数离散化，如图 7.8 中左边部分。在图像发生旋转时，离散化高斯函数的 Hessian 算子在经过 π/4 奇数倍的时候会导致重复度出现一定程度的降低。Bay 等人于 2006 年在 Lowe 应用 DOG(Difference Of Guassian，高斯函数差分)的基础上进行了改进，利用框式滤波器替代高斯函数滤波器，如图 7.8 的左、中部分。由于该卷积模板都是正规矩形，因此采用该方法处理积分图像能够显著提高运算速度。

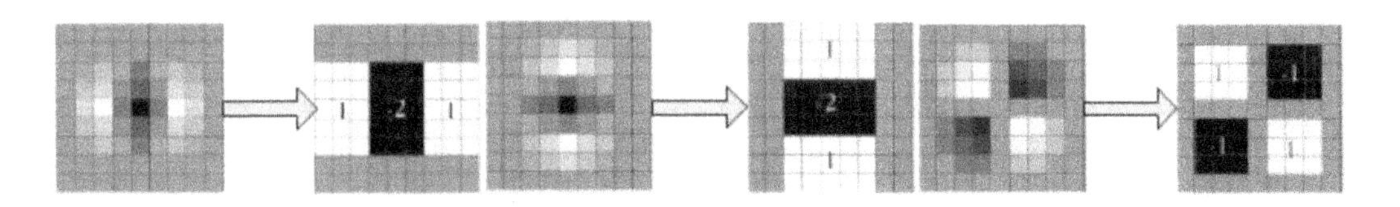

图 7.8　用框式滤波器近似高斯二阶偏导图

与 SIFT 算法一样，SURF 算法也需要构建尺度空间，但不需要对图像进行迭代采样，只要在各尺度中应用 Hessian 矩阵求取极值点，然后在不同方向上进行卷积就能实现。由此可以得到 Hessian 矩阵行列式：

$$\det(H_{\text{approx}})=D_{xx}D_{xy}-(wD_{xy})^2 \tag{7-25}$$

其中，D_{xx} 为水平方向的二阶导数，D_{yy} 为垂直方向的二阶导数，D_{xy} 为水平、垂直方向的二阶偏导。w 是对框式滤波替代二阶高斯滤波产生误差的参数补偿。Hessian 矩阵中的 $f(x, y)$ 是原始图像在方差为 σ 的高斯卷积，由于高斯核服从正态分布，从中心点往外，系数越来越低，为了提高运算速度，可在 D_{xy} 上乘一个加权系数 0.9，目的是平衡因使用框式滤波所带来的误差。所以一般的 Hessian 矩阵行列式为

$$\det(H_{\text{approxa}})=D_{xx}D_{xx}-(0.9D_{xy})^2 \tag{7-26}$$

按照上式计算图像内每个点的响应并记录下来，就得到了在尺度 σ 上的响应图。

采用积分图像之后，不同的框式滤波器尺寸不会影响计算速度。如图 7.9 所示，左边是尺寸为 9×9 的模板，是由卷积得到的尺度空间的第一层，是对 $\sigma=1.2$ 的高斯二阶偏导滤波器的近似；右边是尺寸为 15×15 的模板，是下一层的尺度空间(这里要注意相邻层的模板尺寸之差应为偶数)。

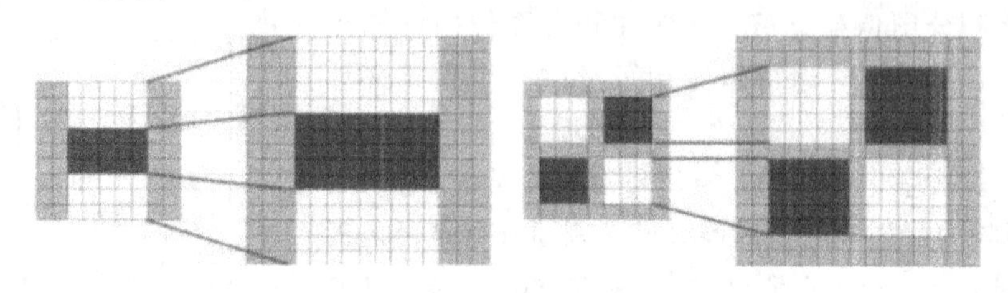

图 7.9　所对应的相邻的两个模板尺寸(9×9 和 15×15)

图 7.10 中每一阶包含 4 个模板。第一阶每个模板的尺寸是 9、15、21 和 27，模板之间的尺寸之差为 6 个像素；第二阶每个模板的尺寸是 15、27、39 和 51，模板之差为 12 个像素；第三阶每个模板的尺寸是 27、51、75 和 99，模板之差为 24 个像素。如果此时的图像仍然比滤波器大，则可以继续进行第四阶滤波器的计算，每个模板的尺寸是 51、99、147 和 195。一般情况下取四阶就足够了。从图 7.11 中可以看出，由于相邻滤波器模板的大小是加倍的，每一阶第一个模板的尺寸与前一阶第二个模板的尺寸相同，因此在提取特征点时也会加倍采样点的间隔，这样既能够提高速度又能够保证精度。图 7.11 中列出了前三阶滤波器，随着阶数的增加，尺度方向上的极值点数量衰减很快。

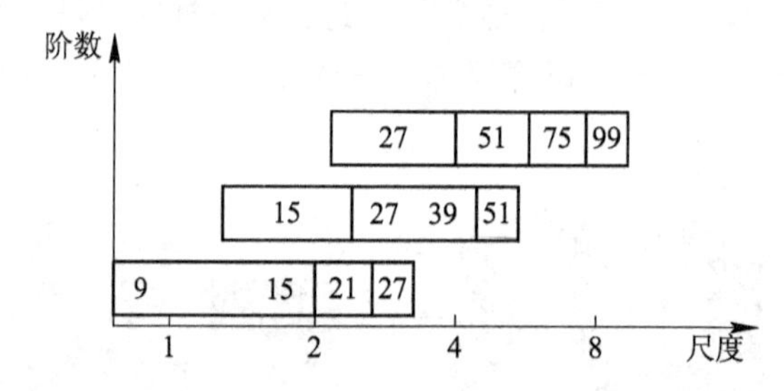

图 7.10　框式滤波器不同三阶的尺度空间

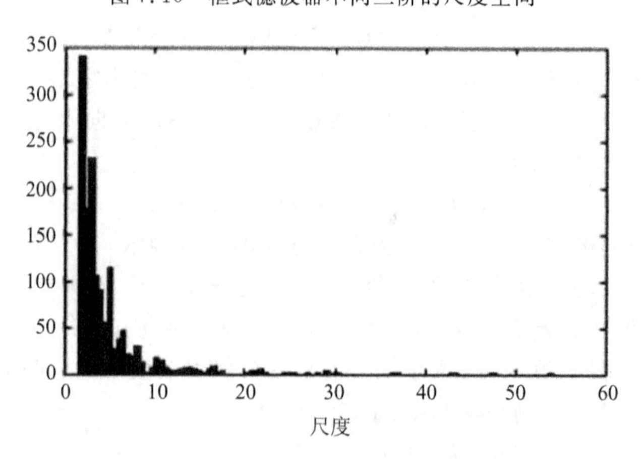

图 7.11　极值点数量与框式滤波器尺度关系

在构建尺度空间之后再利用非极大值抑制的方法对极值点进行定位，只有大于相邻 26 个点的响应值的点才是正确的特征点，而后再利用三维二次函数拟合法进行精确定位。

(3) 通过计算一阶 Haar 小波来构建特征向量的分布信息，求得描述特征点的特征向量。对 dx、$|dx|$ 求和时需要分为 $dy<0$ 和 $dy\geqslant 0$ 两种情况，对应的 dy、$|dy|$ 求和时也分为 $dx<0$ 和 $dx\geqslant 0$ 两种情况，由此每一个子区域都能得到一个八维特征向量：

$$\boldsymbol{V}_8=\left(\sum_{dy<0}dx,\ \sum_{dy\geqslant 0}dx,\ \sum_{dy<0}|dx|,\ \sum_{dy\geqslant 0}|dx|,\ \sum_{dx<0}dy,\ \sum_{dx\geqslant 0}dy,\ \sum_{dx<0}|dy|,\ \sum_{dx\geqslant 0}|dy|\right) \tag{7-27}$$

因此，共得到的特征向量是 128 维。虽然采用 128 维特征向量的鲁棒性要高于 64 维的特征向量，但会明显增加向量匹配的计算量，从而影响匹配速度。因此在具体应用时，要根据使用环境决定是选取 SURF - 128 还是 SURF - 64。

7.4.5 特征匹配与融合配准

经过上一节的步骤，每个子网格内的特征点都形成了特征点集，其中每个特征点都包含三个信息：坐标、所在尺度空间的大小和特征向量(至少是 64 维)。接下去就要根据特征信息进行匹配，本节介绍使用最近邻法对特征点进行粗匹配的方法。

对于图像中的样本特征点，首先找出它的最近邻特征点和次近邻特征点，然后计算这两个特征点与样本点之间的欧氏距离比值。如果该比值在某阈值范围内，则认为匹配(阈值通常设置为不大于 0.8 的常数)。降低阈值会减少匹配点的数目，但可以提高匹配的稳定性和可靠性。由于正确的匹配比错误的匹配拥有更短的最近邻距离，因此，通过欧氏距离的比值就可以取得很好的匹配效果。

但是，由于粗匹配难免会发生误匹配的情况，因此，若直接采用最小二乘法求解变换模型的参数，得到的结果可能无法正确反映图像之间的变化关系。本节介绍对粗匹配进行提纯的(Random Sample Consensus，随机采样一致性算法)算法，该算法通过去除误匹配从而提供一个较好的匹配点集合，使得能够精确估计变换模型的参数。RANSAC 算法的基本思路如下：

假设 P 为 N 对匹配点组成的集合，T 为容许误差。注意，至少需要 3 对匹配点才能求取变换模型的参数。

① 随机在集合 P 中选取 3 对不共线的点样本，由此得到变换矩阵 $\boldsymbol{H}_1$。

② 在剩下的 $N-3$ 对样本中，计算它们同模型矩阵 $\boldsymbol{H}_1$ 之间的距离，若误差在一定范围之内则累计样本个数 i。

③ 重复上述两步 K 次，若 i 的值最大并且 $i>T$，则此时的内点集即为最大内点域，剩下的 $N-i$ 个点为外点即误匹配点，由此得到初始变换矩阵 $\boldsymbol{H}$。

最后，将每个子网格内的匹配点集构成全图的匹配点集，在全图同一参数的条件下计算相似变换模型的最小二乘解，将之作为当前图像的变换矩阵 $\boldsymbol{H}$，由此得到仿射变换模型的参数。

由于我们使用了 3 对以上的数据点进行拟合优化，因此能够求得较为精确的变换矩阵参数。在得到两幅图像之间的仿射变换参数后，即可将待配准图像映射到原始图像空间内。

在图像变换处理后再使用双线性内插计算进行重采样。至此得到了所需要的配准图像。整个配准算法的流程如图 7.12 所示。

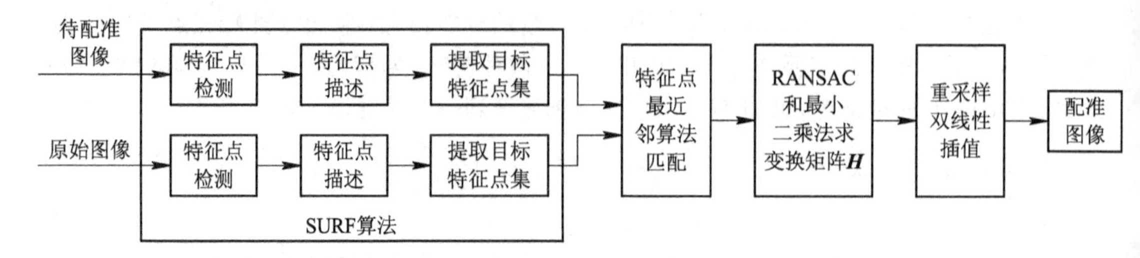

图 7.12　精配准流程图

本章小节

本章主要包括两个部分：图像匹配的常用方法和处理图像特征点分布不均匀问题的方法。图像匹配的常用方法有两种，一种是基于灰度匹配的方法，也称作相关匹配算法，用空间二维滑动模板进行图像匹配，不同算法的区别主要体现在模板及相关准则的选择方面。基于灰度的相关匹配算法能获得较高的定位精度，但是它的运算量大，难以达到实时性要求。另外一种是基于特征匹配的方法。该方法首先在原始图像中提取特征，然后再建立两幅图像之间特征的匹配对应关系。

处理图像特征点分布不均匀问题的常用方法有粗层次匹配算法和网格下精准匹配算法，这两种方法在目前是比较经典的处理方法，也取得了较好的应用效果，然而，算法的精准性还有待进一步的提高。

通过对本章的学习，读者可以了解图像匹配的常用方法和处理图像特征点分布不均匀问题的方法。实际上，所谓图像匹配，简单来说就是通过分析图像的内容、特征、结构、关系、纹理及灰度等的对应关系，用一定的匹配算法在两幅或多幅图像之间寻找相似图像目标的过程。由于图像匹配算法与图像定位、图像识别有着密切的联系，通过本章的学习，读者能更好地理解图像定位、图像识别等其他计算机视觉技术方法。

习　　题

1. 图像匹配有哪些应用？图像匹配的四个要素是什么？
2. 图像匹配的常用方法有哪些？请分别阐述它们的主要思想。
3. 常见图像配准方法的一般过程和存在问题是什么？
4. 粗层次配准算法的一般过程和基本思想是什么？
5. 基于网格化下精准匹配算法的 SURF 特征提取算法的一般步骤是什么？

习题答案

第八章 图像分类与分割

图像分类与图像分割是计算机视觉技术中的两大重要技术。同时，图像分类与图像分割又是密切相关的，从某种意义上而言，图像分割就是像素级的图像内部区域分类。本章的前半部分将主要介绍图像分类的常用算法，如基于随机森林的图像分类、基于SVM的图像分类和基于CNN的图像分类等；后半部分则主要介绍图像分割技术，将着重介绍三种常用的图像分割算法，分别是基于阈值的图像分割、基于分水岭算法的图像分割以及基于蚁群算法的图像分割。

8.1 图像分类及其过程

8.1.1 图像分类概述

图像分类是模式识别的基本功能之一，也是人类随着成长具有的基本技能之一。人们在日常生活中无时无刻都在进行图像分类和识别，可以说这是人类在生活中最重要的能力之一。传统的图像分类方式是通过人工命名，然后根据名称或者注释信息完成分类。这种方法存在着以下缺点：① 人工注释和筛选费时费力，效率低下；② 分类结果受到注释人员的经验、经历以及习惯的制约，不同注释人员的注释可能出现较大差异；③ 注释分类结果与注释人员的身体、精神状态有关，不同时间时也会发生改变，且大量注释难免导致质量下滑。

图像分类具有广泛而重要的应用，是计算机视觉研究中必不可少的一个环节。图像处理、基于内容的图像分析、物体识别、物体跟踪、行为分析等目前非常重要的许多应用都依赖于图像分类。很多重要领域，尤其是信息搜索、安全监控、医疗信息、航空航天等，都大量地使用了图像分类方法。可以说，图像分类已经成为了许多领域的重要基础应用之一，因此，对其研究的必要性不言而喻。

8.1.2 图像分类流程

图像分类的主要流程包括预处理阶段、特征提取阶段、描述阶段、分类器设计及学习阶段，其流程如图8.1所示。

预处理操作的目的在于消除图像中的干扰信息，用到的方法主要有图像增强、图像分割及形态学滤波等；特征提取阶段主要是对图像的特征进行提取，这一阶段是图像分类系统构建中十分重要的一个环节。好的特征信息不仅能够表达出图像的语义内容，而且对环境变化不敏感；分类器的设计是图像分类技术的核心，它在图像特征与关键字类别之间建立准确的映射关系，得出与人们认知相一致的图像语义信息。

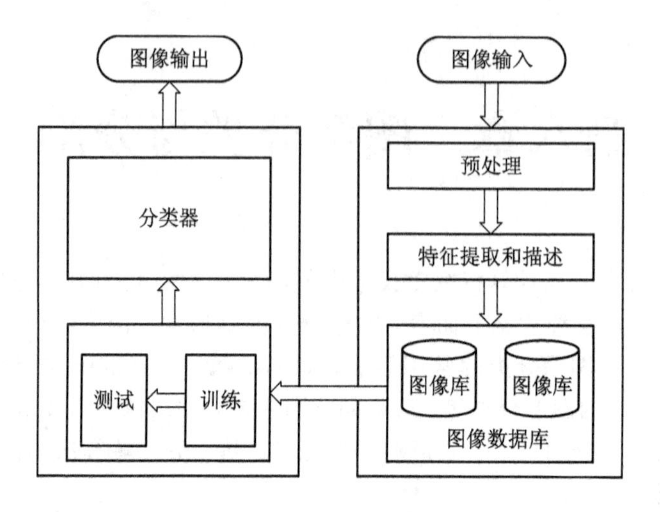

图 8.1　图像分类流程

8.1.3　图像分类方法概述

1. 图像分类特征

图像分类中提取的特征从提取的规模可以分为两类：一类是全局特征，即对于一幅图像仅生成一条包含若干维度的数据来表示整幅图像的信息。颜色特征、形状特征、空间关系特征和纹理特征等都是典型的全局特征；另一类是局部特征，指通过处理图像中某些点或区域的信息得到的特征。在这类特征中，每条特征对应的是图中的某一区域，特征数量由抽取的点或者区域决定。局部特征的种类较多，通常为角点、局部收敛点所提取的特征。以下介绍了一些常见的图像特征。

1) *HSV 颜色直方图*

颜色是一种重要的视觉特征，是人识别图像的主要感知特征之一，也是图像检索中最常用的特征。颜色有 RGB、HSV、ESL 和 CMY 等表示方法，其中，由于 HSV 更符合人的视觉特性，因此经常被使用。

直方图是一种简单有效的底层特征，但若在三维颜色空间中直接进行计算，则无论是存储空间大还是计算时间长都将让人难以忍受。提取颜色特征首先需要考虑图像颜色量化的问题，在不降低检索性能的前提下，为符合人的主观视觉模型，通常按人对颜色的感知将 HSV 三个分量进行非等间隔的量化，如图 8.2 所示。

根据上述量化方式可以将 HSV 的三个分量转化为一个一维矢量：$L=9H+3S+V$，于是可以构成一个 72 阶的直方图。

2) *颜色矩*

颜色矩是一种由 Stricker 和 Oreng 提出的简单而有效的颜色特征，其原理是图像中的颜色分布均可以用它的矩来表示。由于颜色分布的信息主要集中在低阶矩中，因此，仅采用颜色的一阶矩(Mean)、二阶矩(Variance)和三阶矩(Skewness)就足以表达图像的颜色分布。此外，与颜色直方图相比，该方法的另一个好处是无需对特征进行量化。

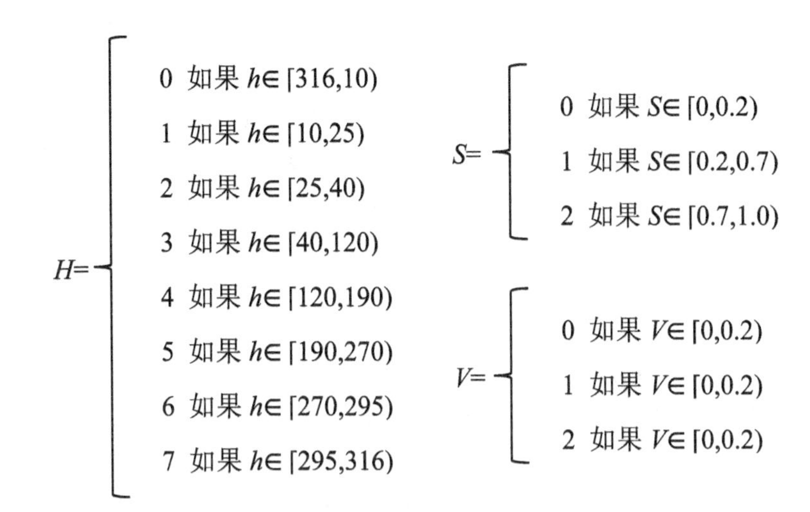

图 8.2　HSV 非等量量化

3）纹理特征

纹理也是图像的一个重要特征，它描述了图像或图像区域所对应物体的表面性质。与颜色特征不同，纹理特征不是基于像素点的特征，而是需要在包含多个像素点的区域中进行统计计算才能得到。这种区域性的特征具有较大的优越性，它不会由于局部的偏差而导致匹配失败。

4）灰度特征

对于图像中的目标物体来说，像素的灰度是其最基本的特征，不同物体之间的灰度分布都是有差别的。每一个物体的灰度分布都有其自身的特点和规律，基于这些特点和规律，可以对待识别的图像进行灰度分析从而提取出能够区别目标和背景的灰度特征。

5）形状特征

通常情况下，形状特征有两类表示方法，一类是轮廓特征，另一类是区域特征。图像的轮廓特征主要针对物体的外边界，而图像的区域特征则关系到整个形状区域。常见的形状特征有边界特征、傅里叶形状描述符、几何参数和形状不变矩等。

2. 图像分类器

图像分类器的原理和面向数据挖掘的传统分类器并没有本质区别，只不过针对图像数据进行了改进，使图像能够被更好地分类到各个类型，从而得到更好的分类效果。目前存在很多对图片进行分类的分类器，如基于神经网络、支持向量机、决策树、贝叶斯、K-近邻和关联规则的分类器等，其分类效果各异。组合分类器和加强分类器，如随机森林、Boosting 等也逐渐得到了人们的重视。

8.2　基于随机森林的图像分类

随机森林(Random Forest，RF)是 Bagging 的一个扩展变体。随机森林是在以决策树为基学习器构建 Bagging 集成的基础上，进一步在决策树的训练过程中引入了随机属性选择。具体来说，在选择划分属性时，传统决策树是在当前节点的属性集合(假定有 d 个属性)中选择一个最优属性；而随机森林对于基决策树的每个节点，是先从该节点的属性集合中随机选择一个包含 k 个属性的子集，然后从这个子集中选择一个最优属性用于划分。参数 k 控制了随机性的引入程度：若 $k=d$，则基决策树的构建与传统决策树相同；若 $k=1$，则是随机选择一个属性用于划分。一般情况下，推荐 $k=\mathrm{lb}d$。随机森林的优点是方法简单、容易实现、计算开销小，并且在很多现实任务中有着强大的性能。

8.2.1　图像分类的随机森林算法

假设从图像中抽取 N 个训练样本$\{(\boldsymbol{x}_1, \boldsymbol{y}_1), (\boldsymbol{x}_2, \boldsymbol{y}_2), \cdots, (\boldsymbol{x}_N, \boldsymbol{y}_N)\}$，其中，$\boldsymbol{x}_i$ 表示第 i 个样本，每个样本都由 M 个特征向量值以及对应的类标签组成。

1. 图像特征提取

图像特征的选择对分类器的分类效果有着直接影响，此处选择如下的 38 个特征对图像进行描述(M_j 表示第 j 个特征，$j=1, 2, 3, \cdots, 38$)。

(1) 纹理特征：选择基于灰度共生矩阵的二阶统计的纹理特征，共选取了 0°、45°、90°以及 135°这 4 个方向上的方差(M1～M4)、均值(M5～M8)和方差(M9～M12)。

(2) 灰度特征：滑动窗口模板中心所在像素的灰度值(M13)，窗口内所有像素的灰度均值(M14)，窗口内所有像素的灰度中值(M15)。

(3) 大津阈值：滑动窗口模板内计算的最大类间方差(M16)。

(4) HAAR 特征：滑动窗口模板内的 HAAR 特征(M17～M23)。

(5) 直方图特征：滑动窗口模板内的直方图顶峰对应像素的灰度值与窗口中心所在像素的灰度值之差(M24)。

(6) 边缘检测：Laplace 边缘检测 45°各方向性(M25)，Laplace 水平线检测(M26)，Laplace 正 45°线检测(M27)，Laplace 垂直线检测(M28)，Laplace 负 45°线检测(M29)，Prewitt 检测对角边缘(M30～M31)，Sobel 边缘检测(M32～M33)，Sobel 对角线检测(M34～M35)，Laplace 边缘检测 90°各方向性(M36)。

(7) 分水岭：分水岭算法后滑动窗口模板内所有像素灰度的均值(M37)。

(8) Canny 算子：滑动窗口模板内 Canny 算子的零值个数(M38)。

2. 算法实现

从带有标签的训练样本中独立抽样 K 次，每次随机有放回地从训练样本中抽取 N 个样本，经过 K 次独立抽样之后就组成了相互独立同分布的 K 个样本容量为 N 的新训练数据集。

随机森林由相互独立的 K 棵树组成组合分类器，如图 8.3 所示。构建单棵分类树的原则是递归分区，每棵树分别基于抽样产生的新训练样本集中的数据进行贪婪生长，由分类树的根节点开始向下遍历并进行分裂，每个内部节点选择分类效果最好的属性分裂成两个或多个子节点，重复此过程直到这棵决策树能够将全部训练数据准确分类或所有属性都被用完为止。随机森林在节点处分裂时都是从 M 个特征属性中随机选择 m 个($m\approx\sqrt{M}$)特征，然后根据节点不纯度原则即节点中最不一致的特征属性进行分裂。随机森林中每棵树

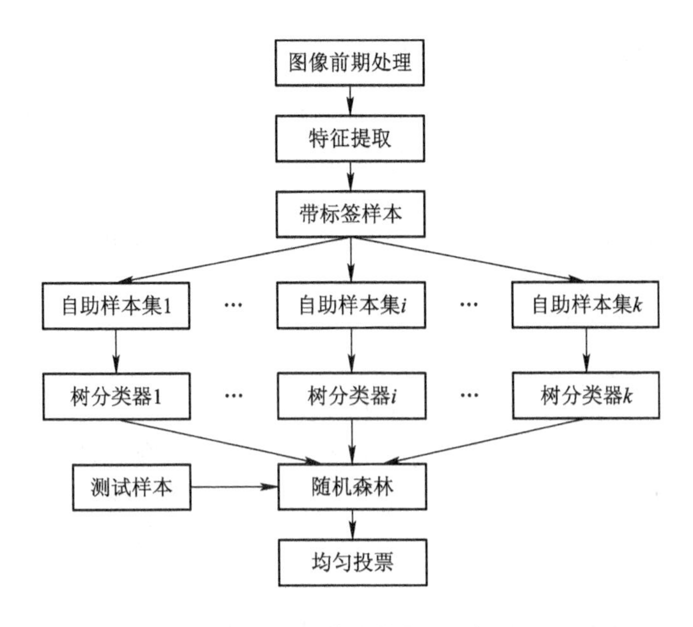

图 8.3 随机森林分类器示意图

的生长过程都不采用剪枝处理，使其能够充分生长。由于每棵树的训练集都是随机抽取的，并且每个节点的分裂也都基于随机选择的特征属性，因而可以保证每棵树之间的不相关性，从而有效保证了算法的简洁性。

若最终形成的随机森林由若干树形分类器$\{h(\boldsymbol{x}, \boldsymbol{\theta}_k), k=1, 2, \cdots\}$组成，其中，$\boldsymbol{x}$表示输入向量，$\{\boldsymbol{\theta}_k\}$表示独立同分布的随机向量，则在利用随机森林进行预测时可以采用简单的投票法，即以单棵树输出结果中相同数量最多者作为整个随机森林的输出，或以单棵树输出结果的简单平均作为随机森林的最终输出。随机森林构建与预测的具体步骤可以描绘如下：

(1) 用 Bagging 方法形成训练集，即每个训练集都是采用随机有放回的方式从原始训练集进行独立抽样来形成抽取。

(2) 对于每个训练集，用如下过程生成一棵不剪枝的分类回归树。

① 设共有 M 个原始属性，给定一个正整数 mtry，满足 mtry$\ll M$。对每个内部节点，从 M 个原始属性中随机抽出 mtry 个属性作为该分裂节点的候选属性。在整个森林的生成过程中，需要保持 mtry 不变。

② 从 mtry 个候选属性中选出最好的分裂方式对该节点进行分裂。

③ 令该分类树充分成长，不进行剪枝。

(3) 重复(1)、(2)，直到生成 ntree 棵分类回归树(ntree 足够大)为止，这些分类回归树构成了用于最终进行分类的随机森林。

(4) 对未知类别的样本进行分类时，随机森林中的每棵树都将新的样本判断出一种类别，最终输出的类别标签采用投票决定，即

$$c = \arg\max_c\left(\frac{1}{\text{ntree}}\sum_{k=1}^{\text{ntree}} I(h(\boldsymbol{x}, \boldsymbol{\theta}_k) = c)\right) \tag{8-1}$$

8.2.2　基于随机森林的图像分类效果及分析

本节采用加拿大蒙特利尔神经科学研究所的脑仿真数据对基于随机森林的图像分类算法的效果进行验证。该数据集提供了三维体素的类标签，能够精确地测试算法的分类精度，是一种较好的可用于图像处理和分类测试的数据集。该数据集包括三种成像参数图像，即T1加权像、T2加权像和PD加权像，包括十种体素，即背景、脑脊液、灰质、白质、脂肪、肌肉、皮肤、头骨、神经胶质和连接物。数据集总体情况如下：图像分辨率为181像素×217像素×181像素、磁场均匀、0噪声、♯98切片样本标签10类(背景=0，脑脊液=1，灰质=2，白质=3，脂肪=4，肌肉=5，皮肤=6，头骨=7，神经胶质=8，连接物=9)，加权T1、T2、PD三种图像数据(a×T1+b×T2+c×PD)。其中，根据多次试验选择的最佳加权系数为a=0.7，b=0.2和c=0.1。图8.4分别给出了T1加权像(图8.4(a))、T2加权像(图8.4(b))、PD加权像(图8.4(c))、三种图像的加权图像(图8.4(d))和分类后的图像(图8.4(e))。试验采用的参数设置为$K=100$，$m=6$，训练总样本数为1900个，加权后的图像可以产生39 277个样本。

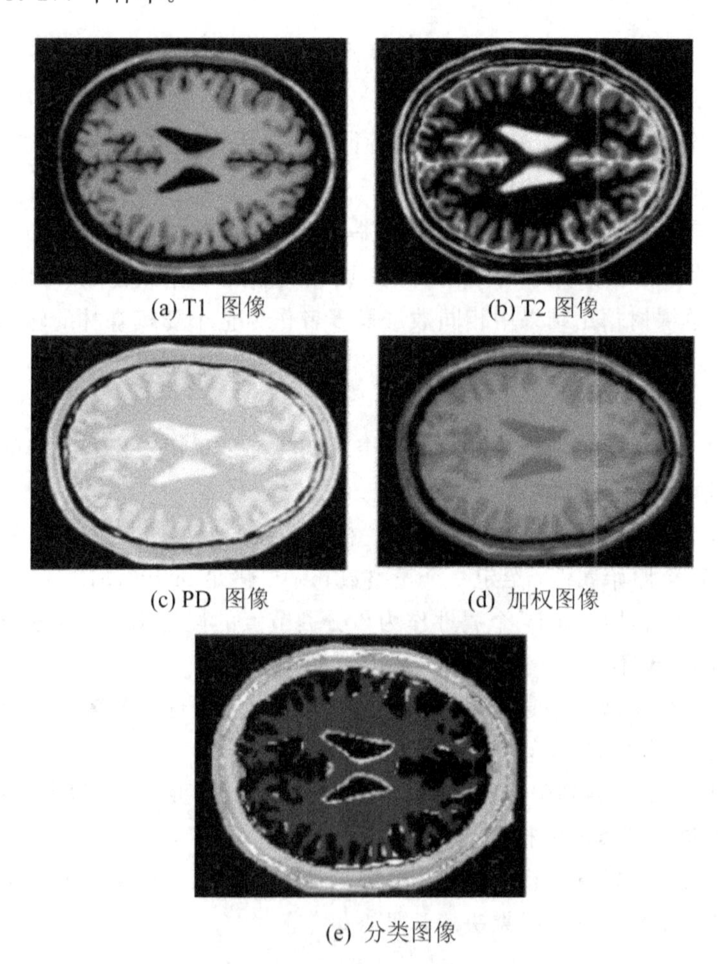

(a) T1 图像　(b) T2 图像

(c) PD 图像　(d) 加权图像

(e) 分类图像

图8.4　随机森林分类图像

为了评价随机森林分类的效果，可以使用分类正确率(Segmentation Accuracy，SA)作为算法分类效果的评价系数，其定义如下：

$$SA=\frac{V_m\cap V_n}{V_m\cup V_n} \tag{8-2}$$

式中，V_m 表示组织内标准像素数量，V_n 表示组织内算法分类像素数量。随机森林算法采用了统一的滑动窗口尺寸(7 像素×7 像素)，从窗口区域提取纹理特征和灰度特征作为实验数据样本的特征属性，实验结果如表 8.1 所示。相关结果显示了随机森林算法的有效性。

表 8.1　纹理+灰度为特征的实验结果

类　别	准确率
背景	0.924
脑脊液	0.810
灰质	0.935
白质	0.972
脂肪	0.961
肌肉	0.960
皮肤	0.882
头骨	0.586
神经胶质	0.118
连接物	0.931

8.3　基于 SVM 的图像分类

支持向量机(Support Vector Machine，SVM)是将一堆数据分成两个不同类别样本的二类分类模型。用 SVM 将训练样本分类后，与分类面平行并且离分类面最近的样本面上的训练样本就叫做支持向量(Support Vector)。支持向量机是基于学习理论的一种重要的机器学习方法，对于每一个单一数据样本，SVM 都会根据它的特征向量去判断该样本所对应的类别，并在此过程中提高分类器的泛化能力，以获得良好的分类性能。本书 2.4 节已对 SVM 作了简要介绍，本节将结合图像分类的应用需求作进一步介绍。

基于 SVM 的图像分类

8.3.1　图像分类 SVM 算法

1. 基于 SVM 的图像分类器设计

基本的 SVM 分类器只能胜任二分类问题，为了能够识别 N 个类别的图像，必须构造合适的 SVM 多分类器。合适的分类器结构能显著提高分类的效果。由于图像分类多采用低级特征，而这些低级特征包含的信息有限，对于不同类别的辨别能力也不同，因此适合采用二叉树形多分类器结构，这样对于每个中间节点(即 SVM 分类器)可以采用合适的特征进行分类。通常可以采用的二叉树形分类器结构如图 8.5 所示。在实际运用中，我们需要根据不同的图像类别采用合适的二叉树形结构。

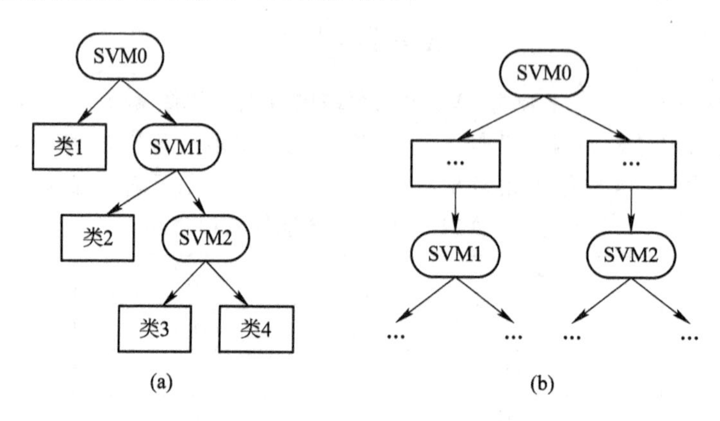

图 8.5　二叉树形分类器结构

2. 算法实现

基于 SVM 的图像分类算法的步骤可以描述如下：

(1) 获取数据，即获取训练样本和测试样本图片。

(2) 对图片进行特征提取，获得每幅图片的特征描述子。

(3) 将从训练样本提取的特征描述子通过 k-means 聚类(本书 4.4 节已对 k-means 作了简要介绍)分为 n 个类别，每一类相当于图片的一个“单词”，所有类别即为一个“词典”，并且单词在词典中是有序的。

(4) 对训练样本中的图片进行特征编码以构造词袋(BoW)，即统计每幅图片的特征描述子在词典中出现的次数并填入对应单词的位置。此时，训练样本中的每幅图片被表示为一个 n 维向量，该向量即为图片的特征表达，也就是样本特征。

(5) 选取核函数，将训练样本特征及对应类别输入到解决多分类问题的 SVM 模型中进行训练，训练完成后通过测试样本对模型进行测试。

8.3.2　基于 SVM 的图像分类效果及分析

1. 分类效果

为验证基于 SVM 的图像分类算法的效果，我们选取了图像库中的“Fire”“Car”“Map”“Hill”等共 800 多幅图像来进行验证实验。图像库中的图像均为 24 bit 真彩色图像，采用 BMP 格式，尺寸一般为(120～140)像素×(90～100)像素。我们将 60%的图像作为训练集，剩余 40%的图像作为测试集。

分类效果指标使用查全率(Recall)与查准率(Precision)。假设有 A、B、C、D 分别表示：A—正确的结果；B—检索出的无关结果；C—漏掉的相关结果；D—正确排除掉的无关结果，则查全率 Recall=A/(A+C)，查准率 Precision=A/(A+B)。表 8.2 和表 8.3 是两组实验的结果。

表 8.2　HSV 颜色直方图为特征的实验结果

类别	训练集正确率/(%)	测试集正确率/(%)	
		查全率/(%)	查准率/(%)
Fire	96.8	75	56
Map	96.2	92.5	75.5
Car	92.4	55	55
Hill	97.2	58.3	<40

表 8.3　颜色矩为特征的实验结果

类别	训练集正确率/(%)	测试集正确率/(%)	
		查全率/(%)	查准率/(%)
Fire	87.3	80	58.1
Map	95.6	92.5	88.0
Car	96.2	70	52.8
Hill	89.7	68.6	45

2. 效果分析

对于以上几类图像，采用 HSV 颜色直方图和颜色矩都能取得比较好的结果，尤其是 Map 类图像的判别准确率非常高，这归因于 Map 类图像具有良好的视觉特征(背景颜色较单一且图像由线条构成)。在实验结果中，查准率相对于查全率较低一些，这是由于公式中的 B(检索出的无关结果)过大而引起的。在查全率较高的情况下可以适当放低对查准率的要求，并且如果对查询结果按照相似性排序，则可以更进一步降低对查准率的要求。此外，对训练集得到的结果并不能代表对测试集的预测结果，例如对于 Fire 类，即使对训练集的预测不高，但对测试集也得到了较满意的结果，这体现了 SVM 强大的推广能力。

8.4　基于深度学习的图像分类

深度学习(Deep Learning)是机器学习(Machine Learning)领域中一个新的研究方向，它被引入机器学习使其更接近于人们最初的目标——人工智能(Artificial Intelligence)。深度学习是学习样本数据的内在规律和表示层次，在学习过程中获得的信息对诸如文字、图像和声音等数据的解释有很大的帮助。它的最终目标是让机器能够像人一样具有学习和分析的能力，能够识别文字、图像和声音等数据。

8.4.1　图像分类 CNN 模型

卷积神经网络(Convolutional Neural Network，CNN)是深度学习最常用的网络模型之一，广泛应用于语音分析和图像识别等领域。传统的神经网络是全连接的，参数数量巨大，训练耗时长甚至难以训练，而卷积神经网络受到现代生物神经网络的启发，通过局部连接和权值共享等方式降低了模型复杂度，减少了权重数量，降低了训练的难度。本书 3.6 节已对卷积神经网络作了简要介绍，本节将结合图像分类作进一步介绍。

1. 模型设计

假设本节使用的数据集包括 10 个类别，每一幅图像都是(32×32)像素的 RGB 彩色图像，我们可以利用 CNN 模型之一的 VGGNet(Oxford Visual Genometry Group Net，牛津大学视觉几何组网络)对这些图像进行分类，该网络模型的结构如表 8.4 所示。VGGNet 共有 11 层，包括 4 个卷积层和 3 个池化层，可以分为三个主要部分。第一层是输入层，由于图像是(32×32)像素的 RGB 彩色图像，因此，输入层的大小是(32×32×3)像素。VGGNet 的第一个主要部分包括 2 个卷积层和 2 个池化层，2 个卷积层的特征图数量都是 32；第二个主要部分包括 2 个卷积层和 1 个池化层，2 个卷积层的特征图数量都是 64；第三个主要部分是稠密连接层，即全连接层，第 1 层全连接层有 512 个神经元，第 2 层有 10 个神经元(表示划分到 10 个类别)，最后使用 Softmax 回归进行分类。表 8.4 中的 Conv(3, 3)-32 表示该层是卷积层，卷积核大小是 3×3 且有 32 个特征图；MaxPool(2, 2)表示最大值池化，且窗口大小是(2×2)像素；FC-512 表示该层是全连接层，神经元数目是 512 个。

表 8.4　VGGNet 模型

<table>
<tr><th>层数</th><th colspan="2">功能描述</th></tr>
<tr><td>1</td><td colspan="2">输入图像((32×32×3)像素)</td></tr>
<tr><td>2</td><td>Conv(3, 3)-32</td><td rowspan="4">第一部分</td></tr>
<tr><td>3</td><td>MaxPool(2, 2)</td></tr>
<tr><td>4</td><td>Conv(3, 3)-32</td></tr>
<tr><td>5</td><td>MaxPool(2, 2)</td></tr>
<tr><td>6</td><td>Conv(3, 3)-64</td><td rowspan="3">第二部分</td></tr>
<tr><td>7</td><td>Conv(3, 3)-64</td></tr>
<tr><td>8</td><td>MaxPool(2, 2)</td></tr>
<tr><td>9</td><td>FC-512</td><td rowspan="3">第三部分</td></tr>
<tr><td>10</td><td>FC-10</td></tr>
<tr><td>11</td><td>Softmax</td></tr>
</table>

2. 卷积特征提取

图像卷积实际上是对图像的空间线性滤波，滤波本是频域分析常用的方法，但图像处理中也经常使用空间滤波进行图像增强。滤波所用的滤波器也就是卷积中的卷积核，通常是一个邻域，比如一个 3×3 的矩阵。

卷积运算就是把卷积核中的元素依次和图像中对应的像素相乘并求和，运算结果作为新的像素值；然后，把该卷积核沿着原图像平移并继续计算新的像素值，直至覆盖整个图像为止。卷积运算过程如图 8.6 所示。

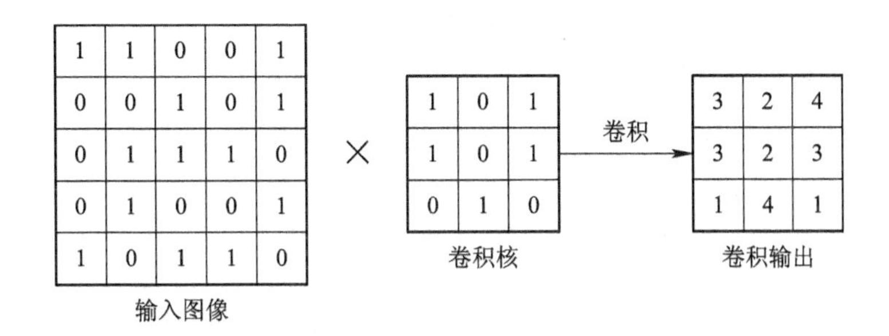

图 8.6　卷积运算过程

图 8.6 表示的卷积运算过程忽略了偏置项，使用的卷积核是(3×3)像素，若对(5×5)像素的图像进行卷积运算，则得到(3×3)像素的卷积输出。具体运算过程是：将卷积核从输入图像的左上角开始进行线性求和运算，然后每次向右移动一个像素的距离继续进行计算，直至移动到最右侧为止；再使卷积核回到图像左侧并向下移动一个像素，重复上述计算直至卷积核覆盖整个图像为止，便可得到卷积输出。如果想让输出结果与输入图像保持相同的大小，可以在原始图像周围补一圈“0”使之变成(7×7)像素，然后进行卷积运算即可。

卷积的运算过程虽然简单，但却可以采用不同的卷积核对图像产生很多不同的效果，例如，利用卷积可以消除图像旋转、平移和尺度变换带来的影响。卷积操作的实质是特征提取，卷积层特别擅长从图像数据中提取特征，并且不同层能提取到不同的特征。第一层提取的特征往往较为低级，第二层在第一层的基础上继续提取更高级别的特征，第三层在第二层的基础上提取的特征更为复杂，越高级的特征越能体现图像的类别属性。卷积神经网络正是通过这种逐层卷积的方式来提取图像的特征。

3. 池化下采样

图像经过卷积之后会产生多个特征图，与原始图像相比，特征图的大小并没有改变，因而仍然具有很大的数据量和计算量。为了简化运算，通常会对特征图进行下采样。卷积神经网络采取池化(Pooling)的方式对特征图进行下采样，常见的池化方法有两种：最大值池化(MaxPooling)和平均值池化(AvgPooling)，这两种池化过程如图 8.7 所示。

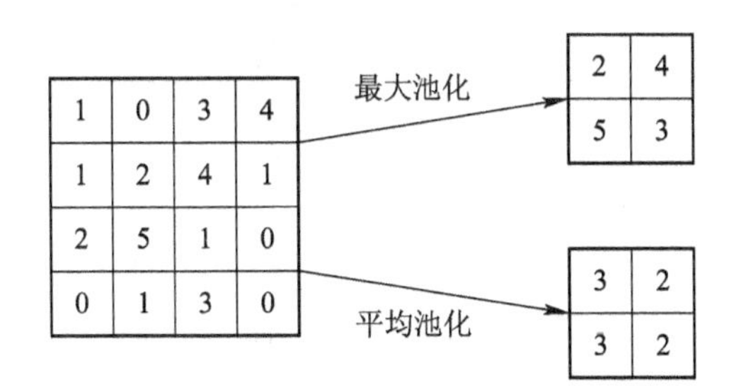

图 8.7　最大池化和平均池化过程

图 8.7 采用的池化窗口的大小是(2×2)像素，步长是 2 个像素。最大值池化是在(2×2)像素覆盖的 4 个像素内选择最大的像素值作为采样值；平均值池化是计算窗口内 4 个像素的平均值。每次计算后把池化窗口向右或者向下移动 2 个像素的距离，所以(4×4)像素

的特征图在池化后的大小变为了(2×2)像素。

4. CNN 模型的训练方法

CNN 模型的训练类似于 BP 算法，分为前向传播和反向传播两个过程。

前向传播过程如下：

(1) 从训练数据集中随机选取样本($\boldsymbol{X}$, Y_p)，其中，$\boldsymbol{X}$ 表示输入图像，Y_p 表示该图像的实际类别。

(2) 通过卷积神经网络的逐层计算得到测试类别 O_p。网络执行的计算为交替执行的卷积与下采样操作，故输出结果可表示为

$$O_p = f_n(\cdots(f_2 f_1(\boldsymbol{X}_p \boldsymbol{W}^{(1)})\boldsymbol{W}^{(2)}\cdots)\boldsymbol{W}^{(n)}) \tag{8-3}$$

式中，f_n 表示第 n 层网络的激活函数，$\boldsymbol{W}^{(n)}$ 表示第 n 层的卷积核或下采样矩阵，$\boldsymbol{X}_p$ 表示本次输入的原始图像。

反向传播过程如下：

(3) 计算实际输出 O_p 与理想输出 Y_p 的差。

(4) 使用极小化误差的方法反向传播调整各权值矩阵。

训练完成后就可以运用测试样本对模型进行测试。

8.4.2　基于 CNN 模型的图像分类效果及分析

我们使用 CIFAR-10 数据集进行实验，模型训练采用 RMSprop 优化方法，把训练集中所有的图像训练一遍作为一个周期(Epoch)。在训练 100 个周期后，训练过程准确率的变化如图 8.8 所示。

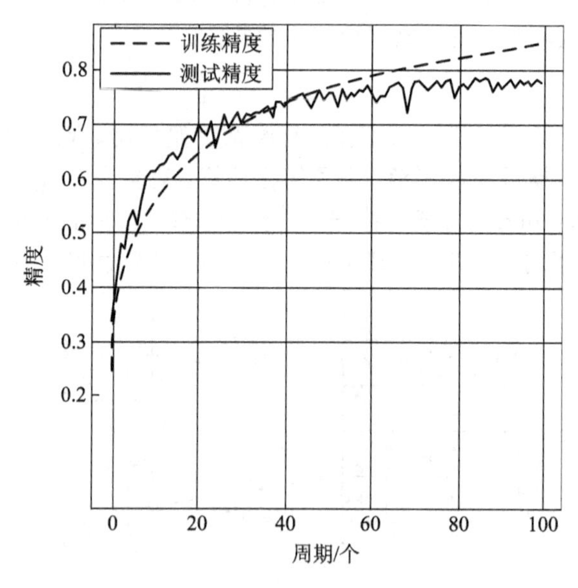

图 8.8　训练 100 个周期的准确率

在训练过程中，每完成一个周期都会计算训练数据集和测试数据集的准确率。从图8.8可以看出，在 40 个周期之前，测试集的准确率随着训练集的准确率一起上升，在第 40 个周期时达到 0.74；之后，训练集的准确率继续上升，而测试集的准确率上升很小，而且出

现了小幅度的波动；在70个周期之后，训练集的准确率仍然继续上升，而测试集的准确率基本保持平稳，变化很小。

8.5　图像分割

图像分割在图像处理领域是进行图像分析与理解的第一步，是计算机视觉技术的基础，也是图像处理中最古老和最困难的问题之一，在理论研究和实际应用中都得到了广泛的重视。

人们在研究或者利用图像时，感兴趣的可能只是图像的某个区域，一般将感兴趣的区域称为前景或目标，余下的部分称为背景。图像分割的目的就是借助图像的特征信息将图像划分成一些有意义的区域，这些特征包括图像的梯度、灰度、色彩和形状等。另外，图像分割也可以看作像素级别的图像分类，只不过这种图像分类是发生在图像的内部。图像分割作为从图像处理到图像分析的关键步骤，为更高层次的图像理解奠定了基础。

8.5.1　图像分割的定义

关于图像分割(Image Segmentation)，人们给出了多种不同的解释和表述，在此借助数学语言对其进行定义。假设集合 R 表示一幅图像，则图像分割是把 R 分割为 N 个非空子集 R_1、R_2、…、R_N，这 N 个非空子集满足下列五个条件：

① $\bigcup_{i=1}^{N} R_i = R$；

② $R_i \cap R_j = \varnothing$，$\forall i, j, i \neq j$；

③ $P(R_i) = \text{True}$，$\forall i$；

④ $P(R_i \cup R_j) = \text{False}$，$\forall i \neq j$；

⑤ R_i 是连通区域，$\forall i$。

其中，条件③表示对所有属于 R_i 的元素(像素)的逻辑谓词，$\varnothing$表示空集。在上述表述中，条件①是指所有的子区域合并起来就是原图像；条件②是指任意两个子区域互不重叠；条件③是指同一个子区域内的像素应该具有相同的某些特性，如所有 R_i 内的像素具有相同的灰度级等；条件④是指不同子区域具有不同的特性；条件⑤要求任意一个子区域中的所有像素在该子区域内相互连通。

上述条件表达和解释了图像分割，同时对图像分割的算法设计也有一定的指导作用。但是，实际的图像处理和分析都是面向特定的应用，这就要求将上述条件与实际应用相结合。迄今为止，实际应用中的所有条件表达式都是近似的，还没有找到一种通用的方法可以把人们的要求完全转换为图像分割中的各种条件关系，例如上述的五个条件。

8.5.2　图像分割算法概述

对图像分割的研究一直受到很多学者的关注，迄今为止，研究者们已经提出了上千种分割算法，而且每年都有上百篇相关的研究成果发表。但是，现有的方法多是为特定应用而设计的，有很大的针对性和局限性，因而，目前对图像分割的研究还缺乏一个统一的理论体系。Fu 和 Mui 从细胞学图像处理的角度将图像分割算法分为三大类：特征阈值或聚类、边缘检测和区域提取。Haraliek 和 Shapiro 将算法分为更加细致的六类，即测度空间导向的空间聚类、单一连接区域生长策略、混合连接区域生长策略、中心连接区域生长策略、空间聚类策略和分裂合并策略。依据算法所使用的技术或针对的图像，也把图像分割算法分成了六类，即阈值分割、像素分割、深度图像分割、彩色图像分割、边缘检测和基于模糊集的算法。但该分类方法中的各个类别是有重叠的。为了涵盖不断涌现的新算法，有的研究者将图像分割算法分为以下几类：并行边界分割技术、串行边界分割技术、并行区域分割技术、串行区域分割技术、结合特定理论工具的分割技术和特殊图像分割技术。更有学者将图像分割简单地分成基于数据驱动的分割和基于模型驱动的分割两类。

以下将图像分割算法分为五类来分别进行介绍，这五类即基于阈值法的分割、基于边缘的分割、基于区域的分割、基于聚类的分割、基于形态学及其他分割方法。

1. 基于阈值法的分割

基于阈值法的分割是一种最常见的直接检测区域的分割方法，它简单地用一个或几个阈值将图像的灰度直方图分成几类。如果只需选取一个阈值，则该分割被称为单阈值化的分割，它将图像只分为目标和背景两大类；如果需要选取多个阈值，则该分割被称为多阈值化的分割，图像将被分割为多个目标和背景。该方法的分割结果依赖于阈值的选取，确定阈值是阈值化的分割方法的关键，其实质就是按照某个准则求出最佳阈值的过程。常用的全局阈值选取方法包括利用图像灰度直方图的峰谷法、最小误差法、最大类间方差法、最大熵自动阈值法以及其他一些方法。

基于阈值法的分割计算简单，运算效率较高、速度快。全局阈值对于灰度相差较大的不同目标和背景能够进行有效的分割；而当图像的灰度差异不明显或不同目标的灰度值范围有重叠时，应采用局部阈值或动态阈值分割法。但这种方法只考虑像素本身的灰度值，一般不考虑空间特征，因而对噪声很敏感。在实际应用中，该方法通常与其他方法结合使用。

2. 基于边缘的分割

基于边缘的分割方法是利用不同区域之间特征不连续的特点检测区域之间的边缘，从而实现图像分割。该方法利用了人的视觉过程的机理，通过检测不同均匀区域之间的边界实现对图像的分割。根据执行方式的不同，这类方法通常又可以分为串行和并行两种，即串行边缘检测技术和并行边缘检测技术。

串行边缘检测技术首先检测出一个边缘的起始点，然后根据一定的相似性准则寻找与前一点同类的边缘点，这种根据后继相似点查找同类的方法称为跟踪。根据跟踪方式的不同，又可分为轮廓跟踪、光栅跟踪和全向跟踪三种。全向跟踪法可以克服由于跟踪的方向性可能造成的边界丢失，但其搜索过程会付出很大的时间代价。串行边缘检测技术的优点在于可以得到连续的单像素边缘，但是它的效果严重依赖于初始边缘点；不恰当的初始边缘点可能得到虚假边缘，而较少的初始边缘点可能导致边缘漏检。

并行边缘检测技术一般借助空域微分算子的模板与图像卷积来完成边缘检测，因此，该方法可针对每个像素同时进行，从而大大降低算法的时间复杂度。常见的并行边缘检测方法有 Sobel 算子、Roberts 算子、Prewitt 算子、Laplacian 算子、LOG 算子等。该类算法有一个明显的缺点：不能够得到完整的连续的单像素边缘。因此，在利用并行边缘检测方法后，通常需要进一步对边缘进行修正，如边缘连通、去除毛刺和虚假边缘剔除等。

3. 基于区域的分割

基于区域的分割方法有区域生长和分裂合并两种基本方法。区域生长法首先在每个要分割的区域寻找一个或多个像素点作为种子像素，并将其作为生长的起点，然后按照某种相似性原则进行区域生长，直至没有可以归并的像素点或其他小的区域为止。区域分裂合并法按照某种一致性准则分裂或合并区域，当一个区域不满足一致性准则时，该区域被分裂为几个小的区域；而当相邻区域满足一致性准则的时候，就通过合并运算合并成一个大的区域。

基于阈值的分割方法由于没有或很少考虑空间关系，故会使多阈值选择受到一定的限制，基于区域的分割方法可以弥补这一不足之处。这类方法利用了图像的空间性质，不但考虑了像素的相似性，同时考虑到了空间区域上的邻接性，从而可以有效消除孤立噪声的干扰，具有很强的鲁棒性。同时，无论是分裂运算还是合并运算，都能很好地将分割深入到像素级，因此对图像分割的精度有较高的保障，但其分割的速度往往较慢。

4. 基于聚类的分割

基于聚类的分割方法就是按照样本间的相似性把集合划分为若干个小的子集，划分结果应使某种表示聚类质量的准则最大。当用距离来表示两个样本间的相似度时，聚类分割的结果就是把特征空间划分为若干个区域，每一个区域相当于一个类别。本书第二章介绍的一些常用的距离度量都可以作为这种相似性的度量标准，因为从经验上讲，凡是同类的样本，其特征向量应该相互靠近，而不同类的样本之间的距离应较同类样本之间的距离大得多。典型的聚类分割算法包括 K-均值算法、模糊 C-均值算法、期望最大化和分层聚类算法等。聚类算法不需要训练集，但需要对初始分割提供一个初始参数，该参数的选择对最终分类结果有很大的影响。因此，针对聚类分割，初始参数的选取是该方法的一个技术难点。

5. 其他分割方法

近年来研究者提出了一些结合特定数学理论和工具的分割算法，例如，基于数学形态学的分割方法、借助统计模式识别的分割方法、基于神经网络理论的分割方法、基于小波分析和变换思想的分割方法、利用进化算法的优化分割方法等。

8.6　基于阈值法的图像分割

8.6.1　阈值法的基本原理

阈值分割法是一种基于区域的图像分割技术，其基本原理是通过设定不同的特征阈值，把图像的像素点分为若干类。常用的特征包括直接来自原始图像的灰度或彩色特征和由原始灰度或彩色值变换得到的特征。设原始图像为 $f(x, y)$，按照一定的准则在 $f(x, y)$ 中找到特征值 T，将图像分割为两个部分，则分割后的图像可表示为

$$g(x, y) = \begin{cases} b_0 & f(x, y) < t \\ b_1 & f(x, y) \geq t \end{cases} \tag{8-4}$$

若取 $b_0=0$(黑)，$b_1=1$（白），即为我们通常所说的图像二值化。

8.6.2 基于阈值法的图像分割方法分类

基于阈值法的图像分割方法可以分为全局阈值法和局部阈值法。全局阈值法指利用全局信息对整幅图像求出最优分割阈值，该阈值可以是单阈值或多阈值。全局阈值法又可分为基于点的阈值法和基于区域的阈值法。局部阈值法是把原始的整幅图像分为几个小的子图像，再对每个子图像应用全局阈值法分别求出最优分割阈值。

1. 基于点的全局阈值法

与其他几大类方法相比，基于点的全局阈值法易于实现且时间复杂度较低，适合应用于在线实时图像处理。

2. 基于区域的全局阈值法

对于一幅图像而言，在同一区域表现出较强的一致性和相关性。而在不同的区域，比如说目标区域和背景区域，它们则表现出明显的不同。因此，可以设置一全局阈值去分割一副图像中的不同区域。

3. 局部阈值法和多阈值法

当图像出现阴影、照度不均匀、对比度不同、突发噪声以及背景灰度变化等情况时，如果只用一个固定的全局阈值对整幅图像进行分割，则由于不能兼顾图像各处的情况会使分割效果受到影响。一种解决办法就是用与像素位置相关的一组阈值(即阈值是坐标的函数)来对图像各部分分别进行分割，这种与坐标相关的阈值称为局部阈值或动态阈值，使用动态阈值的分割方法称为变化阈值法或自适应阈值法。这类算法的时间复杂度和空间复杂度都比较大，但是抗噪能力强，对一些使用全局阈值不易分割的图像有较好的分割效果。

如果图像含有若干个占据不同灰度级区域的目标，则需要使用多个阈值才能将它们分开，这种方法就是多阈值分割法，该方法可以看作单阈值分割的推广。

8.6.3 基于阈值法的图像分割的实现

基于阈值的图像分割的结果在很大程度上依赖于阈值的选择，因此这类方法的关键是如何选择合适的阈值。最大类间方差法计算简单、稳定有效，是一种受到普遍欢迎的阈值选取方法。其基本思路是将直方图在某一阈值处分割成两组，选取使这两组的方差最大的阈值作为分割阈值。方差是对灰度分布均匀性的一种量度，方差越大，说明构成图像的两部分的差别越大；而在发生将部分目标错分为背景或将部分背景错分为目标的情况时，图像两部分的差别会变小。因此，使类间方差最大的分割意味着错分概率最小，此时的阈值就是一个合适的分割阈值。

假设图像的灰度级范围是 0，1，2，…，$L-1$，设灰度级 i 的像素点个数为 m_i，则图像的像素点总数为 $M=\sum_{0}^{L-1} m_i$，灰度级 i 的出现概率为 $p_i=\frac{m_i}{M}$，其中，$\sum_{i=0}^{L-1} p_i=1$。

若大津法(Ostu)根据阈值 t 把图像的像素分为 $C_0=(0, 1, \cdots, t)$ 和 $C_1=(t+1, t+2, \cdots, L-1)$ 两类(分别代表目标与背景)，则 C_0 和 C_1 类出现的概率及均值分别为

$$\begin{cases} \omega_0 = \sum_{i=0}^{t} p_i = \omega(t) \\ \omega_1 = \sum_{i=t+1}^{L-1} p_i = 1-\omega(t) \\ \mu_0 = \sum_{i=0}^{t} \dfrac{ip_i}{\omega_0} = \dfrac{\mu(t)}{\omega(t)} \\ \mu_1 = \sum_{i=t+1}^{t} \dfrac{ip_i}{\omega_1} = \dfrac{\mu_T(t)-\mu(t)}{1-\omega(t)} \end{cases} \tag{8-5}$$

式中，$\mu(t)=\sum_{i=0}^{t} ip_i$，$\mu_T(t)=\sum_{i=0}^{L-1} ip_i$。

C_0 和 C_1 类的方差可计算如下：

$$\begin{cases} \sigma_0^2(t) = \sum_{i=0}^{t} \dfrac{(i-\mu_0)^2 p_i}{\omega_0} \\ \sigma_1^2(t) = \sum_{i=t+1}^{L-1} \dfrac{(i-\mu_1)^2 p_i}{\omega_1} \end{cases} \tag{8-6}$$

类间方差为

$$\sigma_\omega^2(t) = \omega_0\sigma_0^2 + \omega_1\sigma_1^2 \tag{8-7}$$

类内方差为

$$\sigma_B^2(t) = \omega_0\ (\mu_0-\mu_T)^2 + \omega_1\ (\mu_1-\mu_T)^2 \tag{8-8}$$

总体方差为

$$\sigma_T^2(t) = \sigma_B^2 + \sigma_\omega^2 \tag{8-9}$$

引入关于 t 的等价判决准则函数：

$$\eta(t) = \frac{\sigma_B^2}{\sigma_\omega^2} \tag{8-10}$$

则通过等价判决准则的最大值可以得到最优阈值 t^*：

$$t^* = \underset{t\in[0,\ L-1]}{\arg\max}\,\eta(t) \tag{8-11}$$

即将图像分成目标与背景两类，使得两类总方差取得最大值的 t 就为所求的最佳分割阈值。

8.7　基于分水岭算法的图像分割

8.7.1　分水岭算法概述

基于分水岭算法的图像分割

分水岭分割算法是一种基于拓扑理论的数学形态学的分割方法。其基本思想是把图像看作测绘学上的拓扑地貌，图像中每一个像素的灰度值表示该点的海拔高度，每一个局部极小值及其影响区域称为集水盆，而集水盆的边界则形成分水岭。分水岭的概念和形成可以通过模拟浸入过程来说

明。假设在每一个局部极小值表面刺穿一个小孔，然后把整个模型慢慢浸入水中，随着浸入的加深，每一个局部极小值的影响区域慢慢向外扩展，在两个集水盆汇合处构筑大坝即形成分水岭。分水岭算法的原理如图 8.9 所示。

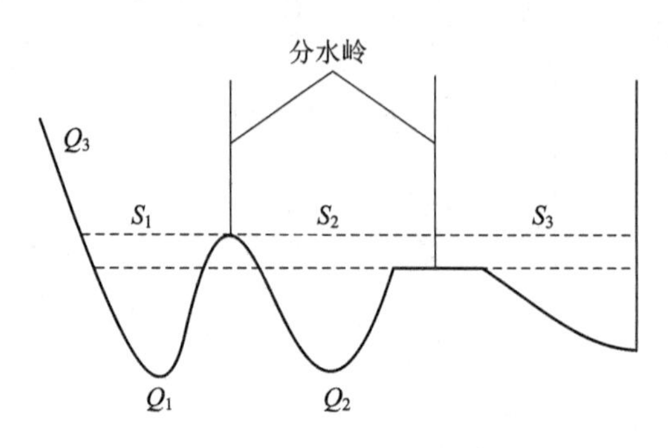

图 8.9　分水岭算法原理

8.7.2　分水岭算法的原理

一幅灰度图像可以被看成一个拓扑平面，其中，灰度值高的区域可以看作山峰，而灰度值低的区域可以看作山谷。向每一个山谷中灌注不同颜色的水，随着水位的不断升高，不同山谷的水将会汇合，而为了防止不同山谷的水汇合就必须在汇合处建立堤坝；不断灌水并不断建立堤坝，直到山峰被淹没为止。构建好的堤坝就是图像分割的边界。

由于图像噪声及其他因素的影响，运用分水岭算法通常会得到过度分割的结果。为了减少此类因素的影响，可以使用基于标记的分水岭算法，该算法需要设置山谷中的汇合点，因而是一种交互式的图像分割算法。该算法首先给已知对象打上不同的标记。如果某个区域肯定是前景或目标，就使用某种颜色或灰度值标签来标记它；如果是背景则使用其他颜色进行标记；其余不能确定的部分用 0 标记。然后使用分水岭算法，每次灌水，标签都会被更新；当两个不同颜色的标签相遇时就构建堤坝，直到所有山峰被淹没。算法最后得到的边界对象值是 -1。

分水岭算法的计算过程是一个迭代标注的过程。该算法中的计算分为两步，一个是排序，另一个是淹没。首先对每个像素的灰度级从低到高排序，然后从低到高实现淹没，在这个过程中对每一个局部极小值在 h 阶高度的影响域采用先进先出(FIFO)结构进行判断及标注。

分水岭变换得到的是输入图像的集水盆图像，集水盆之间的边界点即为分水岭。显然，分水岭表示的是输入图像的极大值点。因此，为了得到图像的边缘信息，通常把梯度图像作为输入图像，即

$$g(x, y) = \text{grad}(f(x, y)) = \{[f(x, y)] - f(x-1, y)^2 \cdot f(x, y-1)^2\}^{0.5} \tag{8-12}$$

式中，$f(x, y)$ 表示原始图像，$\text{grad}\{.\}$ 表示梯度运算。

分水岭算法对微弱边缘具有良好的响应，图像中的噪声和物体表面细微的灰度变化都会导致过度分割的现象。但同时应当看到，对微弱边缘良好的响应是得到封闭连续边缘的保证。另外，分水岭算法所得到的封闭集水盆为分析图像的区域特征提供了可能。

为了消除分水岭算法产生的过度分割，通常可以采用两种处理方法，一是利用先验知识去除无关边缘信息；二是修改梯度函数使得集水盆只响应想要探测的目标。

若采用第二种处理方法，则我们需要修改梯度函数。一个简单的方法是对梯度图像进行阈值处理，即

$$g(x, y)=\max(\mathrm{grad}(f(x, y)), g_\theta) \tag{8-13}$$

式中，g_θ 表示阈值。

在实现过程中，对于灰度值的微小变化而产生的过度分割，可以采用上述使用阈值限制梯度图像的方法达到消除的目的，从而获得适量的区域；接着对这些区域的边缘点的灰度级进行从低到高的排序和从低到高的淹没。梯度图像可以采用 Sobel 算子计算获得。对梯度图像进行阈值处理时，选取合适的阈值对最终分割的图像有很大影响，因此阈值的选取是图像分割效果好坏的一个关键。这种处理方法的缺点是，若实际图像包含有微弱的边缘，则选取过大的阈值可能会消去这些微弱边缘。

8.7.3 基于密度模糊聚类的分水岭分割算法

1. 密度模糊聚类

对一组数据集 $\boldsymbol{X}=\{\boldsymbol{x}_1, \boldsymbol{x}_2, \cdots, \boldsymbol{x}_n\}$，任何一个数据点 $\boldsymbol{x}_i$ 的密度可表示为

$$\rho_i=\frac{1}{\min(d_{ij})}, 1\leqslant i\leqslant n \tag{8-14}$$

式中，d_{ij} 表示点 $\boldsymbol{x}_i$ 与 $\boldsymbol{x}_j$ 之间的距离。由于点密度仅考虑了数据集的局部分布，为了解决这个问题，可以进一步引进群密度的概念。群密度是点密度的加权线性组合，其表达式为

$$\hat{\rho}_i=\frac{\sum_{j=1}^{n} l_{ij}w_{ij}\rho_j}{\sum_{j=1}^{n} l_{ij}w_{ij}}, 1\leqslant i\leqslant c \tag{8-15}$$

式中，l_{ij} 表示数据点 $\boldsymbol{x}_j$ 的类别标签，当 $\boldsymbol{x}_j$ 属于第 i 类时，$l_{ij}=1$，否则 $l_{ij}=0$；w_{ij} 是一个常数；c 是聚类数。因此聚类算法的距离可表示为

$$d_{ij}=\frac{\|\boldsymbol{x}_j-V_i\|}{\hat{\rho}_i}, 1\leqslant i\leqslant c, 1\leqslant j\leqslant n \tag{8-16}$$

式中，V_i 为聚类中心。

密度模糊聚类的目标函数为

$$J=\sum_{i=1}^{c}\sum_{j=1}^{n}U_{ij}^{m}\ \|\boldsymbol{x}_j-V_i\|^2\ \frac{\sum_{k=1}^{n} l_{ik}w_{ik}}{\sum_{k=1}^{n} l_{ik}w_{ik}\rho_k} \tag{8-17}$$

式中，U_{ij} 为隶属度函数，m 为模糊加权指数。

隶属度函数和聚类中心的表达式分别为

$$U_{ij}=\frac{\hat{d}_{ij}^{-\frac{2}{m-1}}}{\sum_{k=1}^{c}\hat{d}_{kj}^{-\frac{2}{m-1}}} \tag{8-18}$$

$$V_i = \frac{\sum_{j=1}^{n} U_{ij}^m \boldsymbol{x}_j}{\sum_{j=1}^{n} U_{ij}^m}, 1 \leqslant i \leqslant c \tag{8-19}$$

2. 基于密度模糊聚类的分水岭分割算法

传统的分水岭算法由于受到噪声和图像细节信息的影响，会产生严重的过度分割现象。因此，可以首先对分割前的图像进行预处理，使用形态学重建技术对图像的前景和背景进行标记，这样可以减少伪极小值，从而抑制过度分割现象。但经过预处理后，经过分水岭分割的图像仍会存在明显的过度分割现象。为了减少过度分割区域，需要对分割后的图像进行后处理，即用密度模糊聚类对分割后的图像进行区域合并。通过这样的处理方法可以大大减少过度分割区域，改善分水岭分割算法的效果。

基于密度模糊聚类的分水岭分割算法的步骤可以描述如下：

(1) 首先对待分割的图像进行预处理，即使用开运算、闭运算、膨胀、腐蚀等一系列的形态学重建技术对图像的前景和背景进行标记，然后对标记后的图像进行分水岭分割。

(2) 对分割后的图像目标区域中的连通区域进行标记，存储每个连通区域的标号，并求出每个连通区域的灰度均值。

(3) 把每个连通区域的灰度均值作为密度模糊聚类的输入空间，并将分割后的目标区域分为两类，即设定聚类数 $c=2$ 并初始化隶属度矩阵 $\boldsymbol{U}^{(l)}$。

(4) 使用隶属度矩阵 $\boldsymbol{U}^{(l)}$ 根据公式(8-19)计算新的聚类中心 $V^{(l+1)}$。

(5) 计算目标区域的每个点到新聚类中心的距离 d_{ij}^2，并根据公式(8-18)计算新的隶属度矩阵 $\boldsymbol{U}^{(l+1)}$。

(6) 使用新的聚类中心 $V^{(l+1)}$ 和隶属度矩阵 $\boldsymbol{U}^{(l+1)}$，根据公式(8-17)计算新的目标函数 $J^{(l+1)}$，若 $\| J^{(l+1)} - J^{(l)} \| < \varepsilon$，则执行步骤(7)，否则返回步骤(4)。

(7) 根据最后更新的隶属度矩阵 $\boldsymbol{U}^{(l+1)}$ 对目标区域进行分类，进一步确定目标区域，从而得到最终的分割图像。

8.8 基于蚁群算法的图像分割

8.8.1 蚁群算法应用背景

由于图像背景的复杂性、目标特征的多样性以及噪声等影响，图像分割成为了图像处理技术的一个难点。传统图像分割方法，如阈值法、边缘检测法、数学形态学法、基于区域处理方法等，针对不同图像都取得了很好的效果，因而成为了目前应用比较广泛的方法。但是对于不同的应用目的以及不同的图像特性，传统方法又表现出很大的局限性。例如，阈值法具有较高的计算效率，但该方法对噪声很敏感，会误将噪声作为目标来处理；边缘检测法会出现边界不连续或边界不准确的问题；数学形态学法在一定程度上降低了噪声对图像的影响，但是开运算、闭运算、腐蚀、膨胀等会导致图像过度平滑，导致发生图像变形及细节丢失等问题。

为了解决这些问题，我们可以将图像分割看作对具有不同特征的像素进行聚类的过程，那么第五章所介绍的蚁群算法因其具有离散性和并行性的特点，十分适合于解决离散数字图像的分割问题。下面我们将结合图像分割的需求给出改进后的蚁群算法的数学描述，并详细阐述特征提取和模糊聚类的过程，最后与Sobel算子、Canny算子等传统图像分割手段进行效果的比较与分析。

8.8.2　图像分割中的特征提取

一幅图像包括了目标、背景、边界和噪声等内容，对图像进行特征提取的目的就是要找出体现这些内容之间区别的特征量，这对后继的分类过程至关重要。区别目标和背景的一个重要特征是像素灰度，因此可以选用像素的灰度值作为聚类的一个特征。另外，边界点或噪声点往往位于灰度发生突变的位置，该位置的梯度可以体现出这种变化，因此可以作为反映边界点与背景或目标区域内点之间区别的重要特征。而对于梯度值较高的边界点和噪声点，我们可以利用(3×3)像素的邻域进行区分。在一幅图像中，与区域内点灰度值相近的3×3邻域内的像素个数一般为8，与边界点灰度值相近的3×3邻域内的像素个数一般大于或等于6，而对于噪声点，该数值一般小于4。因此，可以得到邻域特征的提取方法：若当前像素与邻域像素之间存在着灰度差，将此灰度差与给定阈值进行比较，将小于该阈值的邻域像素个数作为提取的邻域特征。阈值的选取一般根据图像的特点来设置，对于细节较多的图像取值较大，而对平滑的图像则取值较小，一般取值范围为50～90。

上述三个特征反映了目标、背景、边界和噪声的特点，这样每只蚂蚁成为了一个以灰度(Gray Value)、梯度(Gratitude)和邻域(Neighbor)为特征的三维向量。

8.8.3　图像分割中的蚁群算法

给定原始图像$\boldsymbol{X}$，将每个像素$\boldsymbol{X}_j(j=1, 2, \cdots, N)$看作一只蚂蚁，首先根据上述方法进行特征提取，每只蚂蚁都是以灰度、梯度和邻域为特征的三维向量，图像分割就是这些具有不同特征的蚂蚁搜索食物源的过程。假设d_{ij}表示任意像素$\boldsymbol{X}_i$到$\boldsymbol{X}_j$的距离，该距离采用欧氏距离计算如下：

$$d_{ij}=\sqrt{\sum_{k=1}^{m} p_k\ (\boldsymbol{x}_{ik}-\boldsymbol{x}_{jk})^2} \tag{8-20}$$

式中，m为蚂蚁的维数(此处$m=3$)；p为加权因子，其值取决于像素各分量对聚类的影响程度。

设r为聚类半径，ph_{ij}为信息素量，则

$$ph_{ij}=\begin{cases}1, & d_{ij}\leqslant r\\ 0, & d_{ij}<r\end{cases} \tag{8-21}$$

$\boldsymbol{X}_i$选择到$\boldsymbol{X}_j$路径的概率为p_{ij}：

$$p_{ij}=\begin{cases}\dfrac{ph_{ij}^{\alpha}(t)\eta_{ij}^{\beta}(t)}{\sum_{s\in S} ph_{is}^{\alpha}(t)\eta_{is}^{\beta}(t)} & j\in S\\ \text{otherwise}\end{cases} \tag{8-22}$$

式中，$\eta_{ij}(t)$是启发式引导函数；α表示像素聚类过程中所积累的信息；β表示启发式引导函数对路径选择的影响因子；$S=\{X_s \mid d_{sj}\leqslant r,\ s=1,\ 2,\ \cdots,\ N\}$为可行路径集合。

随着蚂蚁的移动，各路径上的信息素量发生相应的变化。经过一次循环之后，各路径上的信息素量根据下式进行调整：

$$ph_{ij}(t) = \rho ph_{ij}(t) + \Delta ph_{ij} \tag{8-23}$$

式中，ρ为信息素量随着时间的衰减程度；Δph_{ij}为本次循环中路径信息素量的增量，即

$$\Delta ph_{ij} = \sum_{k=1}^{N} \Delta ph_{ij}^{k} \tag{8-24}$$

式中，Δph_{ij}^{k}表示第k只蚂蚁在本次循环中留在路径上的信息素量。

由于蚂蚁的行走是随机和盲目的，因此，对于一幅$m\times n$的图像，在循环搜索过程中需要计算每个像素和其余$m\times n-1$个像素之间的距离和路径的选择概率，而系统必须经过多次循环才能完成聚类过程，这种情况将导致整体的搜索时间长、计算量大。针对这一问题，可以根据图像分割的特点给出初始聚类中心加以引导，从而减少蚂蚁行走的盲目性，同时将蚂蚁与聚类中心的相似度作为引导函数，这样可以降低计算量和加快聚类进程。初始聚类中心以及引导函数的设置如下。

1. 初始聚类中心灰度计算

图像的灰度直方图体现了不同灰度级像素出现的频数，能够在很大程度上反映灰度聚类的结果。以原始图像的灰度直方图为基础，选择灰度直方图的n个峰值点作为聚类中心的灰度特征，同时n也确定了初始聚类中心的个数。这样可以将所有像素之间大量的循环计算转化为像素与少数几个峰值点之间的比较，引导蚂蚁直奔聚类中心附近，减少搜索过程，降低计算量。因此也确定了聚类中心C的第一个特征向量$\boldsymbol{V}$。

2. 初始聚类中心梯度计算

在一幅图像中，背景和目标内部像素的梯度一般较小，而边界点和噪声点的梯度较大；同时，背景和目标内部像素必然占图像像素的大多数，边界点像素个数又远大于噪声点的像素个数。所以，根据原始图像的灰度直方图及梯度图像，在确定的n个聚类中心中，如果某些聚类中心的灰度特征对应的像素个数远大于其他的，则该聚类中心极有可能位于背景或目标内部，则设置该聚类中心的梯度特征值为零，而将其余聚类中心的梯度值设置为梯度图像最大梯度列的均值。

3. 初始聚类中心邻域特征计算

与上一步相对应，根据图像中不同种类像素的邻域特点，将梯度为零的聚类中心的邻域特征值设置为8；而对于梯度值较高的聚类中心，如果其灰度特征对应的像素个数较多，则该聚类中心可能为边界，因而将其邻域特征值设置为6；反之，如果其灰度特征对应的像素个数较少，则该聚类中心可能为噪声，其邻域特征值设置为3。

这样，所选定的初始聚类中心可以表示为$C_j(\boldsymbol{V};\ \boldsymbol{G};\ \boldsymbol{N})$，$j=1,\ 2,\ \cdots,\ n$，(其中，$\boldsymbol{V}$代表灰度特征向量，$\boldsymbol{G}$代表梯度特征量，$\boldsymbol{N}$代表邻域特征向量)这些聚类中心大致代表了各个种类的特征。

引导函数为当前像素与聚类中心的相似度，可以用下面公式表示：

$$n_{ij}=\frac{1}{d_{ij}}=\frac{r}{\sqrt{\sum_{k=1}^{m}p_k\ (\boldsymbol{x}_{ik}-c_{jk})^2}} \tag{8-25}$$

式中，r 为聚类半径。聚类半径越大，引导函数值越大，选择该聚类中心的概率随之增大；反之，像素与聚类中心之间的距离越大，引导函数值越小，选择该聚类中心的概率就越小。

8.8.4　基于蚁群算法的图像分割效果及分析

按上节所述的蚁群算法对图 8.10 所示的图像进行分割。原始图像为 256 色度，大小为(224×323)像素。由图 8.10 可以看出，两只老虎右侧的灰度较低，同时由于图像纹理较多，因而检测会存在较大的难度。以该图为例采用蚁群算法进行分割的过程如下：

(1) 初始化 α、β、ph_{ij}、r、λ 等参数。

(2) 根据公式(8-20)计算像素 $\boldsymbol{X}_i$ 到不同食物源 C_j 的距离 d_{ij}。

如果 d_{ij} 为零，则该像素到该类的隶属度为 1；否则，如果 $d_{ij}<r$，则根据公式(8-25)计算引导函数值，并根据公式(8-23)计算 $\boldsymbol{X}_i$ 到各路径的信息素量。

(3) 根据公式(8-22)计算像素的隶属度，判断隶属度是否大于 λ。若大于则根据公式(8-24)计算信息素量增量 Δph_{ij}，随后更新信息量并按下式更新第 j 类的聚类中心(J 为 C_j 类中元素个数)：

$$\bar{C}_J=\frac{1}{J}\sum_{k=1}^{J}\boldsymbol{X}_k \tag{8-26}$$

否则，将该蚂蚁记录到 SS 集中(SS 表示没有被归类的像素的集合)。

(4) 计算各类的类间距离，若类间距离小于阈值 ε，则将两类合并为一类，并更新聚类中心。

(5) 如果还有待分类像素，则返回第(2)步，否则算法结束。

图 8.10　原始图像

图 8.11 是当参数 $\alpha=1$，$\beta=1$，$r=50$，$\lambda=0.9$，$T=80$ 时用蚁群算法进行分割的结果。图 8.12 和图 8.13 分别是采用传统图像处理方法 Sobel 算子和 Canny 算子进行边缘检测的结果。从检测结果可见，Sobel 算子对于灰度较低的部分没有检测出来，采用 Canny 算子效果很好，但图像细节太多。综合来看，蚁群算法更为有效。

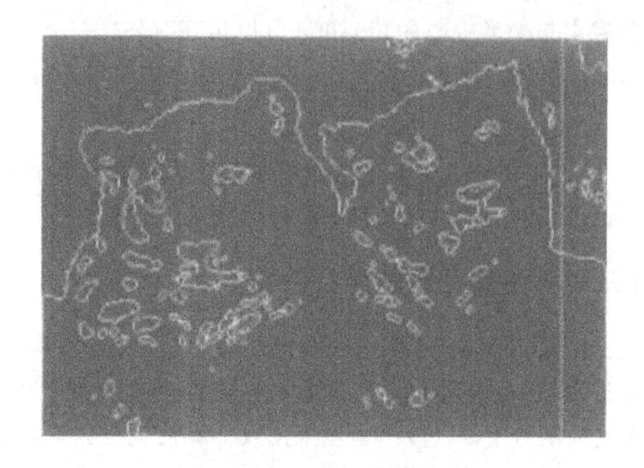

图 8.11 蚁群算法分割结果

图 8.12 Sobel 边缘检测结果

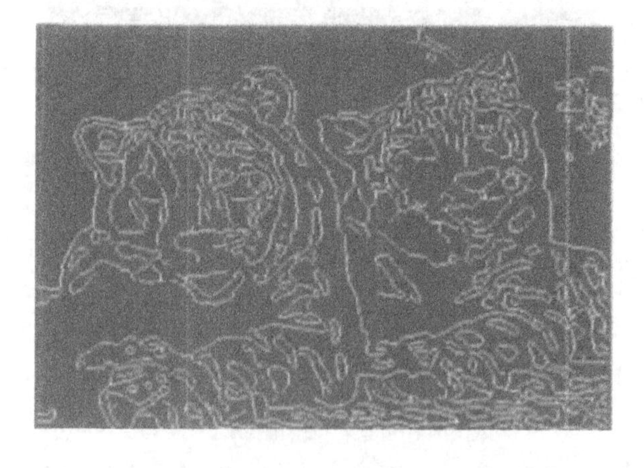

图 8.13 Canny 算子边缘检测结果

本章小结

本章主要介绍了图像分类和图像分割两大部分。第一部分首先介绍了图像分类及其过程，包括图像分类概述、图像分类的流程以及图像分类方法概述；其次介绍了基于随机森林的图像分类，包括图像分类的随机森林算法和基于随机森林的图像分类效果及分析；随后介绍了基于 SVM 的图像分类，包括图像分类 SVM 算法和基于 SVM 的图像分类算法效果及分析；最后介绍了基于深度学习的图像分类，包括图像分类 CNN 模型和基于 CNN 模型的图像分类效果及分析。

第二部分首先介绍了图像分割，包括图像分割的定义以及图像分割算法概述；其次介绍了基于阈值的图像分割，包括阈值法的基本原理、基于阈值法的图像分割方法的分类以及基于阈值法的图像分割的实现；随后介绍了基于分水岭算法的图像分割，包括分水岭算法概述、分水岭算法原理以及基于密度模糊聚类的分水岭分割算法；最后介绍了基于蚁群算法的图像分割，包括图像分割特征提取、蚁群算法数学描述和基于蚁群算法的图像分割效果及分析等。

习　题

1. 图像分类可以基于哪些常见分类器？
2. 简述图像分类的流程。
3. 图像分割算法可以分为哪几大类？
4. 简述阈值法的基本原理。
5. 简述分水岭算法的原理。

习题答案

第九章　视频动作识别

视频动作识别是计算机视觉领域十分重要的一个研究方向。本章将首先介绍视频动作识别的一些基础知识，然后着重介绍运动目标检测技术、运动特征提取技术以及运动特征理解技术，最后就基于双流模型卷积神经网络的动作识别和基于多流模型卷积神经网络的动作识别分别进行系统性介绍。

9.1　动作识别概述

基于视频的人体动作分析与识别是计算机视觉领域中至关重要的一个研究方向，其目的是自动分析采集到的图像与视频，判断其中是否包含运动人体，并对人体动作划分行为类型，以代替人眼完成对人体动作的分析和判断。人体动作识别广泛应用于各种视频场合，例如视频智能监控、人机交互系统、视频检索以及体育辅助训练等。

9.1.1　动作识别的难点

虽然近年来国内外对动作识别的研究取得了很大进展，但对于一个机器人视觉系统而言，实现在真实场景下的高效动作识别仍是一项巨大的挑战。总体来说，基于视觉的动作识别中的难点主要来源于空间复杂性和时域多变性两个方面。

1. 空间复杂性

空间复杂性主要是指人体的静态姿态、动作场景以及人体姿态和场景相互作用的复杂性。人的肢体由许多关节组成，具有巨大的自由度，众多肢体形成的姿态在空间的方向、大小、尺寸和形状等方面有无数的表现形式，因此，人体姿态在空间上是一个极其复杂的信号。此外，动作发生于一定的场景中，动作场景也具有一定的复杂性。例如，视角、光照条件、前景和背景等要素都是动作场景的不可预测变量。在空间中，人体姿态与其动作场景会相互作用，从而形成姿态在空间中不同位置、尺度和上下文关系的表征，并有可能导致遮挡问题的产生。

2. 时域多变性

时域多变性主要是指动作及场景随着时间变化的多样性。动作的空间姿态在时域上有无数种排列组合形式，动作频率也有无数种变化形式，而且动作中会存在停顿或空白。同时，动作场景也可能随着时间产生变化。更重要的是，场景中的动作随着时间的变化会在位置和尺度上发生变化，导致动作在时域中的描述存在巨大困难。

虽然对动作识别的研究自计算机问世以来便吸引了无数学者的关注，但其中的诸多难点使得动作识别目前仍处于实验室研究阶段，距离实际应用还有较大距离。同时，对于动作识别，当前尚不存在的统一的标准。一般而言，对于基于视觉的动作识别的相关方法和技术，可以通过三种方式进行分类：第一种是流程法，即将动作识别过程按照一定的标准划分为若干个相互关联的子过程，并根据划分的依据对动作识别方法进行分类；第二种是时空法，即将动作在时域和空间上进行分解，并对各自的相关技术进行归总；第三种是关键技术法，即根据在动作识别中使用的关键技术将各种方法在核心原理和理论上进行分类。

9.1.2 动作识别流程

概括来说，动作识别的过程是一个对动作符号进行标签化的过程，其本质是模拟人眼和人脑对动作信息进行理解和区分。因此，结合动作信号的特殊性，从流程分类法的观点出发，典型动作识别问题的主要研究内容可以归纳为三个方面：运动目标检测、动作特征提取和动作特征理解。典型人体动作识别的一般流程如图 9.1 所示。

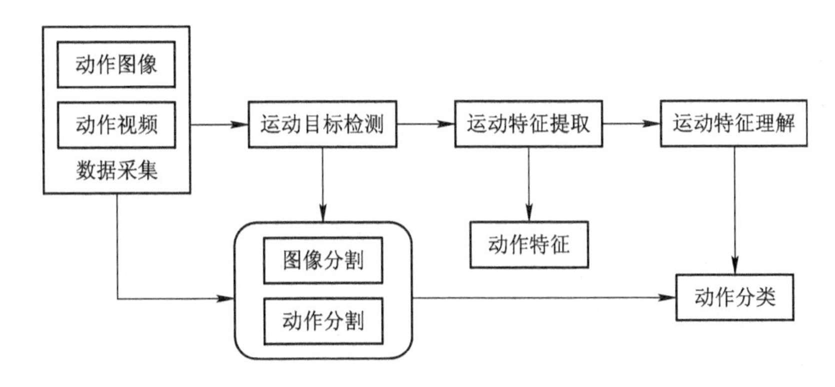

图 9.1 典型人体动作识别流程

在视觉场景中通过数据采集得到一组动作图像序列或视频后，首先需要检测出包含动作信息的目标，即在视频中将包含动作的子序列分割出来或在图像中分割出动作区域；之后，在检测得到的大规模数据中，进一步提取出有效且小容量的动作特征对动作进行表征；最后，在动作特征表征的基础上，利用相关技术对特征进行理解，实现动作分类，从而完成动作识别。

运动目标检测是实现动作识别的前提条件，动作分割可以减少无关信息的干扰，保证整个动作识别的效率；图像分割则可以进一步减少视觉场景中的噪声。值得注意的是，目标检测技术虽然可以为后续的动作特征提取和理解提供更精确和容量更小的数据，但很多动作识别方法忽略了这一过程，而是直接利用包含动作场景信息的数据进行后续处理，因此，运动目标检测并不是动作识别必需的环节。

运动特征提取是动作识别最核心的步骤，它将动作表征为可处理的小容量特征算子从而得到动作特征，该过程表征效率的高低直接决定了动作识别效果的好坏。

运动特征理解也是动作识别的一个重要环节，该过程对提取的动作特征进行训练并完成最后的动作分类。

9.2 运动目标检测技术

不同于机器视觉领域中狭义的运动目标检测概念，本书将运动目标检测的概念限定为对动作视频或图像序列中的动作区域进行分割。运动目标检测可以作为动作识别的预处理过程。部分方法在进行动作识别时省略了这一过程，但其与图像中的物体分割紧密相关，并得到了研究人员的广泛关注。动作识别过程中的运动目标检测主要分为两个方面：动作视频的分割和图像序列中动作区域的分割。

9.2.1 动作视频分割技术

动作视频分割(简称动作分割)就是将视频中包含动作信息的部分抽离出来，去除无关的视频内容。动作分割可以提高动作识别的精度，降低噪声的干扰，更重要的是可以提高动作识别的效率。值得注意的是，动作分割通常作为动作识别的一个预处理过程，并且绝大多数针对动作识别的方法都直接利用了分割好的动作数据库作为识别对象。尽管如此，动作分割技术仍然是动作识别甚至是整个计算机视觉领域的研究难点。

动作分割根据所采用的技术在时域中处理对象的相对关系可分为两类：局部动作分割和全局动作分割。

局部动作分割的一种策略是利用人体动作在物理上的连续性特点，在视频中搜索相应的速度、加速度或曲率拐点找到动作边界，进而对动作进行分割；局部动作分割的另一种策略是滑窗法，即利用已经分割好的动作信息对视频逐帧进行匹配，将匹配的帧提取出来完成分割。总体而言，由于局部动作分割方法一般通过匹配和阈值法进行动作分割，缺少了统计分析和学习过程，因而误差较大。

全局动作分割是根据整个动作视频的特征分布情况及其彼此间的相互关系进行分割。很多全局动作分割方法与动作识别方法具有较大的相似性，都可以看作一个动作检测的过程。全局动作分割中普遍使用的技术是基于统计的方法，如马尔可夫随机场、词袋模型和条件随机场等。

局部动作分割方法不需要复杂的训练过程，效率较高，但其结果过分依赖于局部的特征模型，精度往往不高。全局动作分割的结果往往经过大量已分割视频的训练，且以动作视频中的全部帧为对象进行统计，精度较高，但计算过程复杂，实时性相对较差。

9.2.2 动作区域分割技术

动作识别中的许多方法需要定位动作在图像中的位置，即实现动作区域的分割。本节介绍的动作区域分割是在没有先验知识的情况下直接对未知动作区域进行分割的方法。

实现动作区域分割的一个简单方法是直接采用通用的图像分割算法对整个视频帧进行分割，然后根据人体动作的特性选取出人体动作区域。通用的图像分割算法可以分为三类：区域法、边界法和数学形态法。其中，区域法又可以进一步分为阈值分割法、生长法和分裂合并法。各种图像分割方法的相关介绍如表 9.1 所示。

表 9.1　经典图像分割方法

方　法	原　理	特　点
阈值分割法	通过比较像素点灰度值与给定阈值区别前景和背景	直接，快速
生长法	以一个像素点为种子，通过与其邻域像素点的比较逐步获得新种子，进而得到种子合集的区域	计算简单，对于较均匀的连通目标有较好的分割效果，对噪声敏感
分裂合并法	将图像分割成一些区域，根据相似性检验标准将满足条件的区域合并	对复杂图像的分割效果较好，但算法较复杂，计算量大，可能会破坏区域的边界
边界法	通过检测灰度级或结构中不连续的地方得到边缘从而实现图像分割	对噪声敏感，只适合于噪声较小且不太复杂的图像
数学形态法	用具有一定形态的结构元素度量和提取图像中的对应形状	简单，易于实现，但对噪声敏感，适用于噪声较小的图像

9.3　动作特征提取技术

动作特征提取是提取动作图像或视频中有效的动作信息，将动作利用小容量的特征算子进行表征的过程。动作特征提取是动作识别最关键的一个环节，其方法按照特征提取的手段可以分为表观特征提取和深度学习特征提取两种。表观特征提取是指利用传统算法对动作在图形层面上表现出来的浅层次特征进行提取，该方法能够得到预期的特征算子。在图像最底层的表观特征(亮度、深度、颜色)基础上，动作表观特征可分为剪影、光流、梯度和深度等四种；深度学习特征是指利用深度学习框架对动作特征在多个层次上进行自动提取，该方法得到的是不可预期的特征算子。根据目前流行的深度学习框架的不同，深度学习特征可分为卷积神经网络(Convolutional Neutral Networks，CNNs)学习特征和循环神经网络(Recurrent Neutral Networks，RNNs)学习特征。

9.3.1　剪影特征

剪影特征是最直观的动作表观特征。在动作图像或视频中，基于剪影的动作特征提取方法试图根据人体剪影与其他视觉场景的不同直接去除视觉场景信息，仅保留剪影实现对动作的表征。人眼可以很容易地从视频中区分出动作剪影，但对于计算机等设备来说，如何准确地提取剪影特征是一个极具挑战的任务。剪影特征是早期动作识别研究的热点，根据其提取采用的手段可以分为基于静态模型和基于动态背景模型的剪影提取方法。

基于静态模型的典型剪影特征有剪影能量图像(Silhouette Energy Image，SEI)、剪影重构形状(Shape-from-Silhouette)模型和时空剪影(Space-Time Shapes)模板等。SEI 和 Shape-from-Silhouette 的原理基本相同，都是通过比较图像中各个像素点的亮度检测出关键点，再将其进行滤波和阈值化处理得到人体剪影。Space-Time Shapes 则利用泊松公式对图像进行描述，并通过最优化求解实现剪影的提取。

基于动态背景模型的剪影特征提取方法有两种经典算法，一种是高斯混合模型，另一种是运动能量图像。高斯混合模型(Gaussian Mixture Model，GMM)是一种基于高斯分布的概率统计方法，该方法通过分析连续动作图像中的每个像素点的特征建立动态背景模型，被广泛用于动态动作图像分割。运动能量图像(Motion Energy Image，MEI)的操作对象一般为两幅相邻的图像，通过差分、二值化和阈值操作来实现剪影分割。MEI 操作快捷且具有较高的精度，是很多种剪影提取方法的基础。

9.3.2 光流特征

光流特征是可以描述运动变化的最重要的一种表观特征。基于光流的特征提取方法旨在找出图像中由运动引起的亮度的变化，由此实现对动作特征的表征。光流法一直是动作识别领域的研究热点，总体来说，光流法普遍遵循光流不变性假设。

光流的计算方法一般基于光流不变假设，因此对光照变化较为敏感。为了克服这一问题，许多学者在光流不变假设的基础上提出了各种解决方案来估计运动引起的特征变化。一种流行的解决方法是对图像像素点的亮度信息进行转换，最简单的实现方式是利用高斯平滑技术对图像进行滤波；另一种解决光照影响的方法是对图像像素点的关系进行相关性处理，例如采用傅里叶变换对图像进行处理，对像素点的位置关系进行统计从而实现光流的计算。

光流特征能够对动作进行很好的表征，但是，仅仅依靠光流特征往往不能实现动作的精确识别。因此，许多动作识别方法更多地将光流特征作为一项重要的补充，通过融合其他动作特征来表征动作。

9.3.3 梯度特征

梯度特征是应用最广泛的动作特征。虽然计算梯度时只需要将像素点的亮度值与邻近点相减即可，形式比较单一，但对其进行组合、变换或统计等操作后可以实现动作的高效表征。因此，国内外学者基于梯度提出了大量的动作特征提取方法。

方向梯度直方图(Histogram of Oriented Gradient，HOG)是最具代表性的基于梯度的特征提取方法，该方法利用直方图这一简单有效的数学工具对梯度在各个方向上的分布进行统计，实现了很好的动作表征效果。早期的动作识别研究还广泛采用了尺度不变特征变换(Scale-Invariant Feature Transform，SIFT)来提取动作图像中的角点，然后通过主成分分析(Principal Component Analysis，PCA)对数据进行降维实现对动作的识别。SIFT 在本质上也是一种基于梯度的特征提取算法，该方法首先对图像进行高斯图像金字塔变化，然后通过比较像素点与邻域的卷积值得到极值点，最后利用直方图统计梯度的分布从而实现特征点的输出。尽管 SIFT 特征在机器视觉领域取得了巨大的成功，但在人体动作特征提取过程中，运用该方法获得的特征点数量较少且不够稳定，因此，在最近关于人体动作识别的研究中，国内外学者更偏向于运用 HOG 对动作图像进行特征提取。

9.3.4 深度特征

深度特征是指利用特殊的传感器或图像定位技术对视觉场景中的距离信息进行分类、判别及输出，是近年来动作识别领域一种重要的特征表征方式。深度特征不同于光流、剪影和梯度特征，它不受图像亮度的影响，只与场景中的位置有关。但在动作识别领域，如果以三维点云的形式表示深度特征，往往会导致计算变得十分复杂，因此，它常常以剪影图或深度图的形式表示。剪影图可以看作利用深度数据分割好的剪影特征，而深度图在进行处理时也可以转换为梯度或光流特征。限于本书的研究内容，本节只对基于深度图的动作特征提取进行简要说明。

早期由于较难获取深度特征，因此对基于深度特征的动作识别研究较少。随着深度传感器的出现，国内外许多学者投入到利用深度信息对人体动作进行特征提取的研究中。例如，可以利用 Kinect 深度传感器获得深度图像序列，然后统计各个点的梯度的三维方向，同时记录深度图像中的运动点在相邻帧之间的变化情况，最后利用直方图对三维方向和帧间变化情况进行表示，从而可以完成人体动作特征的提取。

深度特征虽然受图像光照变化的影响较小，但存在精度不高和数据不准确的问题；同时，在进行动作识别研究时，往往会对空间位置信息进行归一化处理以减小误差。因此，深度特征的优势往往无法在人体特征提取中体现出来，相关方法也不能得到很好的动作识别效果。

9.3.5 CNNs 学习特征

CNNs 学习特征是经过 CNNs 深度学习框架训练得到的特征，这是近年来的研究热点之一。自 CNNs 框架在图像分类领域取得巨大成功以来，考虑到动作的复杂性，基于 CNNs 学习特征的动作识别便引起了研究者们广泛的关注。2013 年，有研究者将 CNNs 框架成功地应用到动作识别领域，其构建的 CNNs 深度学习框架包含一个硬连接层，将动作序列信息分解为梯度、亮度和光流；之后用三个卷积层和两个池化层交替处理动作信息，最后输出到一个全连接层完成动作特征的提取。特别指出，该方法是在三维空间中执行卷积操作，即以图像序列为单位，利用三维卷积核算子对其进行卷积。也有研究者将动作视频的三维卷积过程分解为一个二维的空间卷积和一个时域上的一维卷积，在此基础上构建了包含五个卷积层和三个池化层的空间 CNNs 框架，并将其学习的 CNNs 特征进一步输入到包含两个卷积层和两个全连接层的时域 CNNs 框架中，再经过进一步的学习输出动作特征。值得注意的是，上述方法都把经过 CNNs 框架学习后得到的特征进行了融合，也有部分方法在学习前先对特征进行初步融合，然后利用 CNNs 进行学习。

基于 CNNs 学习特征的动作识别方法需要大量的训练数据和时间进行相关的计算，并且由于动作是三维的，使得该类方法在目前并没有取得理想的高识别率，但其研究仍具有巨大前景。

9.3.6 RNNs 学习特征

RNNs 学习特征也是一种基于深度学习框架的特征。相较于 CNNs 深度学习框架，RNNs 能够很好地处理时域信号，更好地表征动作间的关联性，因此，近年来许多研究者尝试利用 RNNs 进行动作特征提取。

RNNs 框架包含许多类型，其中在动作识别中应用最广泛的是长短时记忆（Long Short-Term Memory，LSTMs）。虽然 LSTMs 框架对于时域信号具有良好的表征性能，但其对二维图像信号的学习能力却较差，因此在利用 RNNs 框架进行动作识别时，通常需要结合 CNNs 框架对动作进行特征提取。例如，可以首先利用 CNNs 框架对人体动作的图像序列进行特征提取，之后进一步利用 RNNs 框架对提取的特征进行处理，从而融合动作间的特征实现高效的表征。

CNNs 和 RNNs 学习特征是近年来最流行的动作特征提取方法，得益于设备计算能力的大幅提升使它们在动作识别及整个机器人视觉领域都得到了较快的发展。然而，这类方法的理论基础并不完善，在处理三维动作信号时暂时没有体现非常大的优势。但是，通过融合 CNNs、RNNs 框架以及相关的特征提取技术实现对动作特征的提取仍显示出了巨大的潜力，是未来研究的趋势。

9.4　动作特征理解技术

经过特征提取对人体动作进行表征之后，得到的特征算子往往过于分散且维数较大，不便于后续的分类处理，因此，大部分提取的动作特征需要经过进一步的时空表征，最后将表征的算子送到分类器中进行分类识别。本书讲述经过动作特征提取后利用时空表征模板对特征进一步表征，进而利用分类器实现分类，这一过程统称为动作特征理解。下面分别从动作时空表征模板和动作分类器两个方面对其技术进行介绍。

9.4.1　动作时空表征模板

动作时空表征模板可以分为局部和全局表征模板。其中，局部表征模板大多通过数据编码的方法在时域对动作的空间特征进行数理统计来获得表征模型；全局表征模板则偏重于探索动作的空间特征在时域中的相互关系。局部表征模板主要包括词袋(Bag of Words, BoW)模型、费舍尔向量(Fisher Vector, FV)和局部聚积算子向量(Vector of Locally Aggregated Descriptors, VLAD)等，而全局表征模板则种类较多，没有统一的研究框架。

局部表征模板最经典的是 BoW 模型，该模型最早在图像分类领域取得了巨大成功。鉴于其通用性，许多方法将其直接应用到动作特征的时空表征中。例如，首先利用一种称为 3D DAISY 的算子提取训练样本的动作特征，然后对所提取的 3D DAISY 算子进行聚类，在寻找到聚类中心之后利用 BoW 模型对各个算子重新解码，从而形成特征的时空表征，最后实现识别。BoW 模型的原理不复杂，但其缺陷也十分明显，即它忽略了动作特征在时域中的联系。不过，经过该方法进行时空表征之后取得的效果却远胜于其他方法，其中最成功的动作特征——表征框架是首先进行光流和梯度特征的提取，然后利用 BoW 模型对其进行时空表征；FV 也是一种流行的局部时空表征模板，它基于费舍尔核算子对数据进行解码。我们也可以将其应用到动作识别领域，即首先通过对动作的每个图像进行 FV 变换得到一维 FV 算子，然后对动作序列的所有图像进行二次 FV 变换得到表征动作的二维 FV 时空算子；VLAD 则是结合了 BoW 模型和 FV 模型的特点对图像特征算子进行编码，许多方法将其应用到动作识别领域都取得了理想的效果。在某些情况下，VLAD 和 FV 对动作时空表征的效果比 BoW 模型更好，但是，BoW 模型仍然是最受关注的动作局部时空表征模板。

尽管在动作识别领域，局部表征模板被公认是效果最好的一种动作表征策略，但全局表征模板一直以来都是国内外学者研究的重点。例如 Bobick 和 Davis 提出的著名的运动历史图像(Motion History Image，MHI)，该方法通过在时域中按照时间顺序对动作图像亮度间的差分进行标定来实现动作间相互关系的全局表征。

9.4.2　动作分类器

在动作经过特征表征之后，动作识别过程通常会选取已知样本的特征进行训练，从而得到一个分类器模型，然后可以采用这个分类器对未知样本进行测试，进而实现动作分类，即完成一个监督学习过程。

早期的人体动作识别，往往利用样本特征间的极值距离作为分类器分类的标准。例如，在利用 MHI 时空模板对动作进行表征之后，将已知样本的 MHI 特征作为训练集，通过在训练集中搜寻与测试样本的 MHI 特征之间欧氏距离最小的样本来完成动作匹配，并将测试样本归类为与其距离最小的训练样本的动作类别。基于极值距离的典型分类器还包括K-近邻分类器。我们可以基于深度图利用一种运动轨迹特征对动作在多个尺度上进行时空表征，然后利用K-近邻分类器在每个尺度上分别进行特征分类，最后将分类的平均值作为动作识别的标准。

由于可以把人体动作识别过程看作一个条件概率的估计问题，因此，除了基于极值距离的绝对分类器之外，更可靠的一种分类方式是基于概率统计理论来进行分类，其中最经典的是贝叶斯理论。贝叶斯理论是机器人视觉领域最重要的基础之一，许多动作表征方法在本质上都是基于贝叶斯理论的。有研究者在提取了动作的梯度特征和剪影特征并经过 BoW 表征之后，对特征算子进行分层并提出了各层间的条件概率假设，然后利用贝叶斯公式进行建模实现了动作分类。此外，隐马尔可夫模型也是一种基于贝叶斯理论的分类器，该方法通过已知动作对模型参数进行估计，可以实现对未知动作的分类。

基于极值距离的分类器依赖于绝对距离，对于存在随机噪声的数据不能实现很好的分类；而基于贝叶斯理论的分类器构建复杂，实现难度大。1995 年，Vapnik 在统计学习的基础上提出了支持向量机(Support Vector Machine，SVM)，实现了鲁棒性极好的数据分类。在动作识别领域，由于动作信号的复杂性和样本的多样性，SVM 普遍被认为是最适合动作识别的分类器，目前大多数动作识别方法均采用了 SVM 作为分类器。此外，深度学习网络框架普遍采用 Softmax 回归作为分类器，用来对最后一个全连接层的学习特征进行分类。

9.5　基于双流模型卷积神经网络的动作识别

2014 年，卷积神经网络已经在静态图像分类领域取得了出色的表现，受此影响，研究人员开始将卷积神经网络应用到视频分类问题之中。在这一年，Simonyan 提出了双流卷积网络(Two-Stream Convolutional Networks)，该网络的结构如图 9.2 所示。Simonyan 主要做了三个方面的工作：① 提出了同时包含空间流和时间流的双流卷积网络结构；② 证明了使用多帧密集光流图来训练卷积网络能够取得明显优于单帧的效果；③ 通过在两个不同的数据集上进行多任务学习，不仅可以增加数据量，同时也大大提高了动作识别的准确率。

基于双流模型卷积神经网络的动作识别

空间流卷积神经网络
单图像帧
卷积层1
…
卷积层5
全连接层6 4096维
全连接层7 2048维
Softmax
原始视频帧
分类结果融合
时间流卷积神经网络
连续视频帧
卷积层1
…
卷积层5
全连接层6 4096维
全连接层7 2048维
Softmax

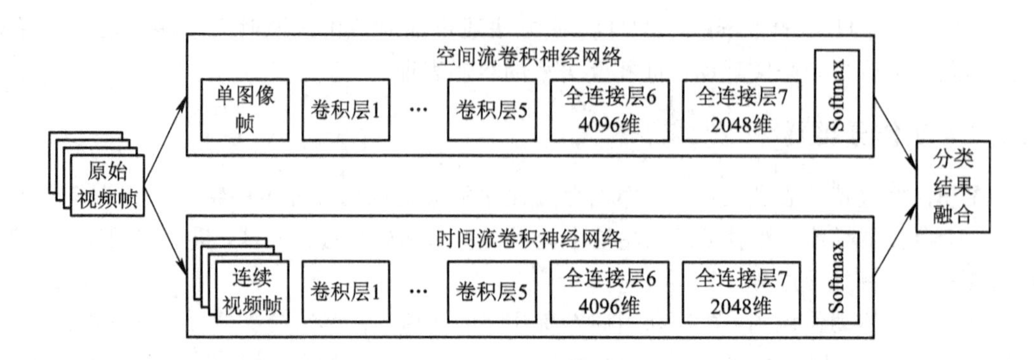

图 9.2 双流卷积网络结构

9.5.1 空间流卷积神经网络

空间流卷积神经网络的输入是单个视频帧，它是一种通过提取静态图片信息来完成人物动作识别的深度学习模型。由于视频人物的某些行为动作与某些物体有着密切的关联，因此，静态的外形特征也是一种非常有用的信息。空间流卷积神经网络在本质上是一种图像分类结构，其具体结构采用了牛津大学视觉几何组(Visual Geometry Group，VGG)开发的 VGG-M-2048 模型(如图 9.3 所示)。该网络会在图像数据集中进行预训练。仅仅通过空间流卷积神经网络也能够完成部分视频人物动作的识别。

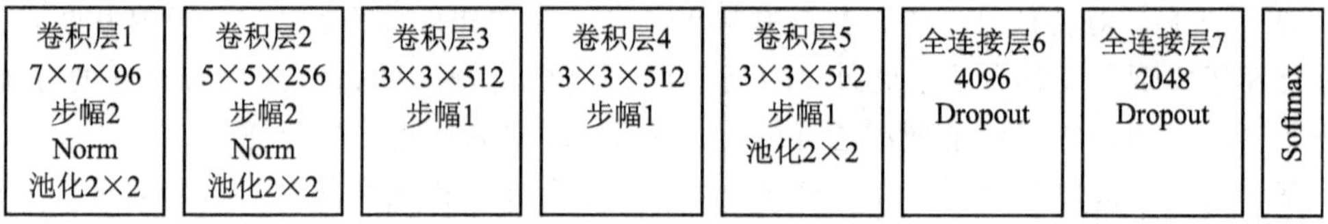

卷积层1 7×7×96 步幅2 Norm 池化2×2
卷积层2 5×5×256 步幅2 Norm 池化2×2
卷积层3 3×3×512 步幅1
卷积层4 3×3×512 步幅1
卷积层5 3×3×512 步幅1 池化2×2
全连接层6 4096 Dropout
全连接层7 2048 Dropout
Softmax

图 9.3 空间流卷积神经网络

9.5.2 时间流卷积神经网络

时间流卷积神经网络的结构如图 9.4 所示，该网络同样采用了 VGG-M-2048 模型。与空间流卷积神经网络的不同之处在于，时间流卷积神经网络输入的是若干连续视频帧之间的光流图片。光流可以理解为连续视频帧之间的像素点位移场，能够显式表达视频的运动信息，有效提取了视频的时间特征，可以提高视频人物动作识别的准确率。我们把作为输入的若干连续光流图片称为光流栈，具体描述如下。

卷积层1 7×7×96 步幅2 Norm 池化2×2
卷积层2 5×5×256 步幅2 池化2×2
卷积层3 3×3×512 步幅1
卷积层4 3×3×512 步幅1
卷积层5 3×3×512 步幅1 池化2×2
全连接层6 4096 Dropout
全连接层7 2048 Dropout
Softmax

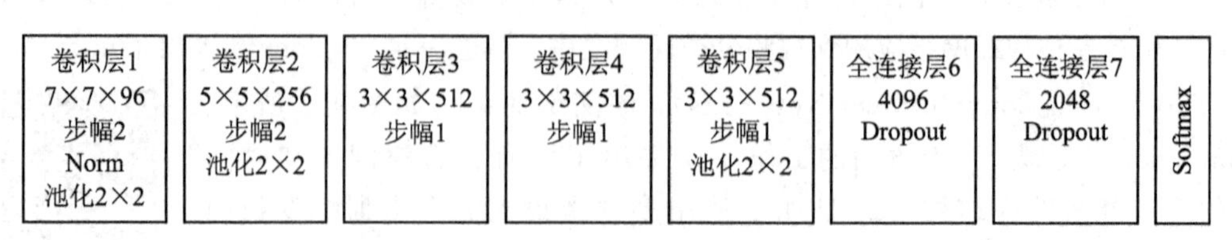

图 9.4 时间流卷积神经网络

第 t 帧与第 $t+1$ 帧之间的单张光流图片可以看作视频像素在连续两帧之间的位移向量

场 v_t。$v_t(a, b)$表示在第 t 视频帧中点(a, b)向第 $t+1$ 帧对应位置的移动向量。位移向量场 v_t 的水平坐标场 v_t^x 与垂直坐标场 v_t^y 可以看作图片的不同通道，非常适合输入到卷积神经网络中进行训练。若光流栈一共包括 L 个连续的视频光流帧，则输入通道有 $2L$ 个。自第 τ 帧视频帧开始取样的光流栈输入立方体 $V_\tau \in R^{\omega\times h\times 2L}$ 可表示为

$$\begin{cases} V_\tau(a, b, 2k-1) = v_{\tau+k-1}^x(a, b) \\ V_\tau(a, b, 2k) = v_{\tau+k-1}^y(a, b) \\ a = [1;\omega], b = [1;h], k = [1;L] \end{cases} \tag{9-1}$$

其中，ω 和 h 分别表示视频的像素长度与像素宽度。

9.5.3　时空网络融合策略

时空网络的融合在于使用视频的空间特征与时间特征的关联性来判断人物的动作行为。例如，对于梳头和刷牙两个动作，空间流网络可以识别出静态的头发和牙齿，而时间流网络可以识别出手部在一定的空间位置进行周期性的运动，结合这两个网络就可以识别出梳头和刷牙这两个人物动作。本节从两个神经网络融合的位置来阐述时空双流卷积神经网络的融合策略。

神经网络之间的融合不是简单地将一个神经网络叠加到另一个神经网络上，而是首先需要考虑特征图的大小是否一致，如果不一致则需要对较小的特征图进行上采样；接着需要考虑空间流卷积神经网络与时间流卷积神经网络通道之间的对应关系。时空融合的具体方法可用公式描述如下：

$$y^{\text{sum}} = f^{\text{sum}}(m^a, m^b) \tag{9-2}$$

$$y_{i,j,d}^{\text{sum}} = m_{i,j,d}^a + m_{i,j,d}^b \tag{9-3}$$

式(9-2)表示将两个网络的特征图 $m^a \in R^{H\times W\times D}$ 和 $m^b \in R^{H'\times W'\times D'}$ 通过求和的方式融合成一个新的特征图 $y^{\text{sum}} \in R^{H''\times W''\times D''}$，其中，$H$ 表示特征图的高度，W 表示特征图的宽度，D 表示特征图通道数，并且满足 $H = H' = H''$，$W = W' = W''$，$D = D' = D''$。该公式能够被应用于卷积层、全连接层及池化层的融合。

式(9-3)具体描述了在第 d 通道特征图的像素点(i, j)处，使用求和的方式进行融合的方法，其中 $1 \leqslant i \leqslant H$，$1 \leqslant j \leqslant W$，$1 \leqslant d \leqslant D$，$m^a$，$m^b$，$y \in R^{H\times W\times D}$。

时空卷积神经网络的融合位置可以在 VGG 卷积神经网络的任何位置，仅有的约束是要求用于融合的空间流结构的特征图和时间流结构的特征图具有相同的规模，即 $H=H'$，$W=W'$和 $D=D'$。为了利用空间特征与时间特征在像素级别上的相关性，可以对图 9.2 所示的双流卷积网络的结构进行改进，选择在卷积层进行融合，具体结构如图 9.5 所示。从图 9.5 可以看出，改进后的双流卷积网络结构在卷积层 5 将空间流卷积神经网络与时间流

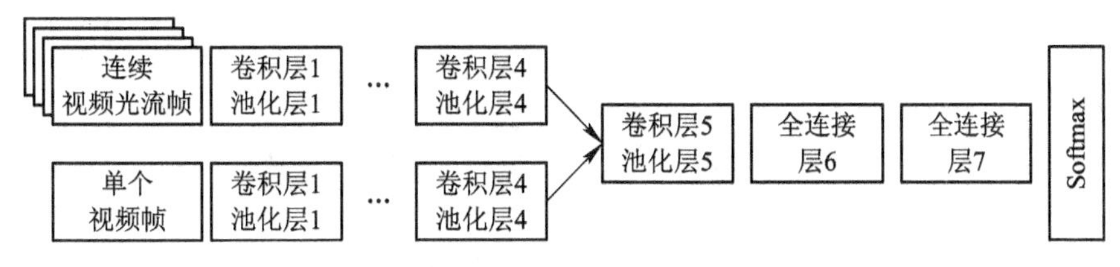

图 9.5　时空双流卷积融合网络模型结构

卷积神经网络进行了融合，并且去除了空间流卷积神经网络在卷积层 5 之后的所有结构。之后在数据集上对双流卷积神经网络进行再训练，通过前向传播得到的反馈与反向传播调整融合后的结构参数。训练完成之后把需要分类的视频输入到网络，输出卷积层卷积层 5 得到的特征图作为人物动作行为的中层特征，如图 9.6 所示。

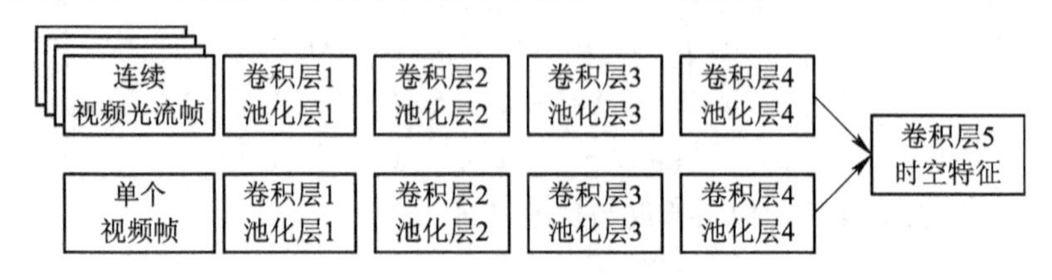

图 9.6 时空特征提取模型结构

9.6 基于多流模型卷积神经网络的动作识别

为了克服传统 Two-stream CNNs(双流模型)对于动作的时空联系表征不足的缺陷，本节将介绍一种全局的动作深度特征提取方法——Three-stream CNNs，在其基础上可以得到一种基于多流模型卷积神经网络的动作识别方法。

9.6.1 Three-stream CNNs 动作识别模型结构框架

基于 Two-stream CNNs 的动作分解假设，Three-stream CNNs 将动作进一步分解为空间、局部时域和全局时域三个通道。空间通道的输入仍然采用动作的静态图像；局部时域通道采用光流特征，但 Three-stream CNNs 采用的光流是利用光流算法在 RGB 三个颜色空间分别计算得到的；全局时域通道采用了基于动作历史图像的动作差分图像集(Motion Stacked Difference Image，MSDI)作为输入。Three-stream CNNs 结构的框架如图 9.7 所示。在该网络结构中，输入层分别输入动作图像帧、光流特征图和 MSDI 特征图；输入层的信号首先连接一个卷积层，该层卷积核的大小为 7×7，步长为 2，在 96 个通道上进行卷积；之后连接一个池化层，池化核的大小为 3×3，步长为 2；随后重复 4 个卷积层和 2 个池化层，其对应的参数均由图 9.7 给出；最后，将最后一个池化层连接到两个神经元个数分别为 4096 和 2048 的全连接层。

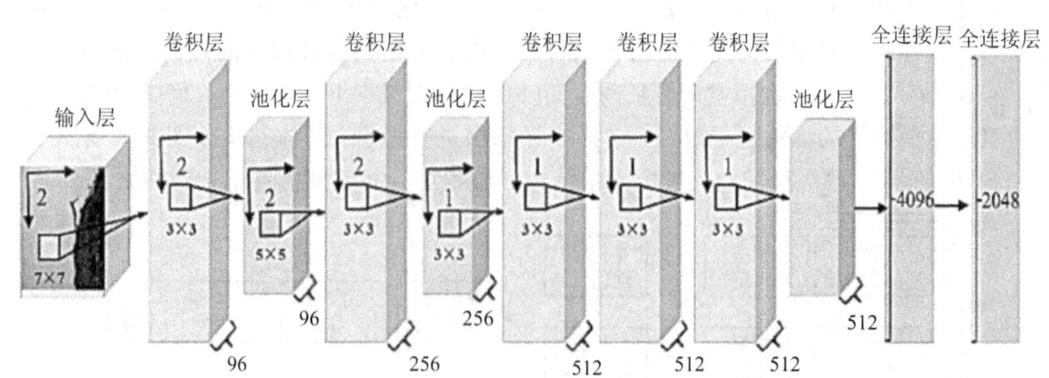

图 9.7 Three-stream CNNs 框架

给定一个视频序列 V，首先对图像帧进行全采样并调整为 224×224 作为空间通道的输入。之后，将调整后的图像矩阵信号传递到卷积层进行卷积处理。若用 $f(x, y)$ 表示一幅图像的特征(亮度或光流等)，$h(k, l)$ 表示卷积核，则卷积运算的结果可表示为

$$g(x, y) = \sum_{k, l} f(x-k, y-l)h(k, l) \tag{9-4}$$

在池化层进行操作时 Three-stream CNNs 选用了最大池化操作，即在池化算子大小范围内选择最大值作为操作结果，如图 9.8 所示。

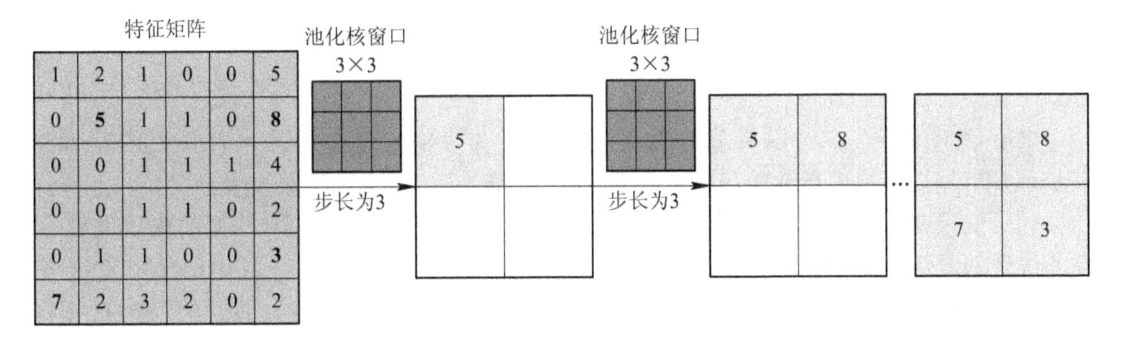

图 9.8　池化层操作示意图

局部时域通道采用光流特征图作为输入，然后按照图 9.7 所示的学习框架对其进行学习。在构建光流特征图时，对于给定图像序列中的相邻帧 I_1 和 I_2，保留图像在 RGB 空间的所有成像值，即 d 取 3；同时，用 $\boldsymbol{x}=(x, y)$表示图像空间 Ω 中某一个像素点的成像值，$\boldsymbol{w}=(u, v)$表示其光流，w 表示 Ω 到实数空间的映射。通过在颜色、梯度和速度空间进行约束，可构建如下的约束方程：

$$E(\boldsymbol{w}) = E_{\text{color}} + \gamma E_{\text{gradient}} + \alpha E_{\text{smooth}} \tag{9-5}$$

分别令

$$E_{\text{color}}(\boldsymbol{w}) = \int_{\Omega}^{\psi} (|\, I_2(\boldsymbol{x}+w(\boldsymbol{x})) - I_1(\boldsymbol{x})\,|)\mathrm{d}\boldsymbol{x} \tag{9-6}$$

$$E_{\text{gradient}}(\boldsymbol{w}) = \int_{\Omega}^{\psi} (|\, \nabla I_2(\boldsymbol{x}+w(\boldsymbol{x})) - \nabla I_1(\boldsymbol{x})\,|)\mathrm{d}\boldsymbol{x} \tag{9-7}$$

$$E_{\text{smooth}}(\boldsymbol{w}) = \int_{\Omega}^{\psi} (|\, \nabla u(\boldsymbol{x})\,|^2 + |\, \nabla v(\boldsymbol{x})\,|^2)\mathrm{d}\boldsymbol{x} \tag{9-8}$$

式中，定义 $\psi(s^2)=\sqrt{s^2+10^{-6}}$；$\nabla$ 表示梯度方向。同时，增加图像之间的匹配约束和 HOG 特征约束：

$$E_{\text{match}}(\boldsymbol{w}) = \int \delta(\boldsymbol{x})\rho(\boldsymbol{x})\psi(|\, w(\boldsymbol{x}) - w_1(\boldsymbol{x})\,|^2)\mathrm{d}\boldsymbol{x} \tag{9-9}$$

$$E_{\text{HOG}}(\boldsymbol{w}_1) = \int \delta(\boldsymbol{x})\,|\, \text{HOG}_2(\boldsymbol{x}+w_1(\boldsymbol{x})) - \text{HOG}_1(\boldsymbol{x})\,|^2\mathrm{d}\boldsymbol{x} \tag{9-10}$$

式中，$\delta(\boldsymbol{x})$为判别函数，若像素点处存在匹配特征，则其值为 1；反之，其值为 0。$\rho(\boldsymbol{x})$为匹配距离算子，若在像素点处两幅图像之间的最佳匹配距离为 d_1，次佳匹配距离为 d_2，则

$$\rho(x) = \frac{d_2 - d_1}{d_1} \tag{9-11}$$

HOG()表示 HOG 特征函数，其胞大小设置为7×7，在15个方向对梯度进行统计；匹配算法采用经典的 SIFT 算法，算法中的参数选择默认值，然后利用梯度下降法对式(9-5)、(9-9)和(9-10)确定的方程组进行求解，最后分别进行卷积和池化处理并最终输出。

在全局时域通道对输入特征(MSDI)进行计算时，首先在图像之间作差分并取其绝对值 $D(x, y, t)$：

$$D(x, y, t) = | I(x, y, t) - I(x, y, t-1) | \tag{9-12}$$

其中，$I(x, y, t)$表示图像中坐标为(x, y)的像素点在时间 t 的亮度值。

然后，全局特征 $E_\tau(x, y, t)$可以表征为

$$E_\tau(x, y, t) = \bigcup_{i=0}^{\tau-1} D(x, y, t-i) \tag{9-13}$$

之后，将 $E_\tau(x, y, t)$随机裁剪为 224×224 并作为输入传递到图 9.7 所示的 Three-stream CNNs 框架中进行卷积和池化处理，并最终输出。

为了使深度学习框架具有处理非线性问题的能力，往往会对每个神经元的输出设置一个非线性的激活函数，例如早期流行的 sigmoid 函数和 tanh 函数。Three-stream CNNs 考虑到 sigmoid 函数求导的计算量较大，并且在饱和区内存在导数消失的问题，故采用了 ReLU 函数作为激活函数：$f(x)=\max(0, x)$。

9.6.2 基于 Three-stream CNNs 动作识别的实现

在训练 Three-stream CNNs 时，首先随机初始化权重 W 和参数 b，使它们的取值符合数学期望为 0、方差为 0.01^2 的正态分布；然后，运用反向传播算法对框架中的各个参数进行估计。在进行参数估计时，假设训练集的输入集合 $\boldsymbol{x}$ 经过参数集合 θ 决定的模型学习之后，得到的输出集合为 $h_\theta(x)$，则根据最小二乘原理将输出集合与真实标签集合 y 之间的差方之和作为代价函数：

$$J(\theta) = \frac{1}{2}\sum_{i=1}^{m} (h_\theta(\boldsymbol{x}^{(i)}) - \boldsymbol{y}^{(i)})^2 \tag{9-14}$$

式中，$\boldsymbol{x}^{(i)}$ 表示输入集合 $\boldsymbol{x}$ 中的第 i 个向量；$\boldsymbol{y}^{(i)}$ 表示真实标签集合 y 中的第 i 个向量；m 表示向量的维数。

之后，利用初始值 θ 对其进行迭代更新：

$$\theta_j := \theta_j - \alpha \frac{\partial}{\partial \theta_j} J(\theta) \tag{9-15}$$

式中，j 表示迭代次数；α 表示学习率。

式(9-14)中的偏导数可展开为

$$\begin{aligned}
\frac{\partial}{\partial \theta_j} J(\theta) &= \frac{\partial}{\partial \theta_j} \frac{1}{2} (h_\theta(\boldsymbol{x}) - \boldsymbol{y})^2 \\
&= 2 \cdot \frac{1}{2}(h_\theta(\boldsymbol{x}) - \boldsymbol{y}) \cdot \frac{\partial}{\partial \theta}(h_\theta(\boldsymbol{x}) - \boldsymbol{y}) \\
&= (h_\theta(\boldsymbol{x}) - \boldsymbol{y}) \cdot \frac{\partial}{\partial \theta_j}\left(\sum_{i=0}^{n} \theta_i \boldsymbol{x}_i - \boldsymbol{y}\right) \\
&= (h_\theta(\boldsymbol{x}) - \boldsymbol{y}) \boldsymbol{x}_j
\end{aligned} \tag{9-16}$$

至此，对于一个训练样本集合，第 j 次参数更新的结果为

$$\theta_j := \theta_j - \alpha \sum_{i=1}^{m} (\boldsymbol{y}^{(i)} - h_\theta(\boldsymbol{x}^{(i)}))\boldsymbol{x}_j^{(i)} \tag{9-17}$$

式(9-16)对每个训练样本的每次迭代都会进行更新，这种方法通常被称为批量梯度下降法。但在 CNNs 框架中，由于样本数量和参数规模都很大，批量梯度下降法的计算往往无法实现，因此，可以在训练过程中从所有样本中选择部分样本进行训练(称为 mini-batch)，从而提高 Three-stream CNNs 参数估计的效率；同时，较小的 mini-batch 可以避免模型训练陷入局部最优解，有利于找到全局最优解。

然而，由于 Three-stream CNNs 模型的复杂性，需要估计的参数较多，带 mini-batch 的批量梯度下降法仍然不能满足 Three-stream CNNs 训练效率的要求。为解决该问题，可以使用带 mini-batch 的随机梯度下降法。该方法首先选择 n 个训练样本($n<m$)，然后在这 n 个样本中进行 n 次迭代，每次迭代仅使用其中一个样本；之后，将参数更新为 n 次迭代所求得参数的加权均值；反复以上步骤便可以实现模型参数的最终估计。考虑到权重 W 的幅值误差所带来的过拟合问题，模型将式(9-13)所定义的代价函数修改为

$$\begin{aligned} J(W, b) &= \left[\frac{1}{m}\sum_{i=1}^{m} J(W, b; (\boldsymbol{x}^{(i)}, \boldsymbol{y}^{(i)}))\right] + \frac{\lambda}{2}\sum_{l=1}^{n_l-1}\sum_{i=1}^{s_l}\sum_{j=1}^{s_{l+1}} (W_{ji}^{(l)})^2 \\ &= \left[\frac{1}{m}\sum_{i=1}^{m} \frac{1}{2}\sum_{i=1}^{m} (h_{w,b}(\boldsymbol{x}^{(i)}) - \boldsymbol{y}^{(i)})^2\right] + \frac{\lambda}{2}\sum_{l=1}^{n_l-1}\sum_{i=1}^{s_l}\sum_{j=1}^{s_{l+1}} (W_{ji}^{(l)})^2 \end{aligned} \tag{9-18}$$

相应地，一次迭代后对参数 W 和 b 的更新为

$$W_{ij}^{(l)} := W_{ij}^{(l)} - \alpha \frac{\partial}{\partial W_{ij}^{(l)}} J(W, b) \tag{9-19}$$

$$b_i^{(l)} := b_i^{(l)} - \alpha \frac{\partial}{b_i^{(l)}} J(W, b) \tag{9-20}$$

式中，代价函数 J 关于 W 和 b 的偏导数为

$$\alpha \frac{\partial}{W_{ij}^{(l)}} J(W, b) = \left[\frac{1}{m}\sum_{i=1}^{m} \alpha \frac{\partial}{W_{ij}^{(l)}} J(W, b; (\boldsymbol{x}^{(i)}, \boldsymbol{y}^{(i)}))\right] + \lambda W_{ij}^{(l)} \tag{9-21}$$

$$\alpha \frac{\partial}{b_i^{(l)}} J(W, b) = \frac{1}{m}\sum_{i=1}^{m} \alpha \frac{\partial}{b_i^{(l)}} J(W, b; (\boldsymbol{x}^{(i)}, \boldsymbol{y}^{(i)})) \tag{9-22}$$

一个稳定的深度学习框架需要超大规模的样本对其进行训练；反之，深度学习策略的优势也在于其对于超大规模样本的良好处理能力。在完成模型参数估计之后，对于测试动作样本，通过 Three-stream CNNs 框架可以得到空间通道的输出特征算子为

$$C_1(V) = \{C_1^s, C_2^s, \cdots, C_n^s\} \tag{9-23}$$

同理，对于局部时域通道，根据默认设置将图像序列的个数设置为 10，并计算相应的光流融合到输入层，然后通过训练完成模型参数估计。对于测试样本，经过 Three-stream CNNs 框架可以获得局部时域通道的输出特征算子为

$$C_2(V) = \{C_1^t, C_2^t, \cdots, C_{10}^t\} \tag{9-24}$$

在全局时域通道，经过深度学习后得到的全局时域通道的特征算子为 $C_3(V)=\{C_g\}$。最后，对于视频序列 V，将其三个通道的特征算子进行融合即可以得到动作的 Three-stream CNNs 深度特征算子 $C(V)$：

$$C(V) = \{C_1(V), C_2(V), C_3(V)\} \tag{9-25}$$

然后将得到的特征输出到分类层进行分类，通过计算均值得到动作的类型。

本章小结

视频动作识别是计算机视觉领域中至关重要的一个研究方向，它涉及图像处理、模式识别、统计学习等多个学科的知识，其目的是对人体动作进行分析和识别，具有极其广阔的应用前景。

本章从理论和应用两个部分来介绍视频动作识别。第一部分首先介绍了动作识别的一些基础知识，包括什么是动作识别、动作识别的难点以及动作识别流程；其次介绍了运动目标检测技术，包括动作视频分割技术以及动作区域分割技术；随后介绍了一些常见的运动特征提取技术，包括剪影特征、光流特征、梯度特征、深度特征、CNNs 学习特征以及 RNNs 学习特征；最后介绍了运动特征理解技术，包括动作时空表征模板以及动作分类器。第二部分首先介绍了基于双流模型卷积神经网络的动作识别方法，这是视频动作识别领域最常见的方法之一。随后在双流模型的基础上，进一步介绍了基于多流模型卷积神经网络的动作识别方法，这种方法弥补了双流模型对于动作的时空联系表征不足的缺陷。

通过本章的学习，对于视频动作识别，无论从其理论方法还是应用实践都会有更深入的了解。

习　　题

1. 简述视频动作识别的流程。
2. 简述双流模型和多流模型的异同点。
3. 简述在动作识别领域，选择 SVM 作为分类器的原因。
4. 简述基于双流模型卷积神经网络的动作识别的基本原理。
5. 简述基于多流模型卷积神经网络的动作识别的基本原理。

习题答案

参考文献

[1] 周梦媛. 认知心理学模式识别的原理与生活应用[J]. 心理月刊，2019，17：35－36.

[2] 郦涛. 基于人工智能的图像识别技术的研究[J]. 通讯世界，2019，8：69－70.

[3] 殷策，程玮，徐鑫，等. 基于 Pythagorean 模糊语言相似测度的模式识别方法[J]. 价值工程，2019，21：171－174.

[4] GU XIAO LIN，WU QING，ZHANG YUE，et al. Pattern recognition of head movement based on mechanomyography and its application. [J]. Biomedizinische Technik. Biomedical engineering，2019，6：211－216.

[5] 曹云峰，张洲宇，钟佩仪，等. 入侵目标视觉检测与识别的研究进展[J]. 计算机测量与控制，2019，8：7－11.

[6] 李杰，刘子龙. 基于计算机视觉的无人机物体识别追踪[J]. 软件导刊，2018，3：117－121.

[7] KOBAYASHI KAYOKO，KEGASA TAKAHIRO，HWANG SUNG-WOOK，et al. Anatomical features of Fagaceae wood statistically extracted by computer vision approaches：Some relationships with evolution. [J]. PloS one，2019，04：323－326.

[8] ABU ALFEILAT HANEEN ARAFAT，HASSANAT AHMAD B A，LASASSMEH OMAR. Effects of Distance Measure Choice on K－Nearest Neighbor Classifier Performance：A Review. [J]. Big data，2019，8：123－125.

[9] 王怡博，文辉祥，窦慧莉. 一种基于邻域距离的分类方法研究[J]. 电子设计工程，2019，4：24－29.

[10] 王晓辉，吴禄慎，陈华伟. 基于法向量距离分类的散乱点云数据去噪[J]. 吉林大学学报(工学版)，2019，1：92－94.

[11] 唐彪，金炜，符冉迪，等. 多稀疏表示分类器决策融合修正距离的图像检索[J]. 光电子·激光，2018，9：1003－1011.

[12] 马铭，荀长龙. 遥感数据最小距离分类的几种算法[J]. 测绘通报，2017，3：157－159.

[13] 牛明昂，王强，崔希民，等. 多分类器融合与单分类器影像分类比较研究[J]. 矿山测量，2016，4：11－15.

[14] 卢会芬. 基于回归算法的人脸识别分类器设计[D]. 哈尔滨工业大学，2016.

[15] 刘家锋，刘鹏，张英涛，等. 模式识别[M]. 哈尔滨：哈尔滨工业大学出版社，2017.

[16] 闫贺. 基于 L1 范数距离度量的分类算法研究[D]. 南京林业大学，2017.

[17] 王忠勇，陈恩庆，葛强，等. 误差反向传播算法与信噪分离[J]. 河南科学，2002，20(1)：7－10.

[18] 刘壮明，鲍明，管鲁阳，等. 改进反向传播算法及其应用[C]. 中国声学学会 2006 年全国声学学术会议. 2006.

[19] 金钰，李书涛. 人工神经网络 BP 网的应用[J]. 北京理工大学学报，1998(6)：133－135.

[20] 陈善广，鲍勇. BP 神经网络学习算法研究[J]. 应用基础与工程科学学报，1995(4)：105－110.

[21] ZIEGENBEIN R C. Theophylline clearance increase from increased amino acid in a CPN regimen[J].

Drug intelligence & clinical pharmacy, 1987, 21(2).
[22] 陈琳. 基于多信息融合广域后备保护系统研究[D]. 广东工业大学, 2014.
[23] 卷积神经网络. https://blog.csdn.net/stdcoutzyx/article/details/41596663, 2014.
[24] 李芝峰, 张妍. 聚类分析算法的分析与评价[J]. 电子技术与软件工程, 2019, 7: 126-133.
[25] YU CIN JIAN, JIA HAN SU, YONG RU HSIAO. Differentiated processing strategies for science reading among sixth-grade students: Exploration of eye movements using cluster analysis [J]. Computers & Education, 2019, 2: 62-66.
[26] 沐燕舟, 丁卫平, 高峰, 等. 基于自适应 PSO 的改进 K-means 算法及其在电子病历聚类分析应用[J]. 计算机与数字工程, 2019, 8: 1861-1865.
[27] 黄海燕, 刘晓明, 孙华勇, 等. 聚类分析算法在不确定性决策中的应用[J]. 计算机科学, 2019, 1: 593-597.
[28] 王明岩. 基于聚类分析的复杂多属性群决策方法研究[D]. 辽宁省: 沈阳工业大学, 2019.
[29] JANE R SCHUBART, ERIC SCHAEFER, ALAN J HAKIM. Use of Cluster Analysis to Delineate Symptom Profiles in an Ehlers-Danlos Syndrome Patient Population[J]. Journal of Pain and Symptom Management, 2019, 02: 427-436.
[30] 张霄. 基于数据特征的标签传播聚类算法研究[D]. 兰州大学, 2019.
[31] 章永来, 周耀鉴. 聚类算法综述[J]. 计算机应用, 2019, 7: 1869-1882.
[32] 杨淑莹, 张桦. 模式识别与智能计算——MATLAB 技术实现[M]. 北京: 电子工业出版社, 2015.
[33] 刘家锋, 刘鹏, 张英涛, 等. 模式识别[M]. 哈尔滨: 哈尔滨工业大学出版社, 2017.
[34] HOFSTADTER D R. Godel, Escher, Bach: An Eternal Golden Braid [M]. Basic Books, New York, 1979.
[35] KENNEDY J, EBCRHART R C. Perth swarm optimization[C] //Proceedings of IEEE international Conference on Neural Networks, perth, WA, 1995. Piscataway, NJ: IEEE Service Center, 1995: 1942-1948.
[36] 任瑞春. 基于排序加权的蚁群算法[D]. 大连海事大学. 2006.
[37] 纪震, 廖慧连. 吴青华. 粒子群算法及应用[M]. 北京: 科学出版社, 2010.
[38] JOHNSON D S, PAPADIMITRIOU C H, YANNAKAKIS M. How easy is local search? J Comput Sys Sci. 1988, 37 (1): 79-100.
[39] STUTZLE T, HOOS H. Improvements on the Ant System: Introducing MAX-MIN ant System. In Proceedings of the International Conference on Artificial Networks and Genetic Algorithms, Springer Verlag, Wien. 1997. 245-249.
[40] 郑俊观, 王硕禾, 齐赛赛, 等. 基于个体位置变异的粒子群算法[J]. 石家庄铁道大学学报: 自然科学版, 2019(1): 63-68.
[41] 张文兴, 汪军, 刘文婧, 等. 一种动态邻域的多目标粒子群优化算法[J]. 机械设计与制造, 2018(6): 25-28.
[42] 付英杰, 汪沨, 谭阳红. 基于 Pareto 最优解的含分布式电源配电网无功优化[J]. 电力系统及其自动化学报, 2017(1): 18-23.
[43] 周黎, 周承恩, 李海滨. 寻求"理想"解的改进多目标粒子群优化算法[J]. 控制与决策, 2015, 30(9): 1653-1659.

[44] PRICE K V. Differential evolution: a fast and simple numerical optimizer[C] //IEEE Conference on North American Fuzzy Information Processing. New York: IEEE Press, 1996: 524 - 527.

[45] LI H, ZHANG Q. Multiobjective Optimization Problems With Complicated Pareto Sets, MOEA/D and NSUA - II[J]. IEEE Transactions on Evolutionary Computation, 2009, 13(2): 284 - 302.

[46] 李俊，罗阳坤，李波，等. 基于异维变异的差分混合粒子群算法[J]. 计算机科学，2018, 45(5): 208 - 214.

[47] YAMANISHI K, TAKEUCHI J. A Unifying Framework for Detecting Outliers and Change Points From Non-stationary Time Series Data [C]. Proceedings of the Eighth ACM SIGKDD International Conference on Knowledge Discovery and Data Mining. ACM Press, 2002: 576 - 580.

[48] MAHONEY MV, CHAN P K. Trajectory boundary modeling of time series for anomaly detection [C]. Proceedings of 11th SIGKDD International Conference on Knowledge Discovery and Data Mining Workshop on Data Mining Methods for Anomaly Detection. Edmonton: ACM Press, 2005: 676 - 681.

[49] CHAN P K, MAHONEY M V. Modeling Multiple Time Series for Anomaly Detection [c]. Fifth IEEE International Conference on Data Mining. Melbourne: IEEE Press, 2005: 8 - 15.

[50] INDYKP, KOUDAS N, MUTHUKRISHNAN S. Identifying Resentative Trends in Massive Time Series Data Sets Using Sketches [M]. Morgan Kaufinann Publishers Inc, 2000: 256 - 273.

[51] PAPADIMITRIOU S, SUN J, FALOUTSOS C. Streaming Pattern Discovery in Multiple Time Series [C]. Proceedings of the 31st International Conference on Very Large Data Bases. Trondheim: VLDB Endowment, 2005: 697 - 708.

[52] XIONG Y, YEUNG D Y. Time Series Clustering with ARMA Mixtures [J]. Pattern Recognition, 2004, 37(8): 1675 - 1689.

[53] BAGNALL A J, JANACEK G J. Clustering Time Series from ARMA Models with Clipped Data [C]. Proceedings of the Tenth ACM SIGKDD International Conference on Knowledge Discovery and Data Ming, Seattle: ACM Press, 2004: 49 - 58.

[54] OATES T, FIROIU L, COHEN P R. Clustering Time Series with Hidden Markov Models and dynamic time warping [C]. Proceedings of the IJCAI - 99 Workshop on Neural, Symbolic and Reinforcement Learning Methods for Sequence Learning, Stockholm: ACM Press, 1999: 454. 460.

[55] YIN J, YANG Q. Integrating Hidden Markov Models and Spectral Analysis for Sensory Time Series Clustering [C]. The Fifth IEEE International Conference on Data Mining (ICDM'05), Houston: IEEE Computer Society, 2005: 506 - 513.

[56] 杜世平，李海. 二阶隐马尔可夫模型及其在计算语言学中的应用[J]. 四川大学学报：自然科学版，2004. 41(2): 284 - 289.

[57] PASCANU R, MIKOLOV T, BENGIO Y. On the difficulty of training recurrent neural networks[J]. ICML (3), 2013, 28: 1310 - 1318.

[58] 张尧. 激活函数导向的 RNN 算法优化[D]. 浙江大学，2017.

[59] GERS F A, SCHMIDHUBER J, CUMMINS F. Learning to forget: Continual prediction with LSTM [J]. Neural computation, 2000, 12(10): 2451 - 2471.

[60] CHOW T W S, FANG Y. A recurrent neural-network-based real-time learning control strategy applying to nonlinear systems with unknown dynamics[J]. IEEE transactions on industrial electronics, 1998, 45(1): 151 - 161.

[61] ASSAAD M, BONE R, CARDOT H. A new boosting algorithm for improved time-series forecasting with recurrent neural networks[J]. Information Fusion, 2008, 9(1): 41-55.

[62] JAN ERIK SOLEM. Python 计算机视觉编程[M]. 朱文涛，袁勇，等译. 北京：人民邮电出版社，2014.

[63] 戴涛. 图像匹配技术及应用研究[D]. 国防科学技术大学，2012.

[64] DAVIES, ROY E. Computer and machine vision: theory, algorithms, practicalities[M]. Academic Press, 2012.

[65] 梁建宁. 特征选择与图像匹配[D]. 复旦大学，2011.

[66] 葛永新. 图像匹配中若干关键问题的研究[D]. 重庆大学，2011.

[67] 宋人杰，刘超，王保军. 一种自适应的 Canny 边缘检测算法[J]. 南京邮电大学学报：自然科学版，2018.

[68] (美)SZELISKI RICHARD. 计算机视觉：算法与应用[M]. 艾海舟，兴军亮. 译. 北京：清华大学出版社，2012.

[69] 许录平. 数字图像处理[M]. 北京：科学出版社，2017.

[70] 凌军，宋启祥，房爱东，等. 基于局部熵的边缘检测算子选择算法[J]. 南京理工大学学报. 2018.

[71] 梁世磊. 基于 Hadoop 平台的随机森林算法研究及图像分类系统实现[D]. 厦门大学，2014.

[72] 詹曙，姚尧，高贺，等. 基于随机森林的脑磁共振图像分类[J]. 电子测量与仪器学报，2013，27(11)：1067-1072.

[73] 胡斌斌，姚明海. 基于 SVM 的图像分类[J]. 微计算机信息，2010，26(1)：115-116.

[74] 许少尉，陈思宇. 基于深度学习的图像分类方法[J]. 电子技术应用，2018，44(6)：116-119.

[75] 唐闯. 基于边缘检测的图像分割算法研究[D]. 燕山大学，2012.

[76] 阴国富. 基于阈值法的图像分割技术[J]. 现代电子技术，2007，30(23)：107-108.

[77] 邱瑞，祝日星，许宏科. 基于改进分水岭算法的图像分割算法[J]. 吉林大学学报(理学版). 2017.

[78] 韩彦芳，施鹏飞. 基于蚁群算法的图像分割方法[J]. 计算机工程与应用，2004，40(18)：5-7.